Copyright

Copyright © 2022 - Ruggero Aitoro

Seconda Edizione Revisionata – 05 Aprile 2022

HANDS ON Publishing

Informazioni per l'acquisto del libro

Questo libro è in self-publishing ed è acquistabile sulla piattaforma web www.lulu.com utilizzando come chiave di ricerca il nome dell'autore. Il sito offre la possibilità degli sconti di quantità. I profitti derivanti dalla vendita di questo libro sono interamente devoluti in beneficienza al Cottolengo di Torino. Per contattare l'autore inviare una mail all'indirizzo ru.aitoro@gmail.com.

Ai miei figli Antonio e Nicola

Premessa

I quadri elettrici rappresentano il collegamento fra uomo e macchina e la loro forma costruttiva è legata al tipo di impianto nel quale sono inseriti e alla loro funzione. Il loro disegno dipende dalla estensione dei controlli.

Il quadro per la sua funzione deve essere esteticamente gradevole per non stancare l'operatore, deve essere particolarmente ordinato per agevolare la lettura delle informazioni, deve rendere semplice l'esecuzione delle manovre successive e deve far diventare di facile esecuzione le operazioni di manovra specialmente quelle che devono essere attuate in condizioni di emergenza.

La forma costruttiva dei quadri è oggetto di queste note per permettere di avere una idea generale dei quadri elettrici che si troveranno impiegati o dovranno essere studiati per le diverse installazioni.

In questo testo sono presentati anche due esempi di progetto elettrico di quadri semplici che permettono di avere una idea del modo di procedere per lo studio di un quadro di tipo elettromeccanico tradizionale. Il quadro di tipo tradizionale non è un quadro vecchio e superato. È invece un tipo di quadro che permette di capire il funzionamento di una macchina e rende facile il passaggio a soluzioni di controllo diverse senza eccedere in controlli inutili adatti a complicare un sistema e che probabilmente non verranno mai utilizzati nella vita di un impianto.

Ho raccolto nel testo tante immagini di quadri prodotti da molte aziende con molte delle quali ho avuto ottimi rapporti di collaborazione quando lavoravo e che mi fa piacere di ricordare. Non ho chiesto autorizzazioni a pubblicare le immagini in quanto molto datate per alcune delle quali non ricordo l'attribuzione e che ho indicato con la sigla "nr" di non ricordo. Molte immagini sono la materializzazione di miei progetti esecutivi poi realizzati. Per quanto ricordavo ho indicato i nomi del costruttore sotto le fotografie riprodotte e riporterò quelli che mi verranno indicati se ci sarà una nuova edizione.

C'è sempre da imparare anche semplicemente osservando le fotografie di un prodotto e mi spiace di aver dovuto limitami solo a quelle inserite nel testo.

Mi auguro come sempre di aver interessato almeno quattro periti che sfoglieranno questo testo per avere un'idea di cosa sono i quadri ricordando le parole del "professor Mangiola" dell'istituto tecnico" G. Segato di Belluno" che amava dire nel 1959 che "UN QUADRO È LA SINTESI DI UNA PICCOLA CENTRALE" e che progettare e costruire un quadro è sicuramente fonte di una grande soddisfazione.

Trieste, 12 Marzo 2022
Ruggero Aitoro

PARTE PRIMA

ESECUZIONI COSTRUTTIVE DEI QUADRI LETTRICI

CAPITOLO 11 Quadri ad armadio per comando e controllo

11.1 QUADRI REALIZZATI SU DISEGNO

I quadri per sistemi di comando e controllo sono sempre quadri realizzati su disegno specifico, vengono personalizzati per una macchina o un impianto e soddisfano le esigenze estetiche, ergonomiche, funzionali legate al tipo di impianto nel quale vengono installati.
Nella figura 11.11 è rappresentato un quadro ad armadio per sistemazione a parete con apparecchiature di comando installate sulla porta o sulle porte apribili a cerniera. Il quadro ad armadio, dopo i primi i quadri a parete costruiti su lastre di marmo, rappresenta la prima forma di quadro elettrico moderno costruito ed è il tipo di quadro più diffuso che continua ad essere utilizzato in tutti gli impianti.

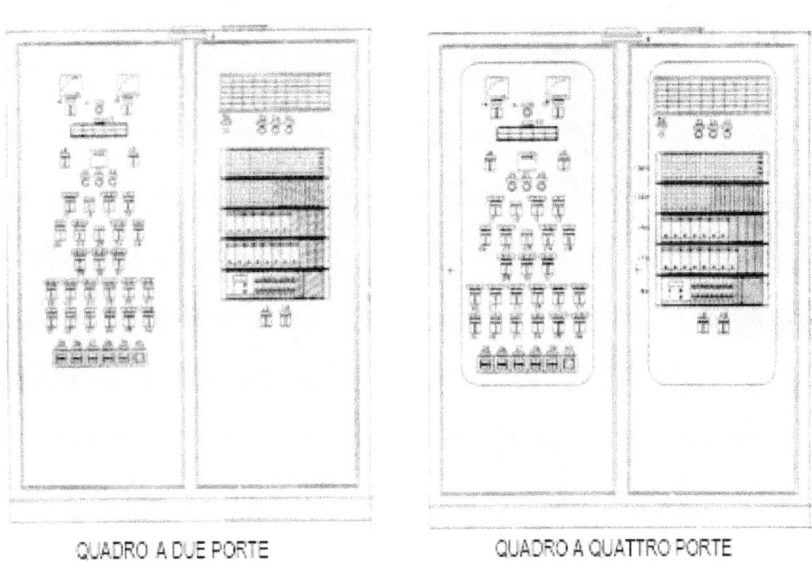

QUADRO A DUE PORTE   QUADRO A QUATTRO PORTE

fig. 11.11

Il quadro può essere dotato di doppie porte. Sulla prima porta sono montati gli strumenti e i comandi. Davanti alla porta strumenti può essere prevista una seconda porta con finestra trasparente in vetro o rodovetro che permette di vedere l'apparecchiatura e nello stesso tempo isola la porta strumenti e i comandi da qualsiasi azione dovuta a fumi e vapori presenti nel locale di installazione. Nei quadri con porta di protezione, per accedere ai comandi si deve aprire la seconda porta. La soluzione non è pratica quando esista la necessità di interventi rapidi o frequenti ai comandi. Pertanto, la seconda porta viene prevista solo quando è realmente necessaria e quando è installata, non viene dotata di chiusura a chiave o a scatto ma si chiude spontaneamente perché viene attratta e trattenuta dalla carpenteria metallica del quadro mediante magneti permanenti dei quali viene dotata che la rendono rapidamente apribile senza l'uso di nessun attrezzo.

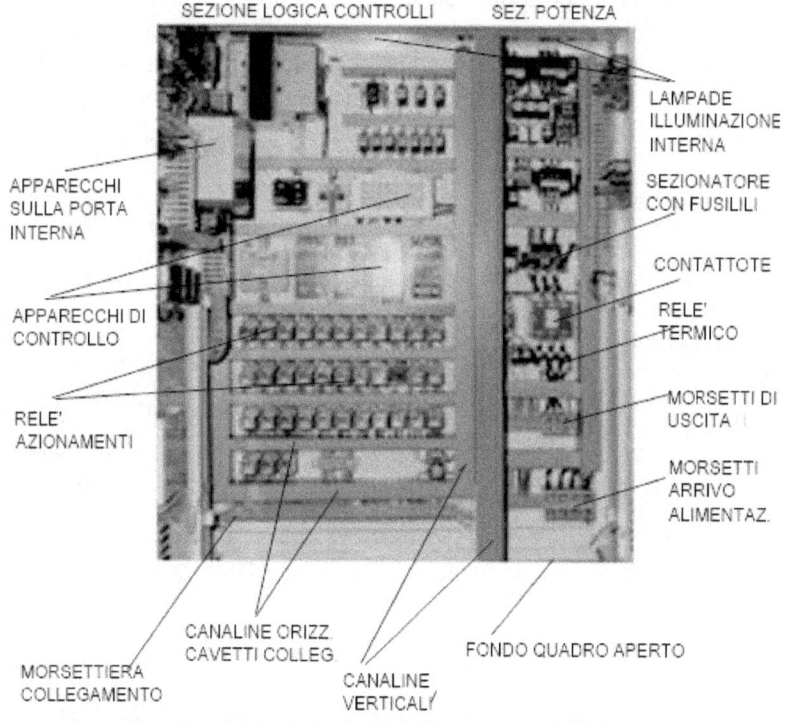

fig. 11.12

I componenti elettrici necessari ad espletare le operazioni richieste sono montati sulle piastre di fondo interne e in aggiunta, se necessario, su due piastre di estensione laterali montate sui fianchi interni del quadro.

16

La figura 11.12 mostra la forma tipica dell'interno di un quadro ad armadio. I cavetti utilizzati per i collegamenti delle apparecchiature sono cavetti unipolari che collegano i componenti del quadro e vengono protetti entro apposite canaline che hanno la funzione di indirizzarli, salvaguardarli e mantenerli disposti ordinatamente in modo da non subire inavvertitamente violenze durante operazioni di controllo, regolazione o manutenzione interna.

Dove necessario, ad esempio nei passaggi dalla carpenteria alle porte, i fili vengono protetti con guaine flessibili. Il collegamento verso l'esterno è ottenuto a partire dalle morsettiere installate sul fondo o in prossimità della zona del quadro nella quale è prevista l'uscita dei cavi. La carpenteria eseguita su disegno specifico non prevede spazi liberi e non consente per la sua esecuzione costruttiva l'ampliamento o l'installazione di apparecchiature al di fuori di quelle previste in fase di progetto. Si evitano così aumenti dei costi della carpenteria e la perdita di spazi per sistemare il quadro.

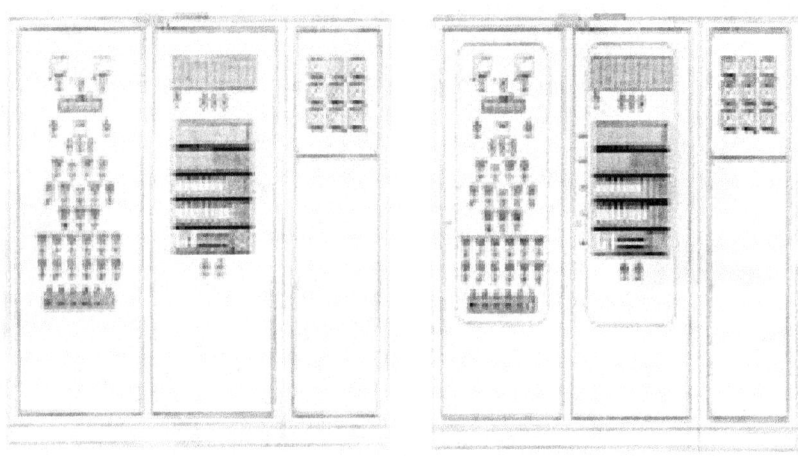

fig. 11.13

La esigenza di ampliamenti o di aggiunta di apparecchiature non è in genere sentita per i quadri che sono utilizzati per il controllo specifico di una macchina.

L'apparecchiatura installata sulle porte non deve risultare eccessivamente pesante per non sollecitare le cerniere delle porte in modo anomalo e per non essere la causa di rovesciamento del quadro, se non bloccato a pavimento, con porte aperte.

I quadri ad armadio presentano una buona accessibilità ai componenti interni ed hanno una carpenteria di costo moderato.

I quadri possono venire affiancati fra loro e sono adatti alla sistemazione a parete. Quando sul fronte del quadro elettrico sistemato a parete debba essere installata una serie di strumenti diretti per misure di pressione di liquidi o di gas deve essere aggiunta lateralmente alla sezione di comando e controllo, una cella fisicamente separata dalla parte elettrica contenente la strumentazione diretta.

GMT-CAET

fig. 11.14

La cella per le parti idraulica e pneumatica fa ancora parte del quadro di controllo secondo la figura 11.13.

La strumentazione diretta è installata nella parte superiore fissa della cella e gli apparecchi nel suo l'interno sono accessibili attraverso uno sportello frontale asportabile e da uno sportello imbullonato previsto sul tetto.

Lo sportello superiore asportabile di cui è dotata la cella permette di raggiungere direttamente gli strumenti sistemati sul fronte comprese le tubazioni idrauliche del processo controllato. Lo sportello sul tetto è dotato di guarnizione di tenuta per i liquidi portati dalle tubazioni o cadenti dall'alto. La stessa soluzione è adottata nei quadri senza cella strumenti, ma con strumenti diretti inseriti nella parte alta (cimasa) come nei quadri della figura 11.14.

Quando sul quadro elettrico senza cella laterale per la strumentazione diretta sono montati anche strumenti diretti, si devono realizzare due camere interne separate, una frontale per la parte elettrica ed una superiore con zona di collegamento posteriore o laterale per le parti idraulica e pneumatica. Si realizza allora la costruzione della carpenteria rappresentata nella figura 11.15.

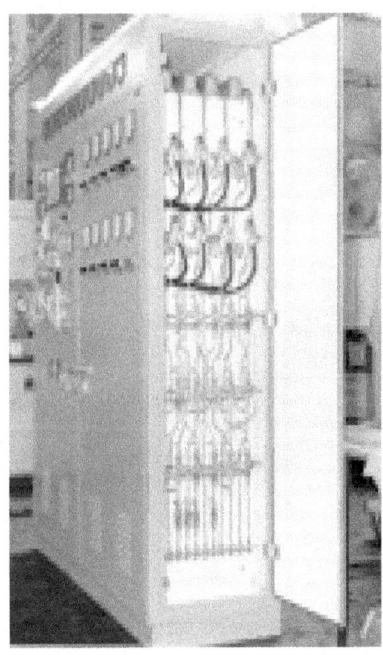

fig. 11.15

In questo caso i quadri devono essere accessibili anche dalla parte posteriore o dal fianco attraverso porte o semplicemente sportelli asportabili.

I quadri con accesso posteriore non possono essere sistemati a parete perché le parti idraulica e pneumatica devono essere sempre accessibili per i controlli, la manutenzione ed eventuale sostituzione di apparecchi difettosi o guasti.
I quadri con accesso laterale sono affiancabili con altri quadri solo dal lato libero.
L'installazione di strumenti diretti è accettabile quando il quadro è posizionato sufficientemente vicino alla macchina controllata in modo da non introdurre errori nella misura a causa delle cadute di pressione delle grandezze controllate lungo i tubetti di collegamento. In caso di perdite, i sistemi rilevatori e le tubazioni di collegamento, diventano causa di variazioni che alterano o fanno perdere la misura e devono essere pertanto riparate o sostituite per riprendere un servizio regolare.
Se i quadri elettrici sono distanti dai punti di misura si ricorre sovente

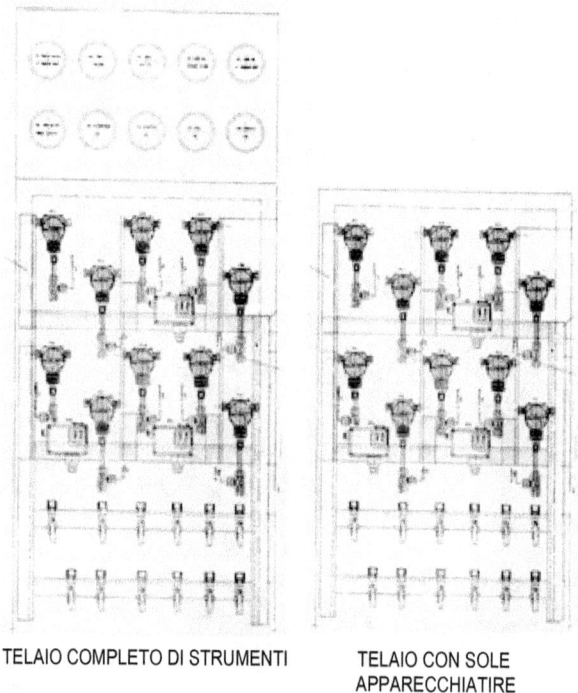

TELAIO COMPLETO DI STRUMENTI   TELAIO CON SOLE
                                     APPARECCHIATIRE

fig. 11.16

alla installazione separata di telai di controllo locale sui quali vengono montati gli strumenti di misura e gli apparecchi convertitori per la trasmissione dei segnali di misura e di intervento e dei rilevatori diretti collegati al quadro di controllo a distanza.

I telai a giorno possono avere la forma della figura 11.16 con o senza strumenti indicatori. I telai a giorno vengono frequentemente protetti all'interno di una apposita carpenteria metallica separata.

In caso di anomalia, i telai a giorno permettono un rapido intervento diretto dell'operatore sulle valvole di intercettazione o sui collegamenti idraulici.

Se i circuiti idraulici e pneumatici prevedono sull'ingresso un rubinetto a tre vie è possibile eseguire operazioni di controllo e taratura senza aprire fisicamente il circuito idraulico utilizzando strumenti di prova portatili.

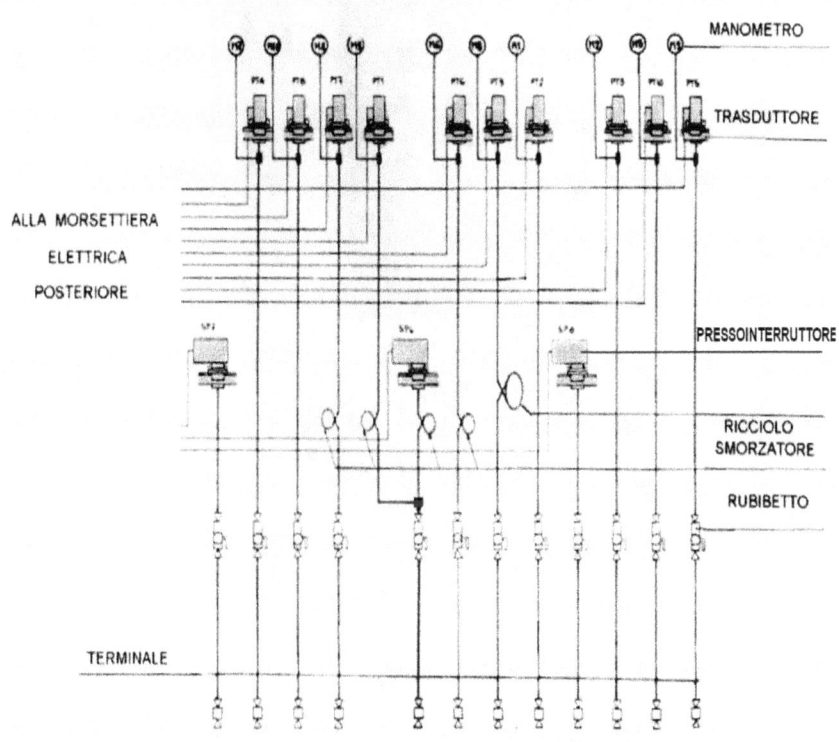

fig. 11.17

La figura 11.17 mostra un esempio dello schema di collegamento idraulico dei trasduttori di pressione, dei pressointerruttori, dei manometri con rubinetto di intercettazione e giunti terminali di collegamento all'ingresso sia in un quadro sia di un telaio porta strumenti così come viene realizzato nella cella idraulica della figura 11.13 o nei quadri di figura 11.15. Per eliminare le pulsazioni di pressione che generano instabilità di lettura, possono essere inseriti appositi smorzatori sulla tubazione all'ingresso.

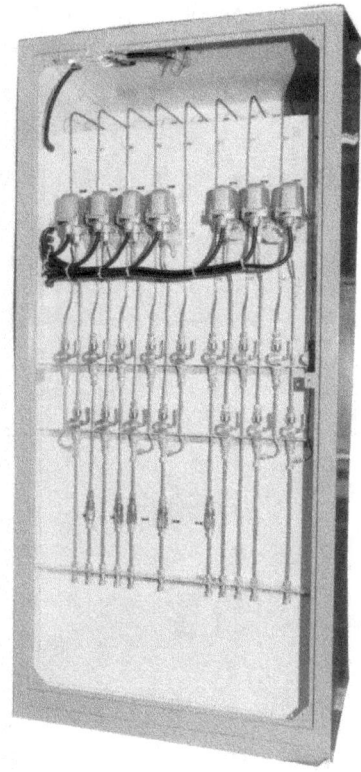

fig. 11.18

La figura 11.18 mostra un quadro portastrumenti locale adattato per realizzare il circuito della figura 11.17 nel quale gli strumenti diretti sono sistemati nella parte frontale.
Se lo spazio lo permette, lo smorzamento delle pulsazioni può essere ottenuto mediante alcuni riccioli del diametro di almeno 20 cm avvolti a spirale con lo stesso tubo di collegamento fra il terminale di ingresso e la strumentazione interna in

sostituzione degli smorzatori. Gli smorzatori vengono installati nel punto di entrata al quadro delle tubazioni.
Il rubinetto a tre vie inserito sulle tubazioni di entrata permette di eseguire lo spurgo o la disaerazione delle tubazioni o la prova degli strumenti.
Le tubazioni sono previste in rame o acciaio inossidabile a seconda delle necessità.

 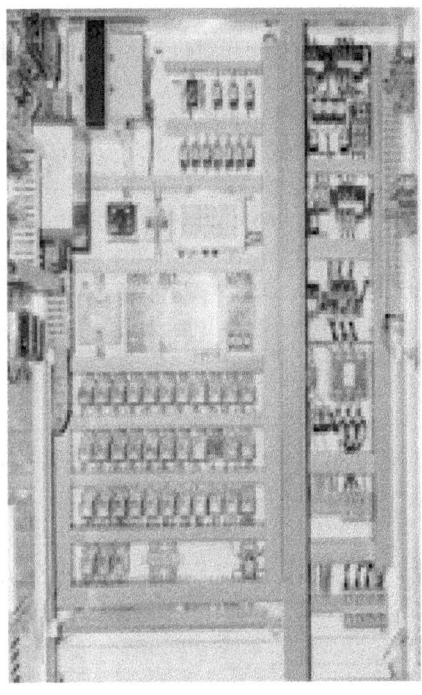

fig. 11.19

CAET

All'interno dei quadri, i collegamenti elettrici provenienti dalla sezione idraulica si fanno entrare nella sezione elettrica utilizzando appositi tubi flessibili di protezione e bocchettoni di isolamento che entrano nel quadro nella zona sotto le morsettiere e mantengono la separazione totale fra parte elettrica e parte idraulica.

Nel caso di telai i collegamenti elettrici intubati o protetti saranno raccolti in una cassetta di derivazione dalla quale partirà il cavo multiplo di connessione al quadro. Queste soluzioni sono ottimali perché liberano la macchina dalla strumentazione e permettono di non sottoporre l'elettronica dei trasduttori a vibrazioni o temperature elevate. L'installazione diretta dei trasduttori sulla macchina è economicamente accettabile solo in presenza di un numero limitato di apparecchi e con la realizzazione di appositi supporti che limitano le sollecitazioni per vibrazioni.

Le seconde porte a vetro per permettere la visione della strumentazione sono dotate di guarnizioni di chiusura e isolamento del quadro dall'ambiente esterno.

Le seconde porte dei quadri, quando sono preiste, non coprono la strumentazione diretta perché non è necessario e permettono in questo modo di evitare in caso di rotture idrauliche, la caduta di liquidi sulla parte elettrica e la produzione di possibili situazioni di guasto.

Il quadro deve essere pulito periodicamente.

Nei quadri che comprendono una sezione di controllo e una sezione di potenza, la cella di potenza può essere disposta come una sezione laterale del quadro di controllo fisicamente divisa ed elettricamente separata dalla stessa per evitare fenomeni di interferenza e per ottemperare alle prescrizioni di isolamento e sicurezza.

La carpenteria di un quadro e la piastra interna della parte di controllo e della parte di potenza sono visibili nella figura 11.19 con quadro a porte aperte.

11.2   QUADRI AD ARMADIO CON ACCESSO POSTERIORE

Quando la strumentazione da sistemare sul fronte quadro è di grandi dimensioni o di notevole peso, non è possibile il suo montaggio diretto sulle porte. In questo caso il quadro viene ruotato di 180°, le porte anteriori diventano porte di accesso al quadro e le apparecchiature vengono sistemate sulla parete piena che diventa la parete frontale del quadro.

All'interno del quadro vengono predisposti appositi telai di sostegno degli apparecchi pesanti o ingombranti.

I telai di supporto possono essere previsti anche per strumentazione pesante montata lato porte frontali, ma diventa più macchinosa la costruzione con strumenti che devono affacciarsi ed essere contemporaneamente separati dalla porta, supportati da telai per appoggio all'interno della porta forata attraverso i quali sporge il fronte degli strumenti pesanti.

Negli spazi liberi oppure sfruttando i telai vengono previste le piastre di supporto dei componenti interni.
Queste piastre possono essere fisse per installazione negli spazi vuoti disponibili oppure incernierate ai telai di supporto da un lato e bloccate con godroni apribili dall'altra.

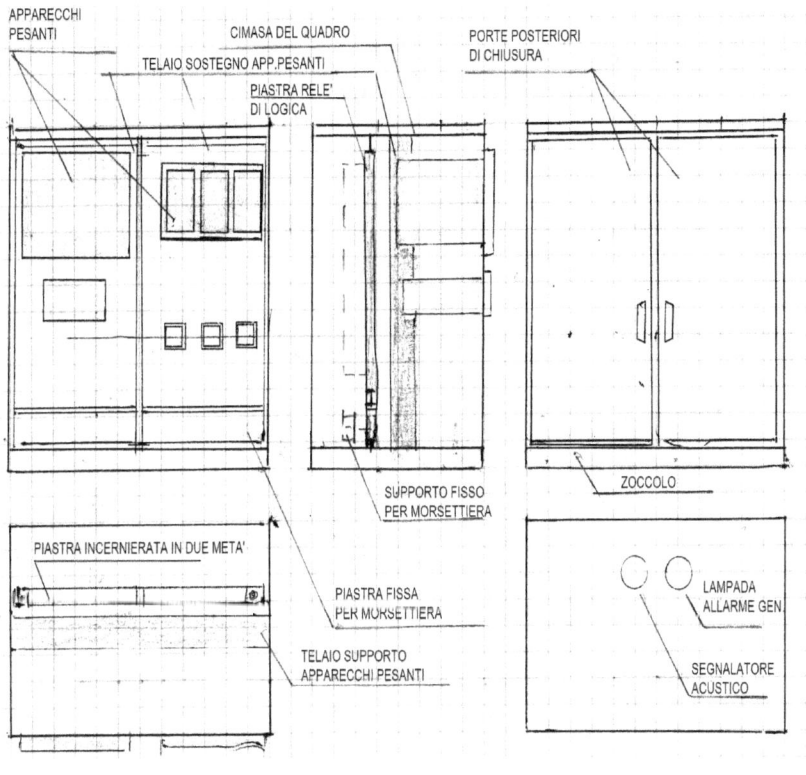

APPARECCHI PESANTI
CIMASA DEL QUADRO
TELAIO SOSTEGNO APP.PESANTI
PIASTRA RELE' DI LOGICA
PORTE POSTERIORI DI CHIUSURA
PIASTRA INCERNIERATA IN DUE META'
SUPPORTO FISSO PER MORSETTIERA
PIASTRA FISSA PER MORSETTIERA
TELAIO SUPPORTO APPARECCHI PESANTI
ZOCCOLO
LAMPADA ALLARME GEN.
SEGNALATORE ACUSTICO

fig. 11.21

Con questo sistema e possibile uno sfruttamento intensivo degli spazi del quadro mantenendo la totale accessibilità interna.
La figura 12.21 rappresenta lo schema semplificato della soluzione costruttiva di questo quadro.
La sistemazione non può essere effettuata a parete per la presenza delle porte di accesso posteriori. I quadri di questo tipo possono essere affiancati fra loro.

25

In una diversa esecuzione frontale questi quadri possono essere dotati di leggio che estende gli spazi per la sistemazione dei dispositivi di comando predisposizione, segnalazione, per gli strumenti indicatori e gli schemi sinottici.
Il leggio può essere con spazio inferiore utilizzato per l'installazione dell'apparecchiatura interna quando la densità dei comandi è elevata e il leggio è profondo.
Con pochi comandi si utilizza la forma di leggio sporgente. Tutti i pannelli del leggio sono apribili per permettere l'ispezione interna. La figura 11.22 mostra la forma di questi quadri.

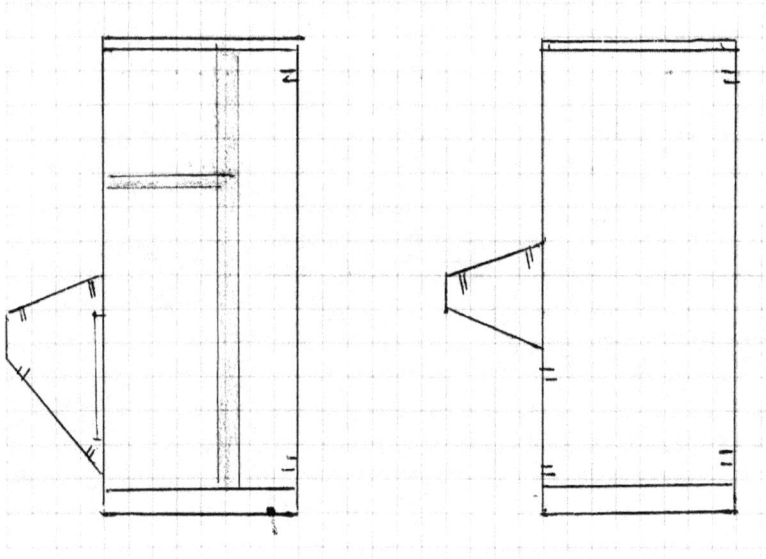

fig. 11.22

I quadri con leggio vengono talvolta denominati molto impropriamente banchi di comando. Se la quantità di dispositivi interni è elevata o tale da occupare superfici notevoli, questo tipo di quadro, permette uno sfruttamento intensivo degli spazi e di contenere le sue dimensioni esterne.
L'utilizzazione di quadri con leggio è poco diffusa.

11.3 QUADRI A PORTICO

I quadri a portico sono quadri di controllo e comando di grande estensione. Vengono costruiti quando si vuole evitare l'installazione dei componenti interni di uno stresso sistema all'interno di carpenterie separate o estese e si vuole disporre di una totale accessibilità alle apparecchiature realizzando anche un quadro che riunisca in una sola unità tutti i controlli di una sezione di impianto.

Il quadro a portico è stato sviluppato per rendere accessibili per la manutenzione e per il controllo tutte le apparecchiature interne attraverso un camminamento interno lungo tutto il quadro che termina con due porte di accesso di estremità.

Il camminamento interno permette di raggiungere tutte le apparecchiature e gli strumenti fissati ai due lati del quadro dall'interno in totale sicurezza.

Oltre alla superficie posteriore, l'intera superficie bassa del lato frontale al difuori della zona di installazione delle apparecchiature di manovra e controllo e le superfici laterali delle pareti di collegamento fra le unità successive, possono essere ricoperte con i pannelli di installazione delle apparecchiature.

La figura 11.31 rappresenta il disegno della carpenteria di due elementi già assiemati di un quadro a portico realizzato in più unità premontate in fabbrica che vengono assiemate nel locale dell'impianto di destinazione.

Tutte le unità costituenti il quadro completamente montate e collaudate in fabbrica vengono imballate singolarmente e spedite alla destinazione finale dove vengono assiemate meccanicamente e collegate elettricamente all'unità successiva attraverso una coppia di morsettiere contrapposte sui laterali contigui esattamente corrispondenti fra loro.

Con questa esecuzione costruttiva si realizza un alto grado di sfruttamento degli spazi interni perché le apparecchiature di un quadro possono, se necessario, essere installate anche in una sezione successiva rispettando completamente la continuità e l'ordine di disposizione interna dei componenti.

Nella figura 11.32 è rappresentato il disegno di base di due unità successive. E' messa in evidenza la sporgenza degli apparecchi (in questo caso sono i relè di protezione) nella prima cella.

Lo spazio tratteggiato indica la zona occupata dalle apparecchiature del fronte quadro e del retro quadro comprese le vie cavi di collegamento e la piastra per apparecchiature disposte come è rappresentato nella figura 11.33 del quadro inserite nella parte bassa della sezione frontale.

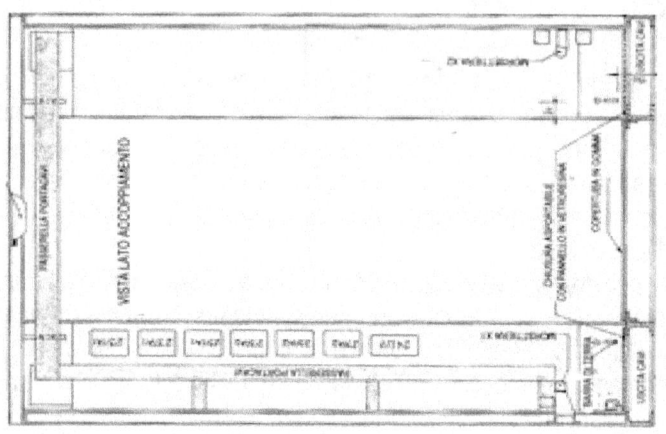

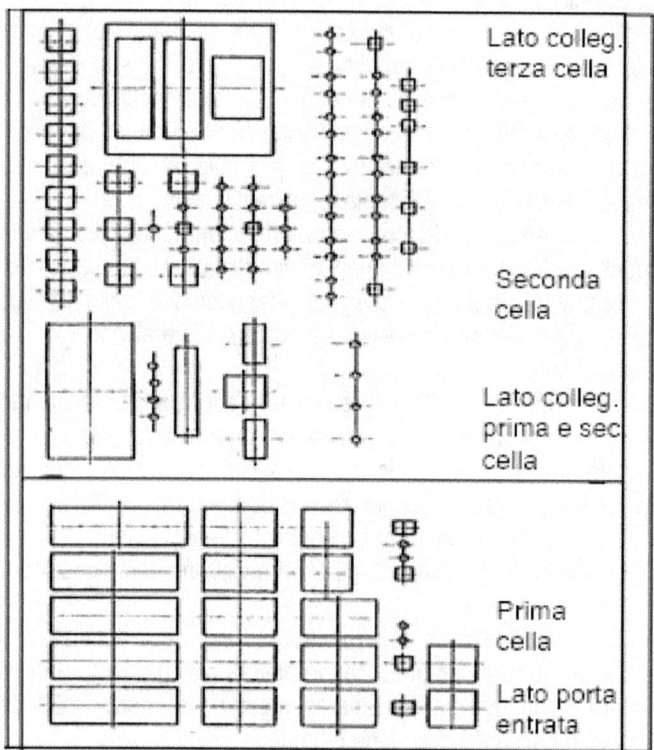

fig. 11.31

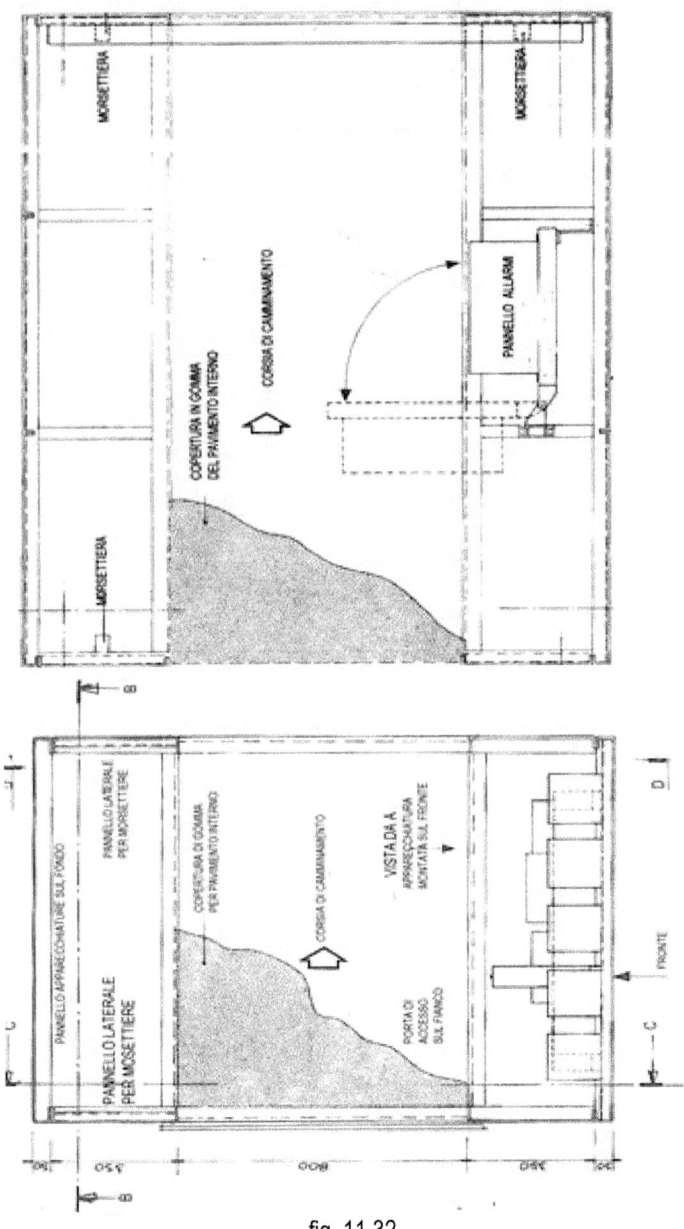

fig. 11.32

In modo analogo la figura 11.34 può rappresentare tutte le piastre di fondo opposte al lato di comando.

Il camminamento interno prevede una pedana isolante. Il portico è illuminato con opportune lampade in linea continua in modo da eliminare possibili zone d'ombra.

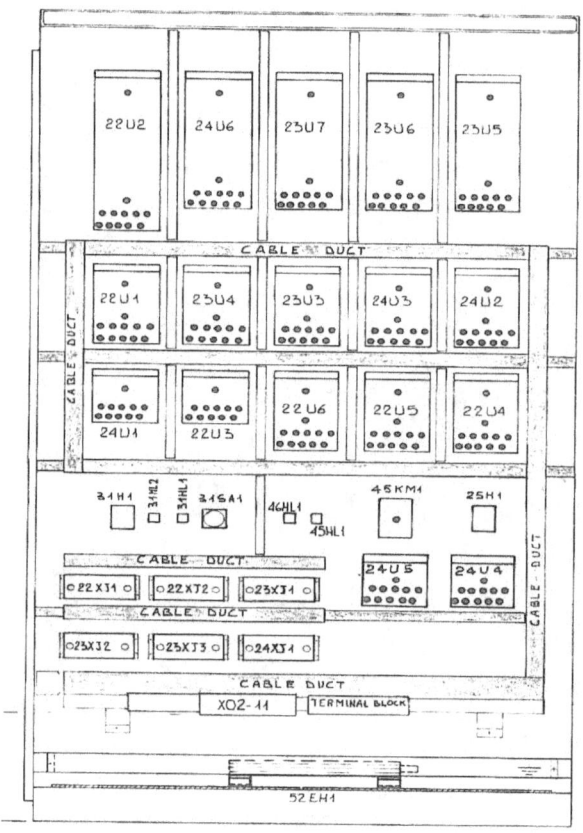

fig. 11.33

Sulle ali di carpenteria di ciascuna sezione sono montate le morsettiere di interconnessione fra tutte le sezioni successive che fanno parte dei collegamenti interni. I cavi in arrivo o in partenza dalle morsettiere di uscita verso l'impianto corrono entro tubazioni predisposte sotto il camminamento.

Questo tipo di costruzione è interessante perché permette di concentrare in una unità indipendente e protetta un sistema di controllo completo. La vista interna di un quadro a portico dello sviluppo complessivo di 14 metri di lunghezza è rappresentata nella figura di figura 11.35.

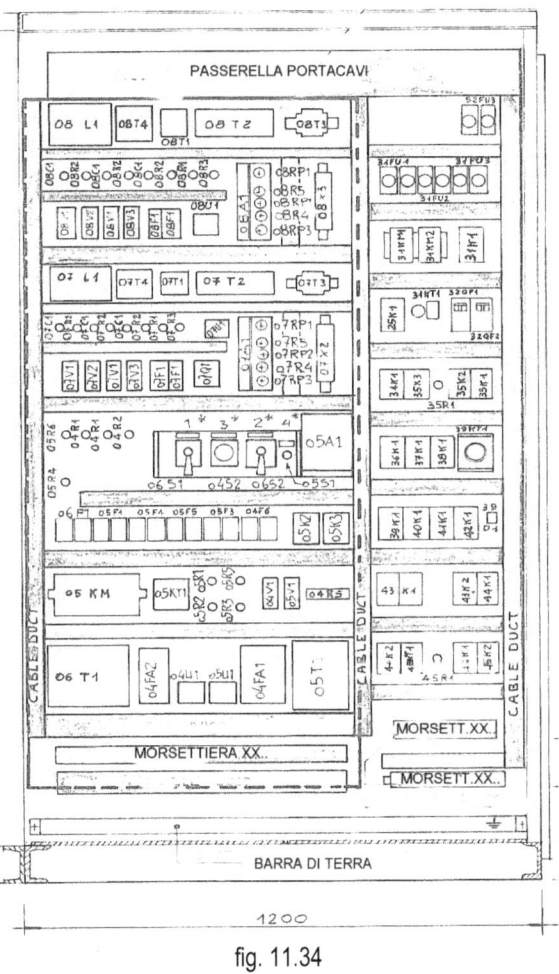

fig. 11.34

Il quadro ha una sufficiente larghezza (800-1000 mm) per consentire il passaggio interno del personale permettendo di introdurre materiali e strumentazione di controllo facilitando la manutenzione dell'apparecchiatura. I componenti installati sul fronte sono collegati all'apparecchiatura montata sui pannelli posteriori attraverso canali a pavimento di ciascuna cella.

CENTRALE DI ITAIPU - BRASILE   GMT-CEDA

fig. 11.35

I canali che passano sotto il pavimento sono protetti contro il calpestio e l'eventuale gocciolamento di liquidi da lamiere rinforzate. I cavi di passaggio fra le celle successive passano a pavimento attraverso tubi predisposti per questa funzione. I cavi a pavimento vengono infilati a quadro totalmente assiemato. I tubi e i cavi possono essere installati o ispezionati sollevando la piastra del camminamento.

fig. 11.36

La figura 11.36 rappresenta la parte interna di un pannello frontale di comando con strumenti e attuatori collegati alla logica attraverso canali sotto pavimento.

fig. 11.37

L'ala di rinforzo dei pannelli suddivide il quadro in sezioni e rende rapida la ricerca dei componenti per gli interventi del personale di condotta e manutenzione
La figura 11.37 mette in mostra le morsettiere di uscita sistemate sulla parte bassa e la strumentazione installata sul fronte del quadro.

fig. 11.38

La figura 11.37 mette in mostra le morsettiere di uscita sistemate sulla parte bassa e la strumentazione installata sul fronte del quadro.
La figura 11.38 è rappresentato l'intervento di manutenzione su alcuni pannelli posteriori.

L'entrata dei cavi di collegamento alle morsettiere avviene attraverso una serie di tubi predisposti per ogni sezione del quadro che vengono stesi subito dopo il montaggio meccanico del quadro.

La figura 11.39 evidenzia nel quadro i passaggi di attraversamento delle celle e le porte laterali di accesso al quadro normalmente dotate di serratura di blocco.

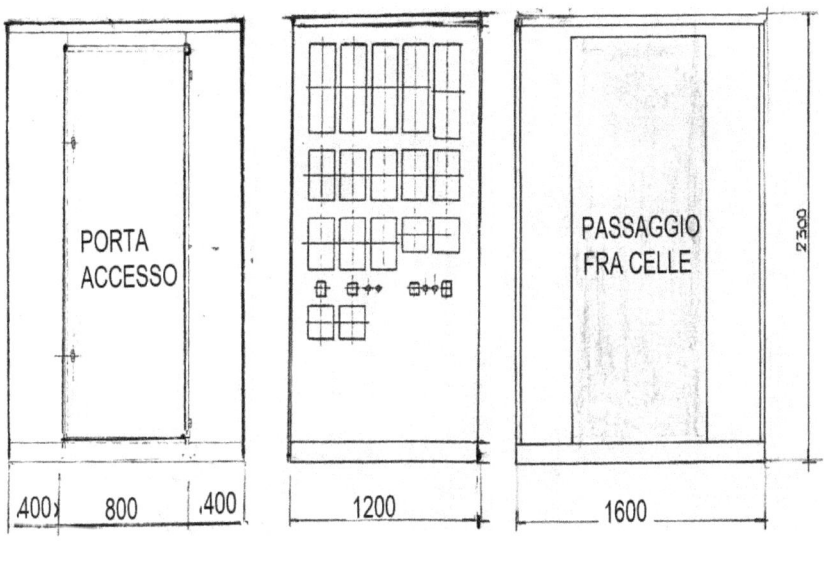

fig. 11.39

Se necessario il quadro a portico può essere corredato di un leggio esterno sulle celle nel quale vengono concentrate le apparecchiature di manovra mentre la parte verticale resta utilizzata per l'installazione delle apparecchiature di controllo.

Nella maggioranza dei casi, per questa funzione viene preferita la soluzione di sistemare di fronte al quadro a portico un banco di manovra.

Sui quadri a portico non vengono installate apparecchiature idrauliche ma, il quadro può elaborare segnali provenienti da trasduttori. Per questioni di sicurezza il quadro funziona a porte chiuse a chiave. Le chiavi sono detenute dal responsabile dell'impianto o dal responsabile della manutenzione.

11.4   BANCHI A PORTICO

I banchi a portico corrispondono alla soluzione costruttiva rappresentata nella figura 11.41 e permettono si realizzare piccoli quadri con le caratteristiche dei quadri a portico. La cimasa può essere inclinata per facilitare la lettura degli strumenti installati nella parte alta.

L'esecuzione è normalmente singola, ma può essere anche composta da più unità.

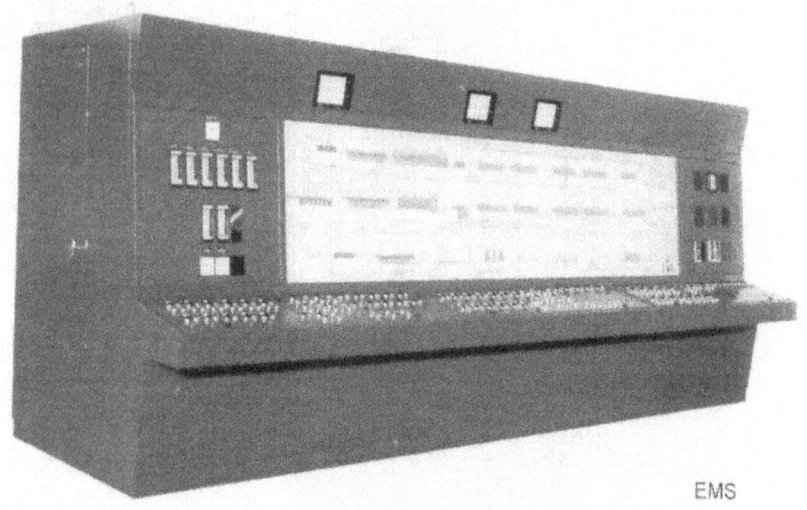

EMS

fig. 11.41

I comandi sono riportati sul piano suborizzontale. L'interno del quadro è camminabile e i pannelli apparecchiature sono raggiungibili dall'interno.

Sulla superfice verticale del fronte può essere riportato un pannello con lo schema di un processo realizzato con i simboli del sistema rappresentato mentre le segnalazioni e comandi sono realizzati con elementi aggiunti.

Lo schema può anche essere realizzato con un pannello sinottico a tessere componibili che semplifica l'inserzione delle segnalazioni dei comandi e facilita le eventuali successive modifiche. Più elementi possono essere affiancati fra loro.

11.5 SEGNALAZIONI ACUSTICHE E OTTICHE DI INTERVENTO

Per richiamare l'operatore di un impianto in caso di anomalia, i quadri di controllo vengono dotati di segnalatore acustico e segnalatore luminoso montati sul tetto del quadro.

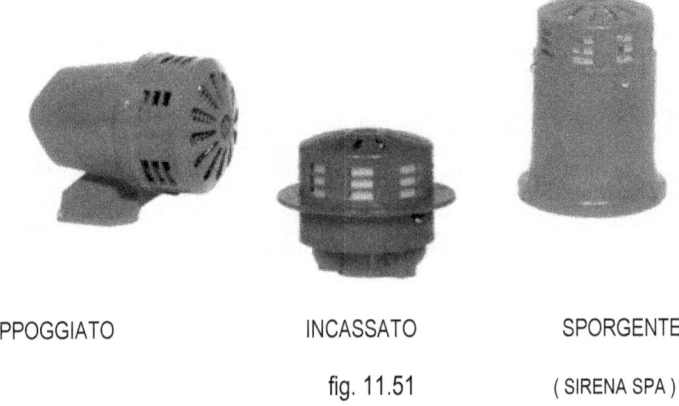

APPOGGIATO   INCASSATO   SPORGENTE

fig. 11.51   (SIRENA SPA)

Nel caso di quadri multipli del tipo del quadro a portico, il segnalatore acustico può essere uno solo, ma il segnalatore visivo deve riferirsi ad una sola sezione per richiamare l'operatore nella posizione segnalata di guasto. La figura 11.51 rappresenta le forme tipiche di segnalatore acustico esterno incassato e sporgente.

SEGNALATORE OTTICO   OTTICO E ACUSTICO

fig. 11.52   SIRENA SPA

La figura 22.52 rappresenta un segnalatore ottico per installazione sul tetto di ogni cella e un segnalatore ottico e acustico comunizzati per l'installazione singola sul tetto del quadro isolato che richiede le due funzioni in un unico apparecchio. I segnalatori ottici possono essere a luce fissa, lampeggiante, a lampi o rotante. Possono essere a cupola liscia, rigata a colori diversi adatte per lampade alogene o a incandescenza.

CAPITOLO 12 Quadri con carpenterie prefabbricate

12.1 QUADRI AD ARMADIO PREFABBRICATI

I quadri ad armadio prefabbricati in esecuzione modulare componibile rappresentati nella figura 12.11 adatti all'impiego generale nel terziario e nell'industria, sono realizzati con una struttura portante costituita da un telaio metallico, un tetto e un basamento smontabili che appoggia su uno zoccolo.

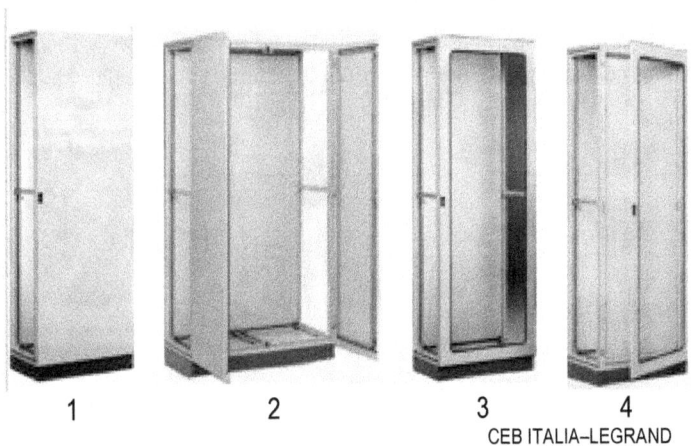

| 1 | 2 | 3 | 4 |

CEB ITALIA–LEGRAND

1 QUADRO COMPONIBILE A 1 PORTA CHIUSA - 2 A 2 PORTE CON LAMIERA DI FONDO PER APPARECCHIATURE - 3 CON PORTA DI VETRO - 4 CON PORTA DI VETRO E PORTA INTERNA PER INSTALLAZIONE DELLE APPARECCHIATURE DI MANOVRA E DEGLI STRUMENTI

fig. 12.11

Sul lato posteriore fisso viene sistemata una piastra per l'installazione delle apparecchiature che verranno montate all'interno del quadro.
La piastra apparecchiature può essere fatta scorrere verso il fronte ed essere posizionata in qualsiasi punto della zona di scorrimento. Le piastre laterali sono amovibili per consentire l'accoppiamento con altri pannelli. Lo zoccolo vuoto permette la sua utilizzazione come canale di entrata cavi da un cunicolo e come canale di interconnessione fra pannelli contigui. Le apparecchiature di controllo e manovra vengono installate sulla porta in lamiera opportunamente forata. Ogni

pannello può prevedere un'unica porta o una doppia porta frontale. La porta più interna è cieca e utilizzata per il montaggio delle apparecchiature.

La seconda porta può essere in esecuzione trasparente per consentire la visione dei componenti interni.

La sola porta trasparente si impiega quando all'interno del quadro vengono installati pannelli già completamente strumentati.

La doppia porta si impiega in condizioni ambientali difficili per la salvaguardia delle apparecchiature installate internamente o per motivi di sicurezza quando si vogliono evitare interventi sugli apparecchi installati.

Questa utilizzazione è tipica dei quadri di distribuzione della corrente alternata nella parte civile delle applicazioni che richiedono l'intervento di operatori della manutenzione per il ripristino della alimentazione dopo lo scatto di un interruttore.

I quadri possono anche essere equipaggiati di pannello interno girevole di 180° su appositi cuscinetti.

CEB ITALIA-LEGRAND

fig. 12.12

Gli elementi successivi di un quadro possono prevedere ciascuno la propria piastra interna ed in questo caso le piastre sono distanziate fra loro. Le piastre possono essere completate con un settore di unione in modo da permettere la sistemazione continua delle apparecchiature.

Utilizzando un quadro con una porta frontale e una porta posteriore come quella figura 12.12 è possibile disporre di una superficie doppia per la sistemazione delle apparecchiature interne riducendo il numero di pannelli installati.

I quadri possono essere equipaggiati con portelli frontali apribili (12,13-1) con scomparti comuni o segregati (12.13-2) e possono essere attrezzati per l'installazione di computer di processo accessori e stampante come nella figura 12.13-3.

Gli armadi monoblocco hanno struttura fissa con pareti laterali chiuse. Possono essere previste pareti laterali amovibili per permettere l'estensione del quadro.

La seconda porta frontale può essere opaca o trasparente.

La lamiera di fondo può essere traforata per facilitare l'installazione dei cavi.

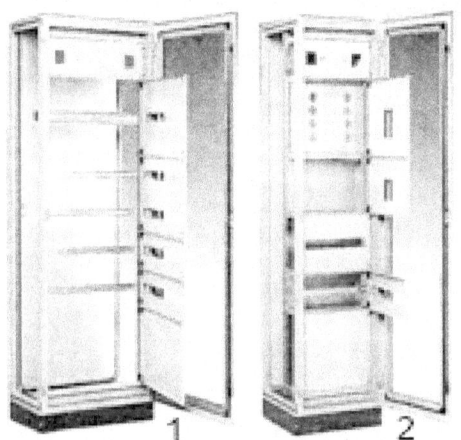 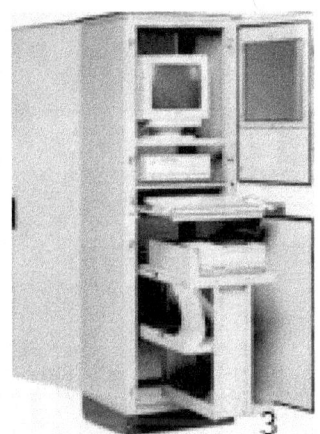

CEB ITALIANA - LEGRAND

fig. 12.13

I quadri prefabbricati componibili sono costruiti con strutture metalliche che possono essere assiemate secondo le necessità utilizzando una serie di elementi standardizzati per ogni tipologia di quadro. Un quadro di questo tipo si presenta come nella figura 12.13.

Il telaio di base e la cimasa sono utilizzati per bloccare i montanti e realizzare la struttura portante del quadro.

La struttura di base di questi quadri è rappresentata nella figura 12.14 e permette di disporre di quadri a una o due porte contrapposte con pannelli laterali asportabili per l'accoppiamento con altre carpenterie modulari uguali con passaggio dei cavi aperto fra una carpenteria e la successiva.

Fra i montanti possono essere installate una serie di traverse per il fissaggio delle aste di sostegno dei pannelli per le apparecchiature interne.

Le aste per il pannello interno sono posizionabili sul fondo del quadro con una sola piastra interna e una sola porta frontale apribile o in una posizione intermedia per la sistemazione contrapposta di due piastre per le apparecchiature interne accessibili una dal fronte e una dal retro.

Il quadro può essere dotato di porte che coprono l'intera altezza oppure può prevedere uno o più sportelli apribili in modo indipendente su ciascun lato di accesso.

L'interno del quadro può essere unico o suddiviso in camere segregate con pannelli porta apparecchiature di dimensioni adeguate.

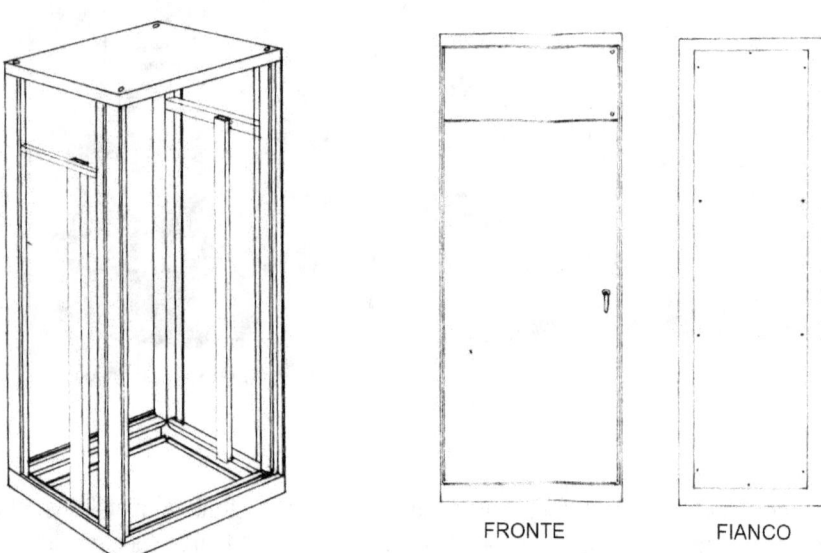

FRONTE   FIANCO

fig. 12.14

I quadri a due porte si presentano come nella figura 12.15. La piastra o le due piastre porta apparecchiature coprono l'intera superficie di fondo interna utile del quadro.

Generalmente i quadri a due porte prevedono una sola piastra di fondo.
La battuta delle porte può essere libera con sovrapposizione di una porta sull'altra opportunamente sagomata oppure può essere realizzata su un montante asportabile in fase di montaggio della piastra interna.

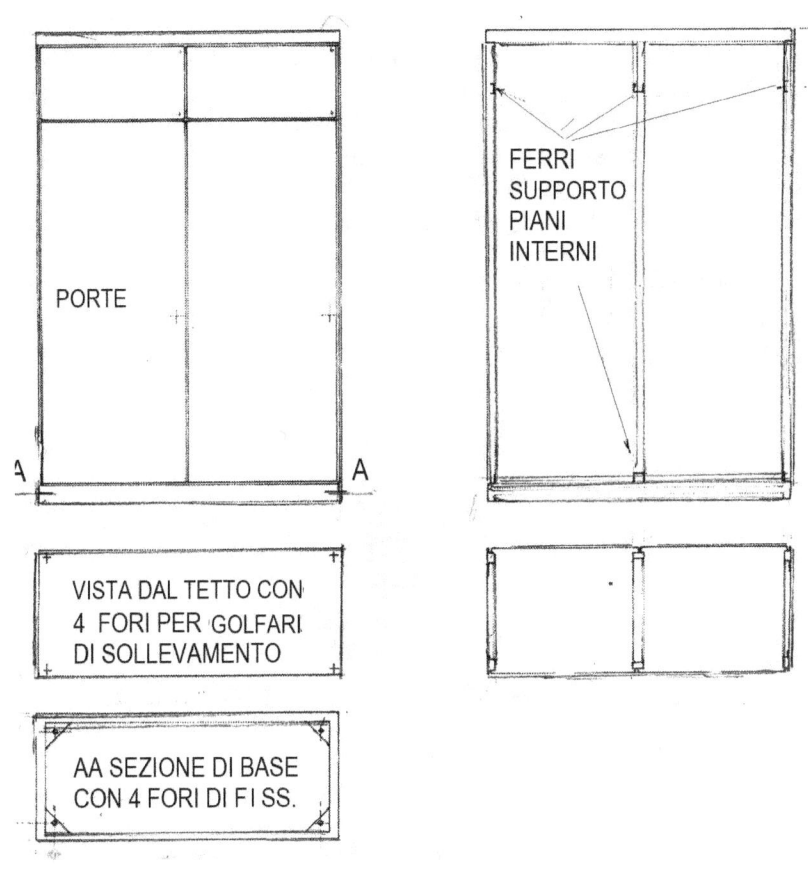

fig. 12.15

La tenuta sulle porte e sugli sportelli contro la polvere e contro gli spruzzi è ottenuta con guarnizioni in gomma inseriti su canali predisposti sulla carpenteria delle porte.

CAPITOLO 13 Banchi di manovra e sale controllo

13.1 BANCHI DI MANOVRA

I banchi di manovra sono quadri costruiti per l'esigenza di concentrare in uno spazio limitato i controlli necessari per gestire un macchinario o una serie di macchinari di impianto indipendenti fra loro o di sistemi che si influenzano fra loro. Il banco di controllo facilita l'esercizio in quanto le grandezze del sistema e i comandi per modificare il funzionamento sono concentrati in uno spazio limitato. Il banco può assumere diverse forme che si adattano alle esigenze funzionali ed in molte realizzazioni soddisfano anche esigenze estetiche.
Il disegno più semplice dei banchi è rappresentato come soluzioni di base nella figura 13.11.

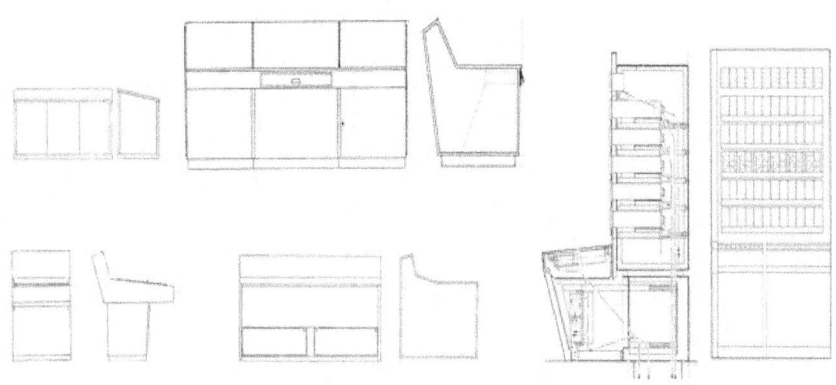

fig. 13.11

I banchi di manovra non contengono in generale apparecchiatura di logica. La logica di controllo viene concentrata nei quadri di controllo mentre i banchi sono equipaggiati soltanto con strumentazione, lampade di segnalazione, attuatori di comando e apparecchiature di supervisione. La figura 13.12 rappresenta il banco di controllo dei motori termici di una centrale diesel elettrica. La vista interna permette di osservare l'assenza di apparecchiature installate nel suo interno.

Nel banco l'apparecchiatura di controllo è collegata ai quadri di origine attraverso la sua morsettiera.

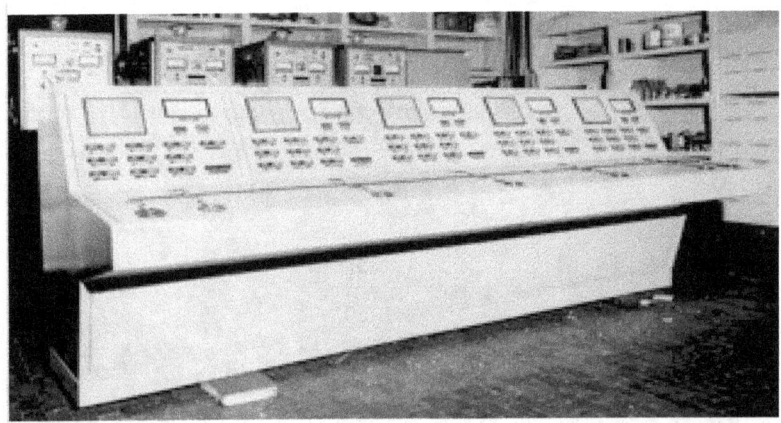

CAET

fig.13.12

Quando per esigenze particolari il banco debba contenere apparecchiature, la sua costruzione può diventare particolarmente complessa per la necessità di raggiungere le parti interne per operazioni di manutenzione.

In questi casi i pannelli suborizzontale e subverticale del banco possono diventare apribili a cerniera e le chiusure inferiori vengono dotate di sportelli asportabili.

Queste necessità si ravvisano esaminando le forme tipiche delle carpenterie rappresentate nella figura 13.11.

Il banco di figura 13.13 in due parti incernierate è completamente apribile per manutenzione e collegamento ed è adatto per l'installazione in spazi più ristretti.

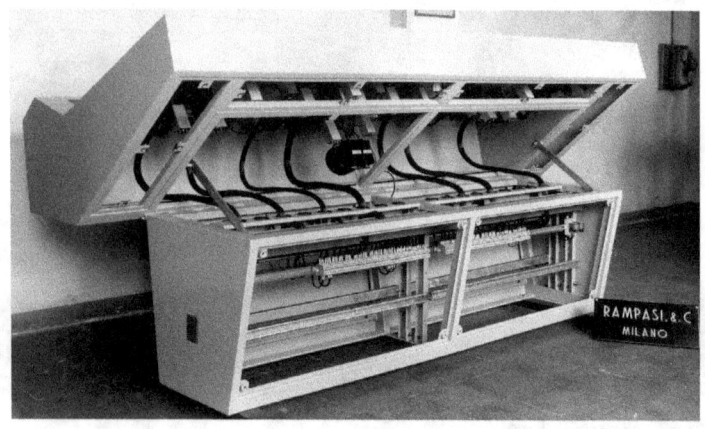

fig. 13.13

La figura 13.14-1 rappresenta un banco di centrale elettrica di tipo tradizionale con la parte subverticale utilizzata per l'installazione degli strumenti e degli allarmi e con gruppo di sincronizzazione comune. La parte suborizzontale e sviluppata sullo schema primario per il comando degli interruttori di macchina e di linea.

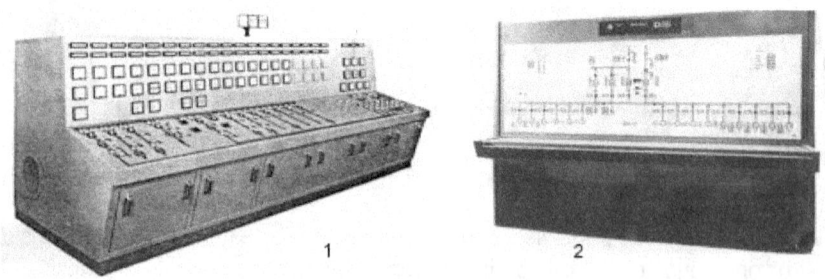

fig. 13.14.

I banchi di questo tipo possono contenere qualche apparecchiatura accessibile dal lato anteriore e o da quello posteriore.

Nei banchi di figura 13.14-2 con sinottico equipaggiato con apparecchi di comando il piano orizzontale non è utilizzato.
Per il controllo locale di macchinari vengono utilizzati banchi del tipo rappresentato nella figura 13.15 adatti per strumentazione o piccola distribuzione.

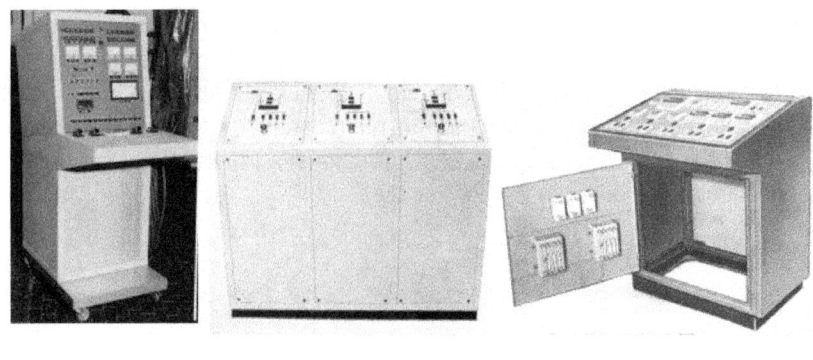

fig. 13.15   nr

I banchetti delle figure 13.16 possono essere dotati di un solo piano suborizzontale, o di piani suborizzontale e subverticale. Sono componibili secondo le necessità di sistemazione con cerniere o sportelli con fissaggio a vite per l'accessibilità alle

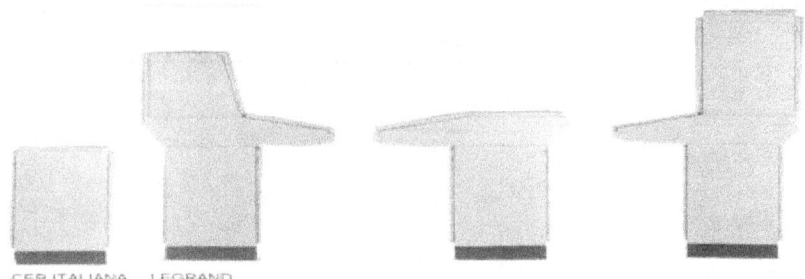

fig. 13.16

morsettiere e agli eventuali (ma pochi) componenti interni. Le porte e gli sportelli sono dotati di guarnizioni di tenuta alla polvere e agli spruzzi d'acqua. Sono impiegati per il comando locale di macchine o di macchinari assiemati, ad esempio, su moduli nei quali sono assiemati con alcuni componenti.

13.2 QUADRO SINOTTICO COMPONIBILE A TESSERE

Un quadro sinottico è un quadro che riproduce sul suo fronte lo schema unifilare dell'impianto al quale il quadro è applicato.

Nello schema unifilare sono inseriti i principali elementi di manovra che compongono il circuito con le segnalazioni del loro stato e gli elementi di comando. Così, ad esempio, in una linea di partenza da un sistema di sbarre possono essere indicati un sezionatore con il suo comando di apertura e chiusura e due lampade per la segnalazione di aperto e chiuso, un interruttore con i comandi di apertura e chiusura e le segnalazioni di aperto, chiuso, scattato per intervento delle protezioni e una segnalazione di consenso alla manovra.

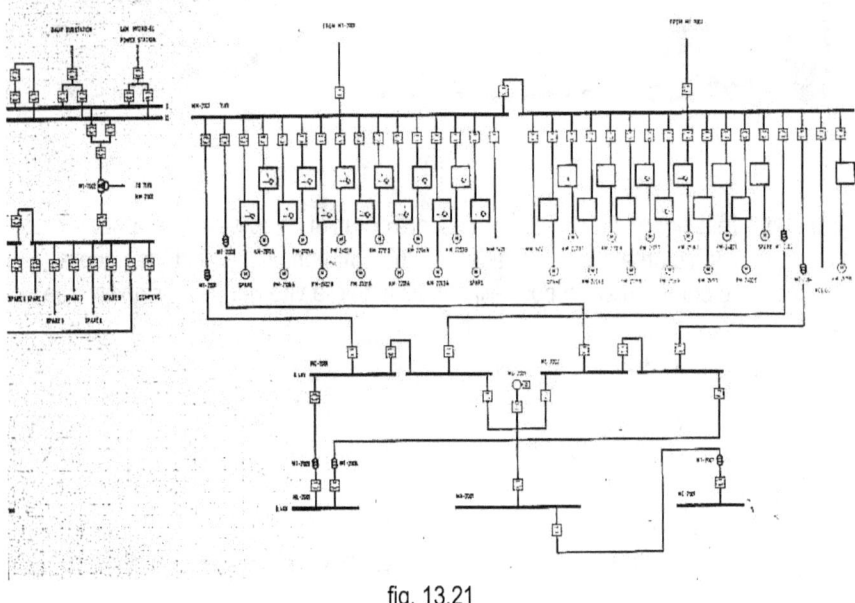

fig. 13.21

La figura 13.21 rappresenta lo schema unifilare di un impianto esteso.

Questo schema, riportato sul fronte del quadro, ha la funzione di rendere sempre controllato lo stato di servizio di una rete e di ogni sua diramazione.

Lo schema può essere fisso realizzato con barrette che uniscono gli elementi di comando misura e segnalazione disposti sul fronte. Lo stesso schema realizzato con barrette è difficilmente modificabile.

Lo schema può essere realizzato con tessere inserire in un apposito telaio ad alveare fissato al quadro e realizzato componendo le tessere del sistema sulla griglia montata sul fronte del quadro. Le tessere riportano i diversi elementi dello schema secondo le informazioni della figura 13.22.

Il quadro sinottico componibile consente facilmente la modifica dello schema, l'aggiunta o l'eliminazione di tessere di uno schema o di elementi di comando e segnalazione.

Le applicazioni più diffuse si riferiscono a impianti elettrici delle sale controllo.

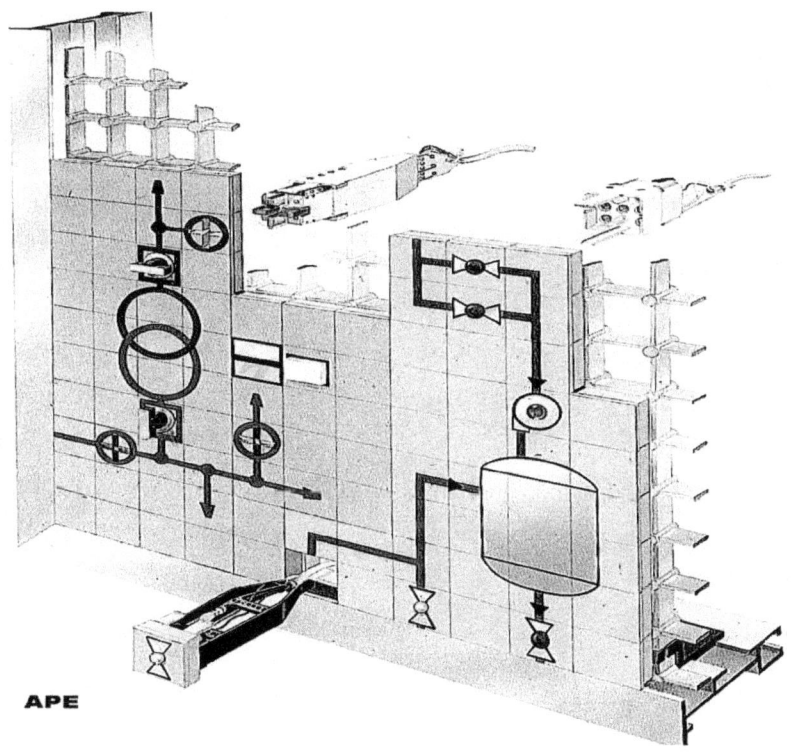

fig. 13.22

Non mancano tuttavia applicazioni negli impianti industriali per i quali vengono impiegate tessere adatte che riproducono impianti e macchinari idraulici o termici o pneumatici e i loro circuiti.

13.3 SALE DI CONTROLLO

Le sale di controllo di centrali elettriche, reti elettriche di distribuzione, reti ferroviarie, reti idriche, reti di distribuzione del gas e di grandi apparati industriali di produzione come le raffinerie, e in generale le fabbriche hanno la funzione di rendere possibile la supervisione di un apparato esteso al fine di attuare con sicurezza tutte quelle manovre che si rendono necessarie per gestire l'impianto controllato mantenendo la vigilanza di tutte le funzioni vitali legate ai sistemi associati e alla sicurezza dell'impianto. I grandi quadri delle grandi sale di controllo vengono sempre realizzati con tessere che permettono in ogni momento una trasformazione o la modifica di uno schema senza ricorrere alla distruzione del preesistente. La figura 13.31 rappresenta la sala di controllo di una rete di distribuzione di energia elettrica.

nr

fig. 13.31

Il quadro sinottico che rappresenta lo schema elettrico della distribuzione è un quadro a tessere a mosaico sviluppato lungo due pareti di una sala.
Il quadro richiede per la sua progettazione la conoscenza dello schema unifilare e delle sole dimensioni dei due lati e dell'altezza dello sviluppo. Gli strumenti e le caselle degli allarmi sono installati, quando previsti, sulla parte alta. Le segnalazioni ottiche dello stato dei sezionatori e degli interruttori sono inserite sullo schema

sinottico. Tutti i comandi sono concentrati sul banco di manovra disposto di fronte al quadro. I comandi possono anche essere riportati quando necessario sul quadro sinottico.

La figura 13.32 rappresenta una sezione di un quadro sinottico relativo al sistema di distribuzione in bassa tensione di uno stabilimento.

Il quadro è esteso fino a terra. Il quadro riporta tutti i comandi le segnalazioni di stato degli interruttori i predispositori delle manovre.

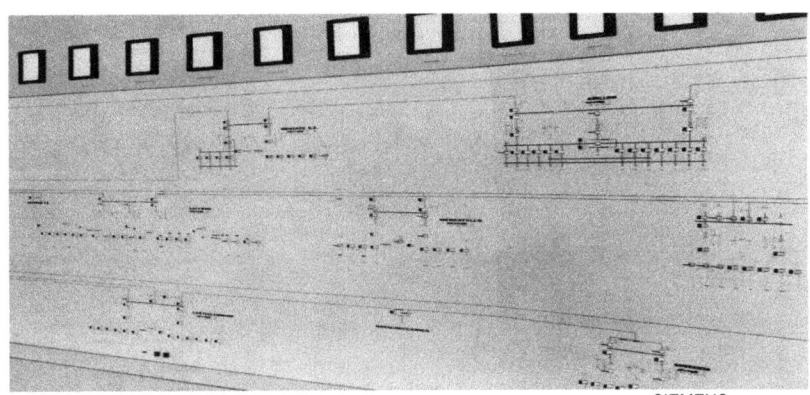

SIEMENS

fig. 13.32

Sulla cimasa del quadro sono concentrati i visualizzatori di allarme con le segnalazioni del tipo identificate con un codice di colore per ogni casella di segnalazione in funzione della gravità o della richiesta di interventi dell'operatore.

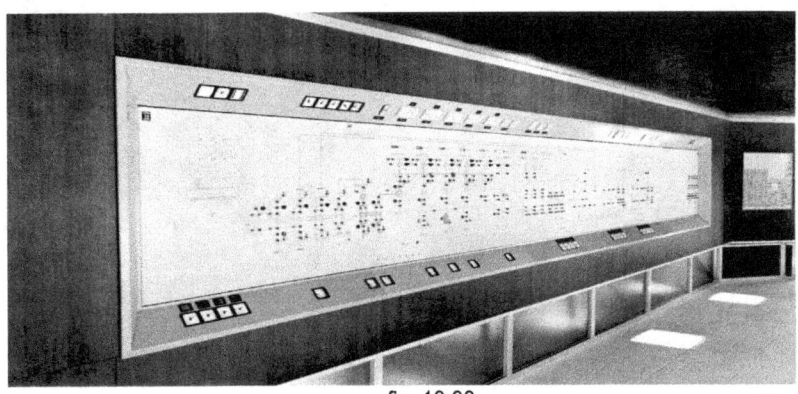

fig. 13.33   nr

La figura 13.33 rappresenta un quadro sinottico nel quale la strumentazione e i segnalatori di allarme sono installati sul piano subverticale superiore del pannello mentre sul pannello suborizzontale inferiore sono installati alcuni predispositori.

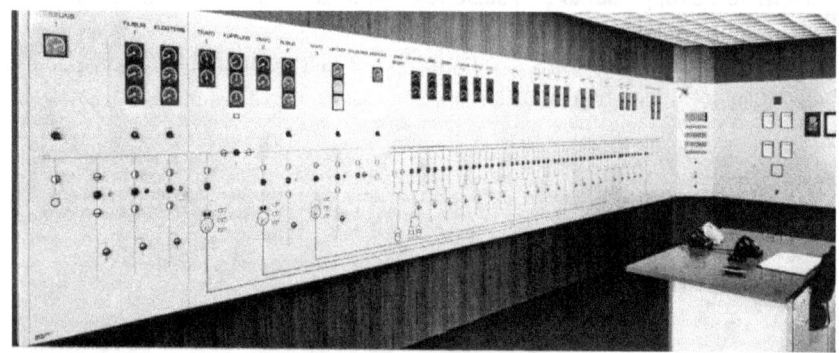

nr

13.34

Nella soluzione della figura 13.34 tutti i comandi e le segnalazioni e le misure principali sono integrati direttamente con lo schema riportato sul quadro sinottico.

nr

fig. 13.35

La figura 13.35 rappresenta una sala controllo con un sinottico in due sezioni distinte gestite con due banchi di comando separati.   Il controllo viene eseguito da due operatori che seguono ciascuno in una sezione di impianto.

13.4 SALE DI CONTROLLO DI PROCESSI INDUSTRIALI

Nelle sale di controllo di processi industriali il quadro sinottico a cartelle viene spesso sostituito con schemi realizzati con barrette metalliche o in plastica colorata applicate alla carpenteria dei pannelli.
Questa soluzione permette di contenere i costi di costruzione, ma presenta l'inconveniente di non essere facilmente modificabile.
Viene tuttavia utilizzata perché la modifica degli impianti comporta quasi sempre variazioni importanti che richiedono comunque anche la sostituzione dei quadri.

nr
fig. 13. 41

La figura 13.41 rappresenta la sala controllo di un processo nel quale sono prevalentemente installati gli strumenti di controllo e registrazione continua e lo schema di processo costituisce una parte limitata del sistema di controllo.
Quando si vuole anche rappresentare lo schema del circuito principale indipendentemente dalle apparecchiature di controllo e regolazione può essere inserito un pannello a tessere per la supervisione del processo.

Anche il banco di comando si presenta alquanto semplice e lineare.

nr

fig. 13.42

La figura 13.42 rappresenta lo schema di un processo nel quale il quadro sinottico è realizzato con un sistema misto a cartelle e barre.

nr

fig. 13.43

La sala di controllo di figura 13.43 rappresenta la sala di un processo controllato dal banco e con strumentazione a parete.

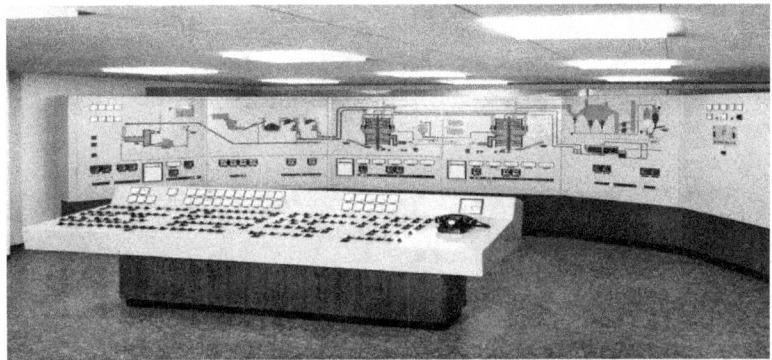

fig. 13.44

SPRECHER+SCHUZ

Nella sala controllo di figura 13.44 il quadro sinottico verniciato sulla carpenteria rappresenta completamente il processo controllato.

fig. 13.45

La figura 13.45 con pannelli e banco a settori è finalizzata a controlli di macchinari con vita separata controllati da un operatore per ogni macchina in esercizio. L'operatore dialoga direttamente con il conduttore delle diverse sezioni di impianto.

La figura 13.46 presenta una sala controllo con banco a curvatura continua che ha elevate difficoltà costruttive, ma un buon livello estetico.

nr

fig. 13.46

Queste forme costruttive sono adatte quando per la supervisione e la conduzione sono necessari più operatori che possono anche interagire fra loro.
La soluzione di figura 13.47 è tipica di impianti di distribuzione idrica.

B
nr

fig. 13.47

La figura 13.48 rappresenta il sinottico a barre in un quadro a parete a curvatura continua tipicamente impiegato nel controllo di reti elettriche.
Il quadro sinottico per la sua funzione non sostituisce i quadri di controllo ai quali deve essere comunque collegato, ma semplifica e rende rapidi gli interventi del personale di conduzione dell'impianto.

nr

fig. 13.48

I quadri sinottici si impiegano per la rappresentazione di reti elettriche estese e di impianti tecnologici e ferroviari per permettere di eseguire in modo corretto la manovra di tutti gli apparati.
I quadri sinottici sono quasi sempre quadri di grandi dimensioni che vengono sviluppati sulle pareti perimetrali di vaste sale e hanno un impatto economico notevole giustificato nei grandi sistemi di controllo.
Le connessioni degli apparecchi di misura, segnalazione e comando sono eseguite nella parte posteriore dei nei quadri fino ai telai di comando degli azionamenti.

13.5 TELAI APPARECCHIATURE R SALE DI CONTROLLO

I collegamenti dei selettori, delle lampade e degli strumenti installati sui pannelli sinottici delle sale di controllo sono realizzati mediante cavi leggeri che connettono i dispositivi di manovra e di controllo alla morsettiera del quadro.

Dalla morsettiera del quadro sinottico i collegamenti sono sviluppati con altri cavi fino ai pannelli che contengono le apparecchiature che realizzano la logica di comando e da queste al comando degli interruttori o degli attuatori finali.

fig. 13.51

La parte posteriore dei pannelli sinottici può essere completamente a giorno oppure può essere convenientemente protetta da una carpenteria metallica con porte di protezione dei cavi e delle tessere.

I cavetti di collegamento a connettore delle apparecchiature installate sul quadro sinottico evidenziati nella figura 13.51, sono raccolti a festone appoggiato su apposite traverse posteriori che sorreggono i cavi prima del collegamento alla morsettiera di uscita. Si evitano cosi   sollecitazioni ai piccoli connettori e alle tessere del quadro sinottico.

Le apparecchiature alle quali sono collegati, vengono installate su telai a giorno del tipo di figura 13.52 e assiemati di fianco fra loro oppure di spalla quando sia necessario ridurre lo spazio occupato dai telai.

Le sale nelle quali vengono installati possono essere sale di grandi dimensioni accessibili solo al personale di manutenzione e al personale di guardia.

fig. 13.52

I telai sono sistemati su un pavimento flottante per semplificare la posa dei cavi di collegamento e di interconnessione.

I telai possono apparecchiature possono essere montati all'interno un telaio metallico di supporto fissato a pavimento e a soffitto secondo la figura 13.53. Quando i telai sono di grandi dimensioni, per garantire la stabilità di installazione sono fissati alla base e al soffitto. In questo caso lo sviluppo dei cablaggi può essere anche realizzato nella parte bassa o in quella alta attraverso canali che

fig. 13.53

proteggono i cavi nel pavimento flottante. Il telaio costruito intorno ai pannelli come nella figura 13.54 ha la sola funzione di protezione meccanica contro gli urti delle apparecchiature più sporgenti o più delicate.

fig. 13.54

In maniera analoga si costruiscono sale di potenza in bassa tensione per azionamento di motori elettrici, resistori di carico o freni come rappresentato nella figura 13.55.

fig. 13.55

Le sale apparecchiature di questo tipo sono sale condizionate, protette contro l'umidità e la polvere e risultano accessibili solo al personale di manutenzione.
La costruzione di queste sale ha senso solo per particolari tipi di impianto con un numero elevato di utenze distribuite in zone di esercizio pericolose.
Gli interventi di manutenzione sono semplificati in quanto avvengono in una apparecchiatura a giorno completamente raggiungibile in ogni punto anche se questi interventi dopo il collaudo diventano estremamente rari.

13.6   QUADRI MORSETTIERE INTERMEDIE

I quadri morsettiere intermedie sono quadri ad armadio ciechi ai quali convergono i cavi multipli e i cavi a due e tre conduttori che vengono raccolti, raggruppati per sistemi omogenei e indirizzati ai sistemi di destinazione finale. I quadri morsettiere sono in generale del tipo di figura 13.61.
Possono disporre di 1,2,3, morsettiere verticali e vengono installati solo se consentono risparmi effettivi e semplificazioni dei cablaggi ai quadri principali.

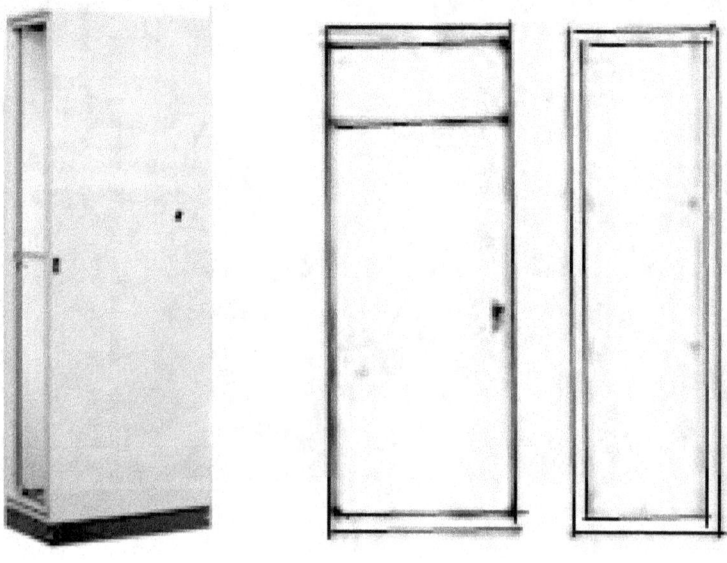

fig.13.61

L'installazione dei quadri morsettiere intermedie ha senso soltanto se è prevista una alta densità di cavi che non possono essere raccolti vantaggiosamente con cassette di derivazione.
Il quadro morsettiere intermedie permette l'indirizzamento e la raccolta di conduttori previsti verso una morsettiera finale comune e la riduzione del numero di cavi.

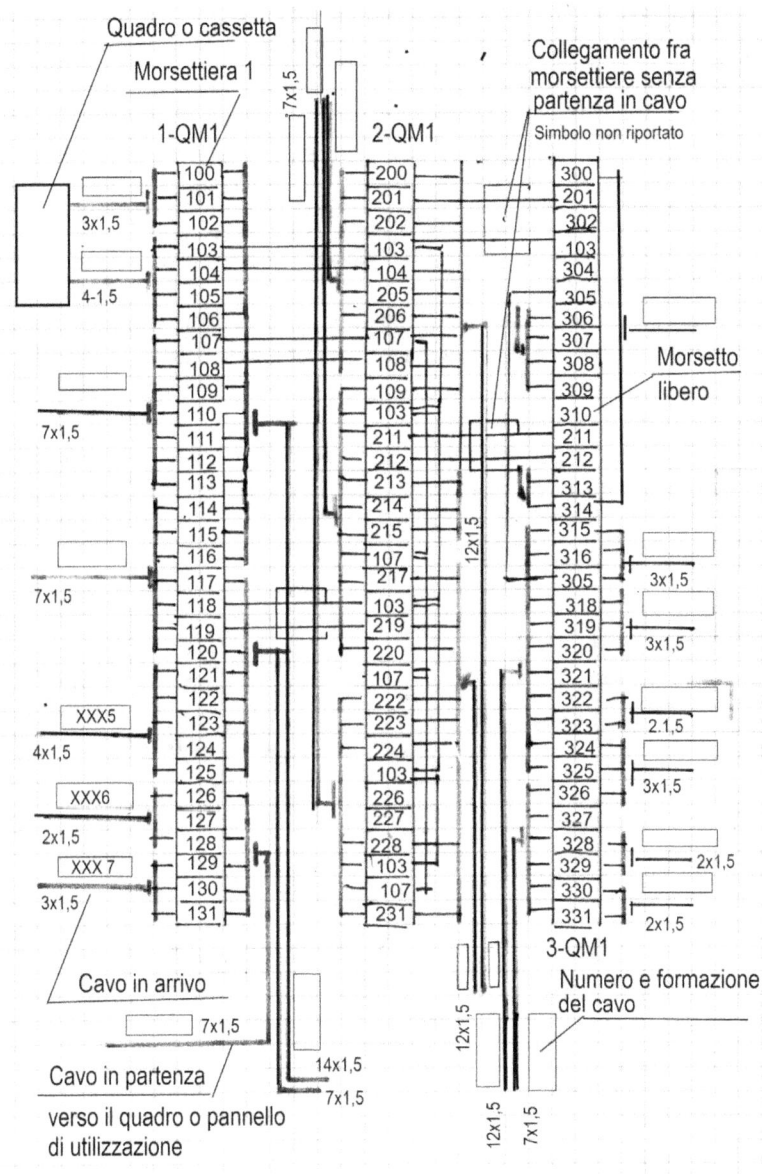

fig. 13.62

La figura 13.62 rappresenta uno schema informativo di quadro morsettiere intermedie con una siglatura che viene definita nella fase di esecuzione del progetto di cablaggio dell'impianto.

Il quadro morsettiere intermedie rappresentato prevede 3 morsettiere verticali 1-QM1 – 2-QM1 – 3-QM1 ciascuna delle quali è corredata di una canaletta per il passaggio dei fili dei cavi su ciascuno dei due lati. In questo caso saranno installate in totale sei canalette parallele ai lati delle morsettiere.

I cavi di ingresso possono provenire da cassette di derivazione di impianto, da altri quadri o direttamente da rilevatori.

I cavi di uscita sono collegati ai soli morsetti dei cavi di collegamento al quadro utilizzatore del segnale oppure alla cella specifica di un quadro.

Queste destinazioni di collegamento potranno essere precisate soltanto in fase di progettazione dei cablaggi.

I cavi in arrivo e partenza sono fissati alla carpenteria mediante appositi sistemi di bloccaggio in gomma o con morsetto avvitato del tipo di figura 13.63.

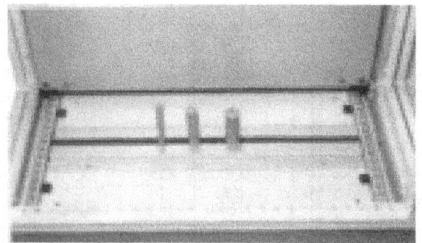

fig.13.63

Nella morsettiera 1-QM1 entrano 7 cavi e ne escono 3 verso le destinazioni che verranno precisate. Nella morsettiera 2-QM1 entrano 3 cavi multipli e ne escono 2 (o viceversa) per destinazioni da precisare e nella morsettiera 3-QM1 arrivano 8 cavi e ne partono 3.

La presenza di questo quadro permette la riduzione del numero di cavi che portano segnali alle diverse destinazioni.

Come conseguenza riduce il peso e la densità di cavi sulle vie cavi.

Per le piccole derivazioni i cavi possono essere semplicemente raccolti dalle cassette di derivazione o da piccoli armadi per sistemazione locale.

Nella figura 13.64 viene illustrata la modalità di utilizzazione del quadro morsettiere intermedie tenendo conto degli ingressi e della direzione delle usciste.
Alla morsettiera 1QM del quadro morsettiere arrivano i cavi a A e C che partono con il cavo U1 verso la morsettiera del' MCC.
I cavi B –D- E –F vengono riuniti nel cavo U5 che collega la morsettiera 1 QM con il quadro di controllo.
Il cavo U1 porta 7 conduttori. I cavi A e C hanno 2 e 4 conduttori rispettivamente.
Se sono tutti utilizzati resta libero 1 conduttore sul cavo U1.
Il conduttore libero costituisce una riserva.

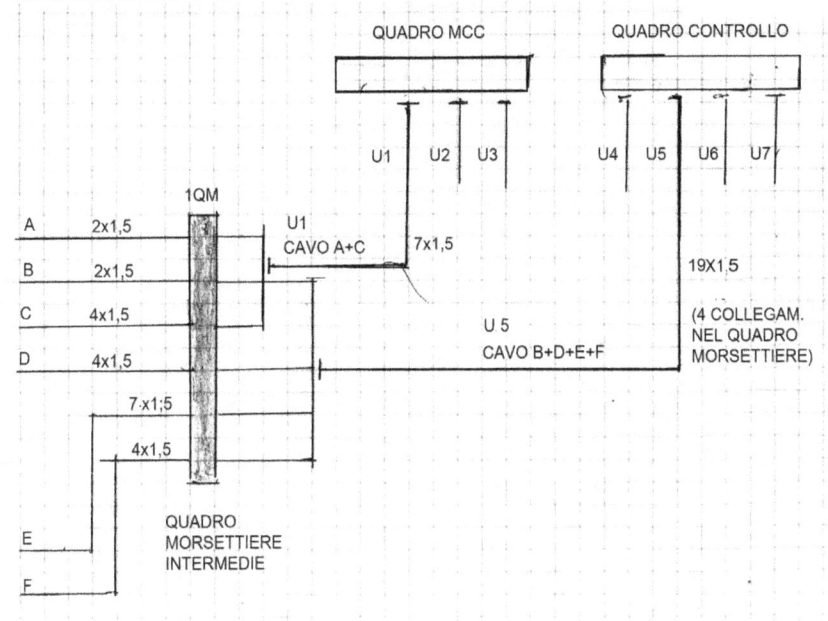

fig. 13.64

Il cavo U5 porta 19 conduttori. Il cavo B ha 2 conduttori, i cavi D ed F portano 4 conduttori ciascuno e il cavo E ha 7 conduttori collegati alla morsettiera 1QM.
Fra il quadro morsettiere intermedie 1QM e il quadro di controllo, il cavo U5 porta 4+7+4+2 =19 fili.
Il quadro U5 non dispone di riserve che se ritenute necessarie possono essere inserire portando i collegamenti B su un altro cavo diretto al quadro controllo.

13.7   QUADRI PER L'ELETTRONICA

L'elettronica per qualsiasi sistema di azionamento viene preparata su schede che ricevono i segnali dai rilevatori di controllo che si sommano ad eventuali consensi manuali ed elaborano i segnali di uscita per comandare gli attuatori finali di un sistema.
Le schede elettroniche possono essere inserite in una scatola di protezione singola quando devono svolgere una unica funzione isolata oppure essere raggruppate in cestelli a loro volta protette da appositi contenitori.

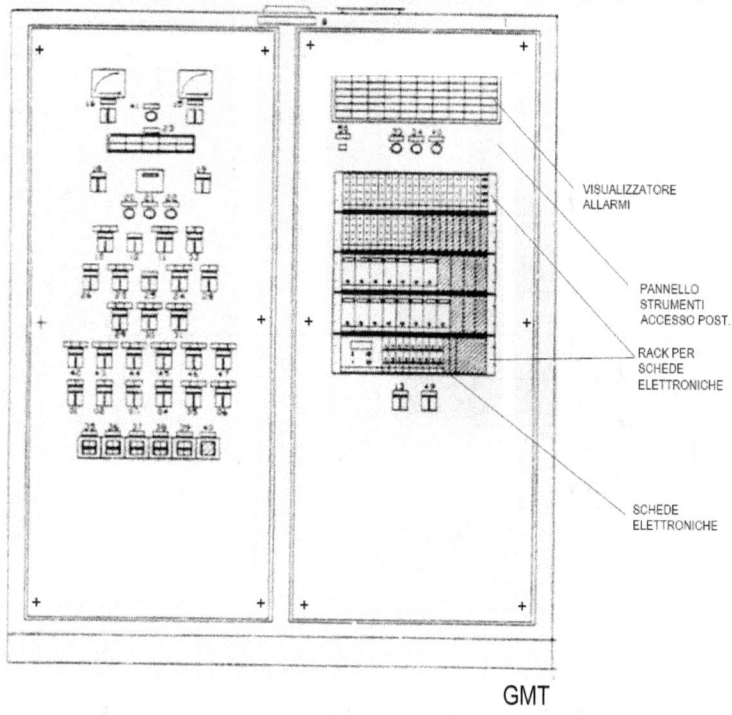

GMT

fig. 13.71

Più cestelli possono essere inseriti sul fronte di un quadro con accesso posteriore per i collegamenti alla morsettiera di uscita come in figura 13.71

Se il peso e la profondità dei cestelli lo permette, i cestelli possono essere inseriti direttamente sulle porte anteriori ed in questo caso si recupera lo spazio posteriore per la sistemazione di altri apparecchi.
La figura 13.72 rappresenta un quadro per elettronica montata su rack standard. Il telaio di supporto dei rack può ruotare di un certo angolo su due perni all'interno della carpenteria del quadro in modo da rendere accessibile la parte posteriore per i collegamenti alla morsettiera di uscita fissata alla carpenteria dove arrivano i cavi di collegamento esterni.

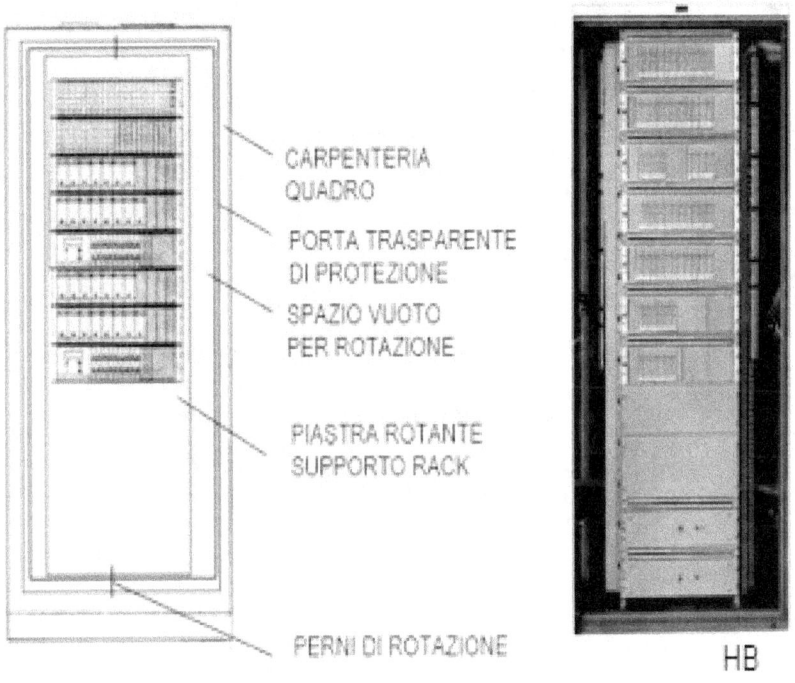

CARPENTERIA
QUADRO

PORTA TRASPARENTE
DI PROTEZIONE

SPAZIO VUOTO
PER ROTAZIONE

PIASTRA ROTANTE
SUPPORTO RACK

PERNI DI ROTAZIONE

HB

fig. 13.72

Il quadro è completato da una porta anteriore trasparente. La temperatura interna del quadro è controllata con un sistema termostatico e regolata da un sistema di ventilazione e quando necessario da un apparato di raffreddamento che mantiene una temperatura interna costante

13.8 STRUTTURE A ELEMENTI NORMALIZZATI

Strutture variabili e recuperabili per il sostegno di apparecchiature, e la suddivisione di locali, la insonorizzazione di macchinari e per applicazioni nel condizionamento e nella ventilazione possono essere realizzate con le indicazioni della figura 13.81.

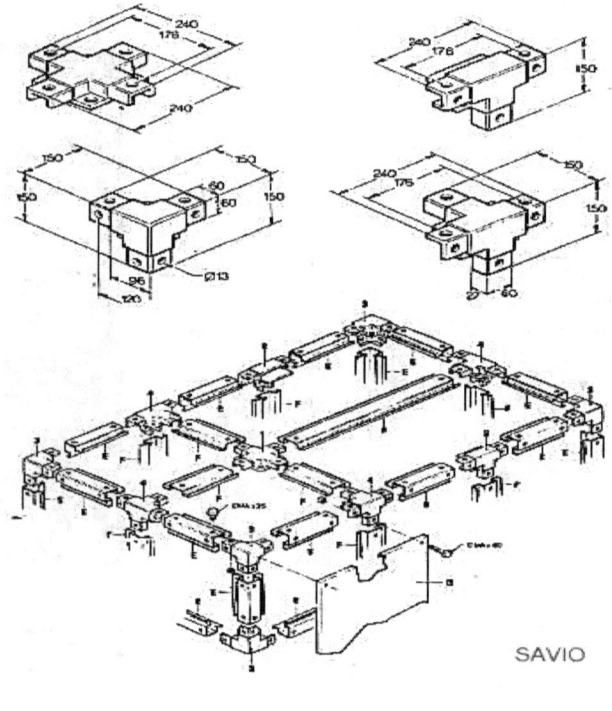

fig. 13.81

Con quattro elementi stampati e un profilato che viene tagliato nella lunghezza necessaria e forato per essere imbullonato agli elementi di estremità e ai pannelli di copertura delle pareti. Il sistema è adatto anche a realizzare sale quadri elettrici insonorizzate.

PARTE SECONDA

QUADRI DI POTENZA IN BASSA TENSIONE

CAPITOLO 21   Alimentazione in bassa tensione delle utenze

21.1   TRASFORMATORI DI DISTRIBUZIONE

L'energia elettrica può essere distribuita in bassa tensione monofase alle piccole utenze civili, ed in bassa tensione trifase alle piccole utenze industriali separando i sistemi di tariffazione civile da quelli di utilizzazione industriale caratterizzati da una diversa contabilizzazione.

I sistemi di distribuzione per applicazioni civili della corrente alternata in bassa tensione sono essenzialmente di due tipi rappresentati dal sistema che eroga su una utenza singola isolata e il sistema che eroga su una utenza multipla concentrata.

Il primo tipo è quello tipico delle utenze singole industriali o civili alimentate direttamente in cavo dal distributore dell'energia che controlla ogni utenza in bassa tensione attraverso un quadretto dislocato nel punto di consegna presso l'utente.

Il punto di consegna è il punto dopo l'interruttore installato a valle del contatore o direttamente sul contatore di energia per la tariffazione dei consumi. Dopo l'interruttore a valle del contatore si sviluppa l'impianto dell'utente.

L'utenza può essere singola come una casa unifamiliare o essere multipla come un centro commerciale o un palazzo abitativo con un certo numero di utenze ciascuna delle quali rappresenta per il distributore una utenza singola.

Nel caso del palazzo tutte le utenze singole possono essere alimentate attraverso un quadro di distribuzione generale comune dal quale partono dopo i contatori muniti di proprio interruttore di protezione sulla partenza, le linee per l'alimentazione delle singole utenze.

Negli impianti industriali che impegnano potenze importanti, l'energia elettrica arriva con cavi in media tensione ad una cabina di trasformazione locale e viene trasmessa in bassa tensione all'impianto per mezzo di un quadro di distribuzione.

La cabina di trasformazione può essere inserita in un locale interno dello stabilimento quando la potenza non supera 2500 KVA o essere esterna per potenze superiori.

La figura 21.11 rappresenta un locale di trasformazione predisposto per accogliere due macchine di potenza diversa, inserito al piano stradale di uno stabilimento che riceve l'alimentazione.

I due trasformatori sono alimentati dal quadro di media tensione dello stabilimento ciascuno mediante un proprio cavo tripolare e sono collegati con un sistema di sbarre di trasporto di corrente ai rispettivi quadri di distribuzione in bassa tensione. I trasformatori sono sistemati sopra una fossa in cemento. La fossa dei trasformatori è riempita con ciottoli rotondi di fiume di taglia omogenea per permettere lo scarico dell'olio caldo dal trasformatore verso un pozzetto esterno e per produrre lo spegnimento dell'incendio in caso di rottura del cassone e la perdita contemporanea dell'olio.

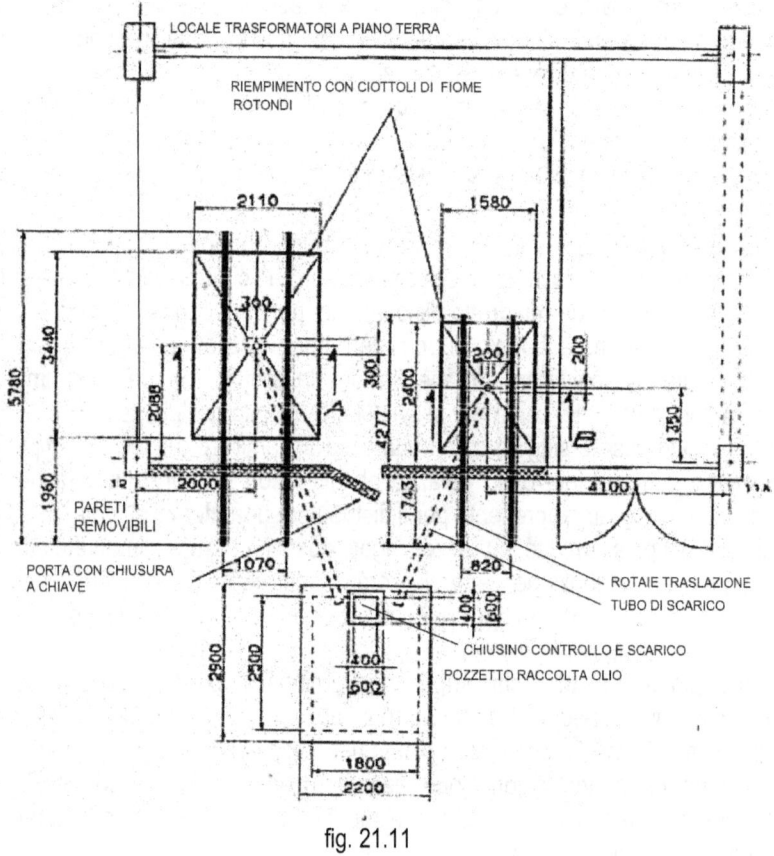

fig. 21.11

La fossa del trasformatore è collegata con tubi di plastica pesante del diametro di 150-200 mm fino al pozzetto esterno di raccolta dell'olio che fuoriesce dal cassone dell'olio di raffreddamento in caso di incidente grave.

Sopra la fossa e fino all'esterno del locale per una sufficiente lunghezza sono previste due rotaie di scorrimento per la movimentazione del trasformatore.

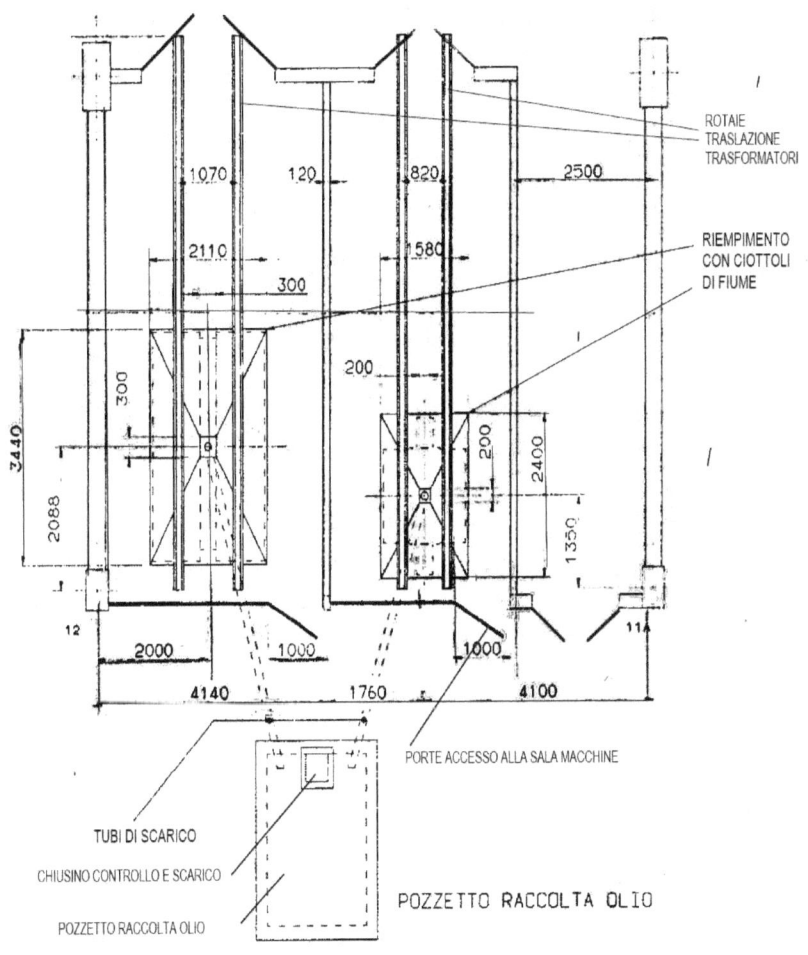

fig. 21.12

La pianta dell'esempio riportato con le stesse funzioni prevede che le macchine siano completamente separate fra loro realizzando un sistema come rappresentato nella figura 21.12.

I due trasformatori risultano completamente separati fra loro e l'accesso del personale alle due sale macchina è attuato sul lato opposto all'ingresso delle rotaie attraverso porte separate.

Il collegamento dei trasformatori ai relativi quadri di distribuzione mediante sbarre di trasporto è evidenziato nella figura 21.13.

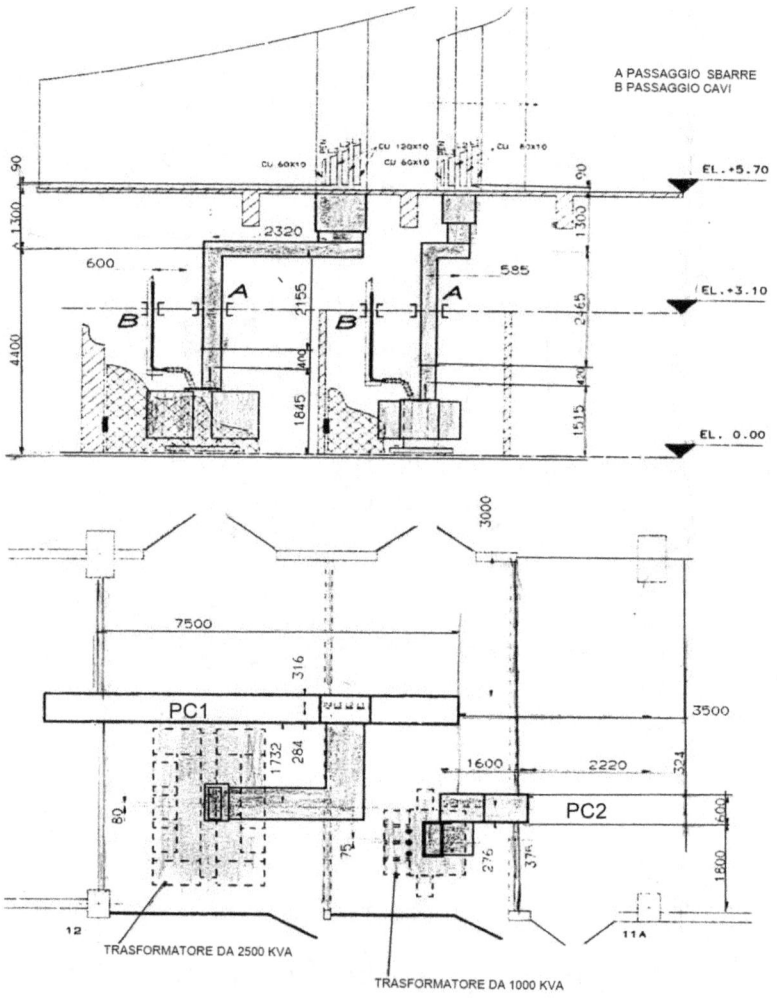

fig. 21.13

L'uscita dai trasformatori in bassa tensione è collegata ai quadri di distribuzione PC1 e PC2. Le sbarre di collegamento sono individuate dalla lettera "A".
L'arrivo dell'alimentazione in media tensione è attuato in cavo indicato sul disegno con la lettera "B".
Il collegamento del trasformatore al quadro di media tensione eseguito con cavo unipolare o tripolare viene predisposto in uno dei modi indicati nella figura 12.14 a seconda della dislocazione del quadro di media tensione. Il collegamento della bassa tensione di uscita è generalmente eseguito con condotto sbarre per trasporto di correnti forti.

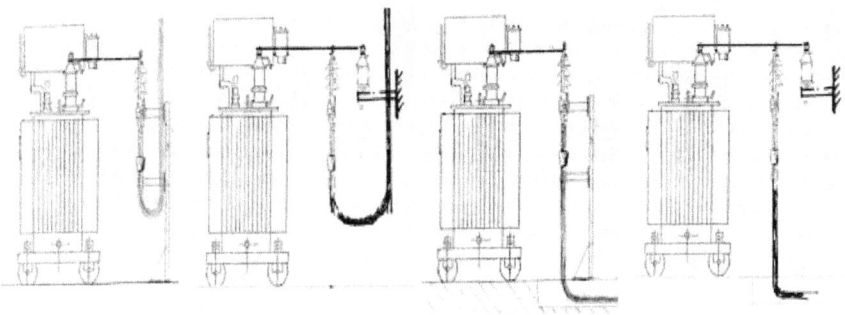

fig. 21.14

L'installazione dei trasformatori in olio richiede la realizzazione di opere civili atte a ricevere il trasformatore e a separarlo dalle parti circostanti.
Richiede inoltre di segregare la macchina in modo da rendere impossibile il contatto accidentale con parti in tensione.
Il cassone del trasformatore è riempito con olio isolante infiammabile e in grado di inquinare l'ambiente. Esiste la possibilità reale, anche se remota, che in caso di guasto grave si manifesti la rottura del cassone e di conseguenza la perdita dell'olio contenuto nel cassone del trasformatore.
La possibilità che si verifichi la perdita dell'olio isolante impone di costruire un sistema di raccolta, separazione e stoccaggio dell'olio scaricato.
Per i trasformatori di potenza fino a 2500 KVA dei servizi ausiliari di una centrale o di un impianto, i trasformatori sono spesso installati in un locale coperto al piano terreno dello stabilimento. Il locale adatto al raffreddamento naturale è normalmente aperto su uno o due lati con protezione contro l'intrusione.

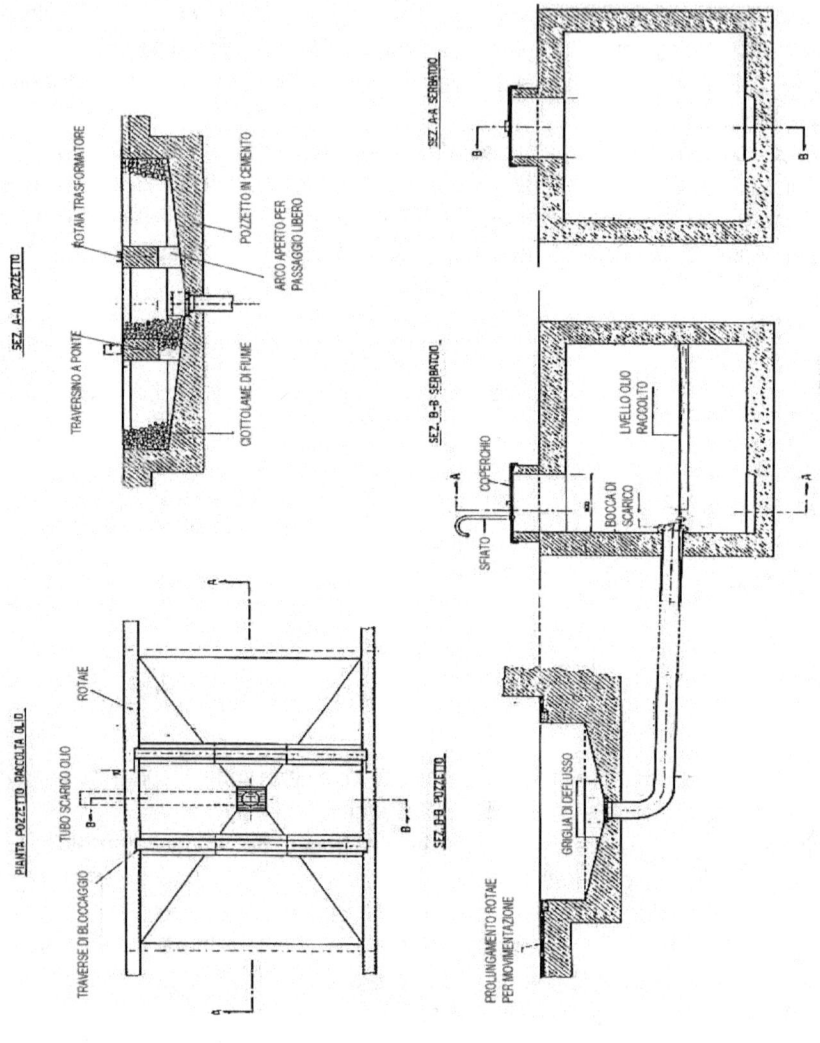

fig.21.15

Le opere civili costruite per l'installazione del trasformatore sia che venga disposto sotto una tettoia, all'interno o all'esterno sono rappresentate nella figura 21.15 per un trasformatore e nella figura 21.16 per due macchine con serbatoio di raccolta comune.

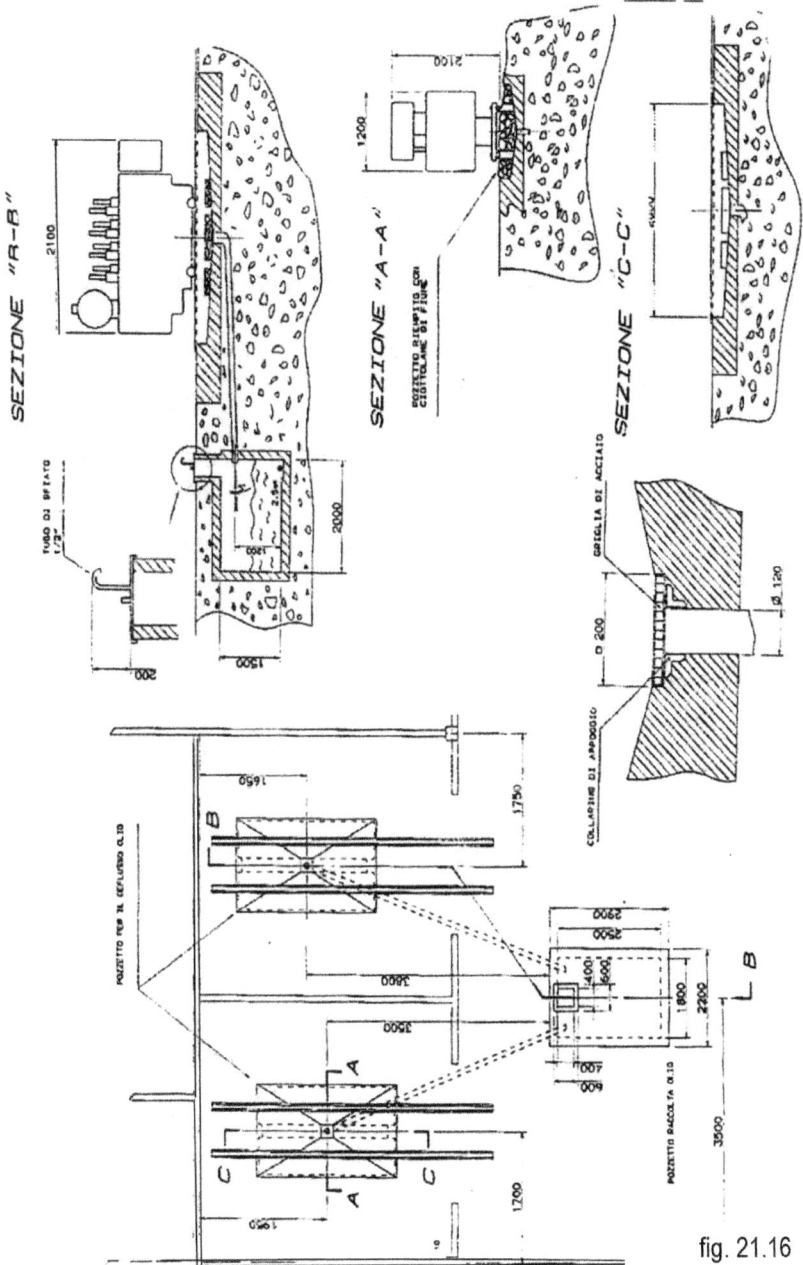

fig. 21.16

77

Un pozzetto in cemento con lati maggiori delle dimensioni esterne del trasformatore da installare ha il fondo a piramide rovesciata di piccola altezza che realizza una pendenza minima di 5° e due supporti a ponte sui quali sono installate le guide a rotaia per lo scorrimento del trasformatore.

I supporti a ponte permettono all'olio raccolto lateralmente di defluire verso il fondo del pozzetto.

Sul vertice di fondo è sistemata la griglia collegata a un tubo di scarico dell'olio nel serbatoio di raccolta esterno e interrato.

Il pozzetto in cemento è riempito con ciottoli tondi di fiume con pezzatura uniforme e dimensioni medie di 6 x 8 cm.

I ciottoli funzionano in caso di perdita dell'olio e di incendio come una rete separatrice di fiamma per cui l'olio che raggiunge il fondo per scaricarsi nel serbatoio di raccolta è spento e appena è portato via dal pozzetto di raccolta per esser scaricato nel serbatoio esterno di raccolta non è più in grado di alimentare la fiamma che brucia in superficie alimentata dal cassone del trasformatore.

La vasca esterna di raccolta dell'olio è installata ad una distanza sufficiente ad evitare di poter essere incendiata da eventuali spruzzi di olio caldo lanciati dal trasformatore.

L'olio del trasformatore raggiunge la vasca di raccolta attraverso un tubo di grosse dimensioni. Se l'olio è troppo caldo può essere fatto piovere dal tubo collettore su un ombrello parzializzatore in lamiera di acciaio inossidabile o in cemento inserito all'interno della vasca di raccolta dell'olio.

La funzione dell'ombrello rappresentato nella figura 21.17 è quella di suddividere il getto d'olio in vene liquide di portata più piccola che scorrono lungo la superficie estesa dell'ombrello facendolo raffreddare prima di cadere nel serbatoio evitando il pericolo di incendio.

L'ombrello "rua" così concepito nasce da una idea dello scrivente e il nome rua da una parola del dialetto di Claut che significa alveo di un ruscello. La vasca di raccolta è munita di sfogo dell'aria per favorire il deflusso dell'olio. Il serbatoio è munito di indicatore di livello ad asta.

L'olio raccolto nel pozzetto deve essere rimosso con pompa asportabile e distrutto. Le altre due pareti del locale possono essere realizzate in robusta rete metallica con porte di accesso incernierate bloccabili con lucchetto con chiavi di blocco del quadro di media tensione.

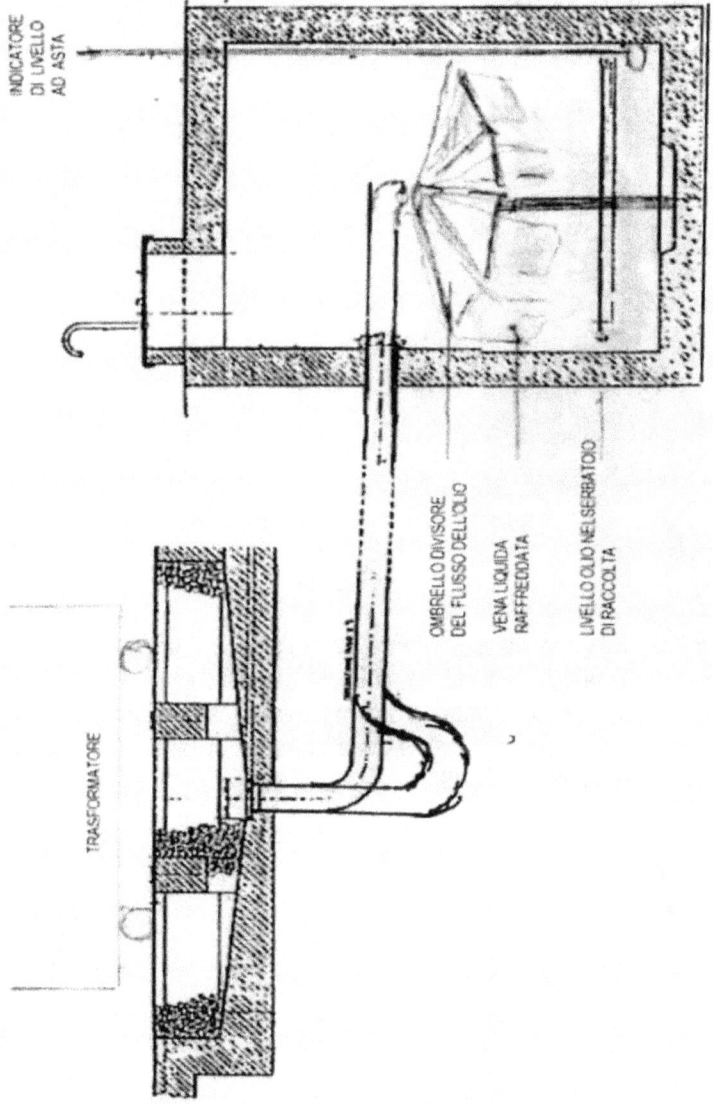

fig. 21.17

INDICATORE DI LIVELLO AD ASTA

OMBRELLO DIVISORE DEL FLUSSO DELL'OLIO

VENA LIQUIDA RAFFREDDATA

LIVELLO OLIO NEL SERBATOIO DI RACCOLTA

TRASFORMATORE

Le rotaie di scorrimento del trasformatore devono essere sicuramente collegate a terra.
La figura 21.18 rappresenta il sistema di collegamento fra le rotaie e il circuito di terra di protezione. Se sono impiegate due rotaie successive queste devono essere collegate fra loro con un cavallotto saldato.

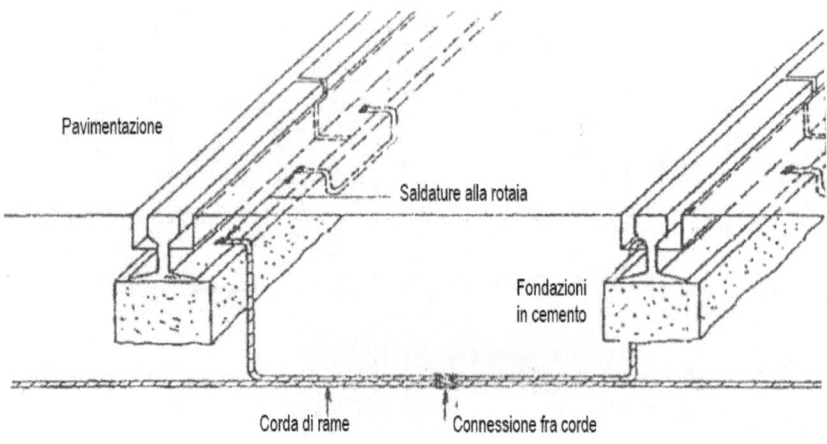

fig.21.18

Il trasformatore viene messo a terra separatamente con due cavi collegati alle estremità opposte della macchina e la eventuale corrente di guasto viene rilevata a un trasformatore di corrente che va a comandare l'apertura dell'interruttore di media tensione attraverso un relè di massima corrente di terra. Il circuito di rilievo è rappresentato dalla figura 21.19.

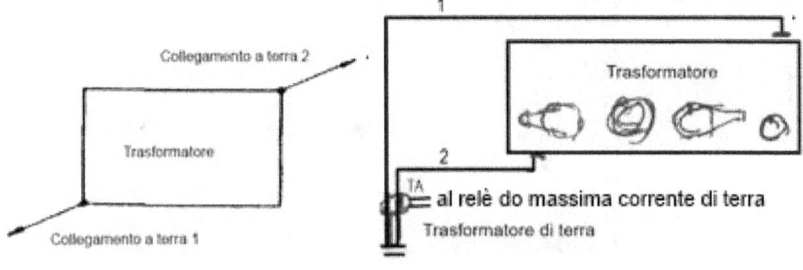

fig. 21.19

21.2 QUADRI DI DISTRIBUZIONE AD ARMADIO

I quadri di distribuzione ricevono la corrente dai trasformatori della cabina di trasformazione e alimentano direttamente i carichi importanti, i quadri di alimentazione dei servizi e i carichi delle utenze di impianto.
Per quadri dei servizi si intendono i quadretti di piccole utenze e i quadri MCC (Motor control center = Centro controllo motori) relativi ai servizi di una macchina principale e delle utenze comuni dell'impianto.
La figura 21.21 rappresenta lo schema informativo della utilizzazione di un quadro di distribuzione di potenza.

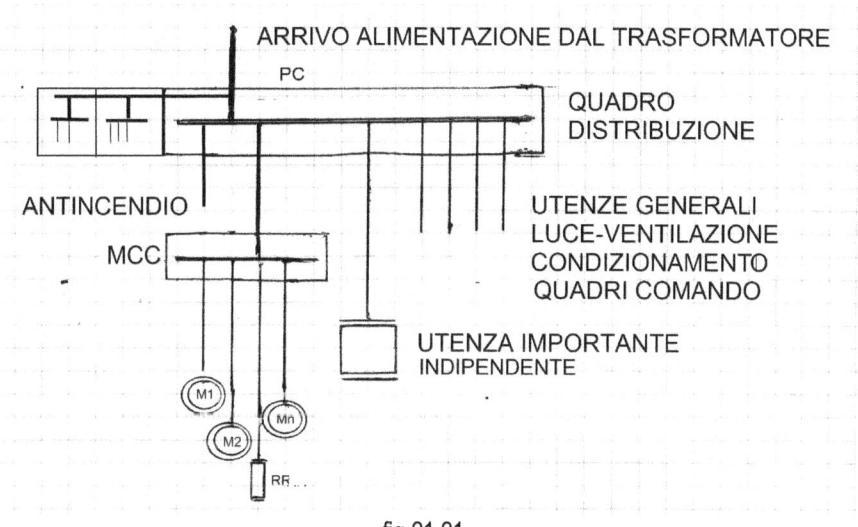

ARRIVO ALIMENTAZIONE DAL TRASFORMATORE

PC

QUADRO DISTRIBUZIONE

ANTINCENDIO

MCC

UTENZE GENERALI
LUCE-VENTILAZIONE
CONDIZIONAMENTO
QUADRI COMANDO

UTENZA IMPORTANTE
INDIPENDENTE

M1

Mn

M2

RR

fig.21.21

I quadri di distribuzione di potenza sono anche chiamati (secondo una definizione inglese divenuta comune) power center o semplicemente PC e sono quadri di distribuzione di corrente alternata in bassa tensione in esecuzione fissa oppure quadri ad armadio a celle multiple segregate fra loro contenenti ciascuna un interruttore sezionabile o estraibile e se necessari sezionatori di isolamento e fusibili come presentati nel capitolo 21.3.
Gli interruttori sono i componenti principali di un quadro di distribuzione e possono essere a comando di azionamento manuale diretto e a comando

indiretto con molle di azionamento precaricate per le correnti maggiori.

Con l'operazione di chiusura manuale si caricano le molle di azionamento che forniscono verso fine corsa di chiusura l'energia necessaria per lo scatto finale rapido di chiusura e preparano le molle di scatto cariche per l'apertura rapida dell'interruttore.

L'apertura può essere ottenuta sia con manovra manuale sia con comando automatico per intervento delle protezioni di corrente o delle protezioni esterne.

L'operazione di apertura deve sempre essere una operazione rapida per salvaguardare i contatti contro l'effetto dell'arco prolungato.

Negli interruttori di maggior portata e fino alle portate limite di 5000 Ampere, i comandi di chiusura e di apertura si effettuano con un sistema di molle.

Le molle sono collegate con un sistema di ricarica a motore che le mantiene sempre nelle condizioni di "Pronto per lo scatto" sia in chiusura che in apertura.

A molle scariche non è possibile il comando dell'interruttore. In caso di mancanza di tensione di alimentazione le molle possono essere caricate con una leva di manovra ad azionamento manuale di cui è corredato l'interruttore.

L'interruttore rende disponibili i suoi controlli attraverso i seguenti contatti riportati in morsettiera:

-Un contatto di interruttore aperto
-Un contatto di interruttore chiuso
-Un contatto di molle scariche
-Un contatto di molle cariche
-Un motore per ricarica
-Un microinterruttore di controllo ricarica delle molle
-Una bobina per comando di chiusura
-Una bobina per comando di apertura
-Contatti di controllo di posizione negli interruttori estraibili

I quadri PC possono essere anche utilizzati per operare diverse funzioni contemporaneamente e possono essere raggruppati in:
- Quadri di distribuzione alimentati da una cabina
- Quadri di distribuzione composti comprendenti anche una sezione MCC
- Quadri di distribuzione con sezione di media tensione e con trasformatore incorporato in modo da costituire una unità di alimentazione completa.
- Quadri con trasformatore isolato in olio

I Power center permettono di realizzare una disposizione razionale degli interruttori sistemati nelle posizioni più adatte per la manovra e risultare completamente separati fra loro e disposti nella posizione più adatta alla uscita dei cavi in partenza. Il retro del quadro è accessibile attraverso porte posteriori che non permettono di sistemare il quadro addossato a parete.

21.2.1   QUADRI DI DISTRIBUZIONE IN ESECUZIONE FISSA

Nella esecuzione più semplice i quadri di distribuzione hanno strutture fisse e sono utilizzati per manovra dei carichi con interruttori fissi.

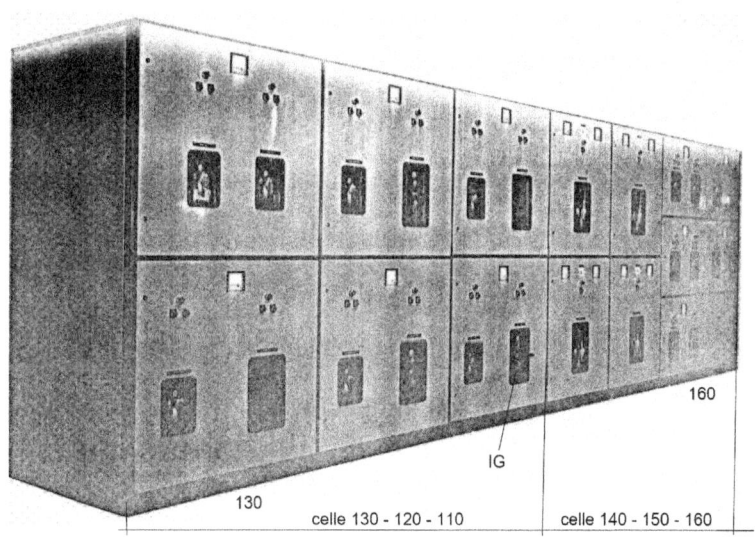

fig. 21.2.11

Gli interruttori non hanno portelli di ispezione frontali, sono raggiungibili attraverso le porte posteriori per il montaggio, il collegamento, il controllo e la manutenzione. Il quadro di distribuzione è suddiviso in colonne ciascuna delle quali comprende più celle virtuali come nella figura 21.2.11 o fisiche come nei quadri che seguiranno. In ogni cella possono essere installati uno o più interruttori fissi.

Il collegamento degli interruttori è eseguito nella parte posteriore del quadro.
I collegamenti di potenza sono realizzati con barre di rame.
Con minore frequenza le sbarre possono essere in alluminio.
Non possono essere usate contemporaneamente sbarre di rame e di alluminio o
sbarre di alluminio a contatto con cavi in rame e viceversa per evitare fenomeni di
corrosione elettrolitica nei punti di collegamento.
La figura 21.1.12 rappresenta un esempio dei circuiti di potenza di un quadro di
distribuzione del tipo di figura 21.2.11.
Gli interruttori e tutti i collegamenti di potenza e di controllo sono fissi. Il loro
smontaggio o le operazioni di modifica o di manutenzione possono essere eseguiti
solo in assenza di tensione con interruttore generale IG aperto. L'interruttore IG
deve essere dotato di blocco di manovra a chiave asportabile.

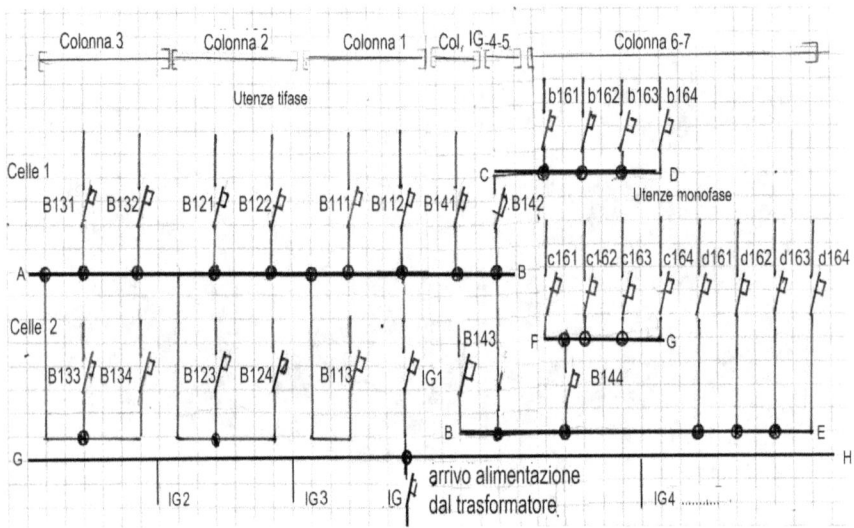

fig. 21.2.12

Con interruttore IG aperto tutto il quadro è fuori tensione ed è possibile intervenire
al suo interno per tutte le operazioni necessarie con eccezione di quelle
sull'interruttore IG per il quale è richiesta l'intercettazione dell'alimentazione a
monte perché i morsetti di arrivo dell'alimentazione possono essere in tensione
anche con IG aperto.
L'accesso al quadro avviene attraverso le porte posteriori.

Il quadro non può essere installato a parete ma deve essere mantenuto ad una distanza dal muro sufficiente al passaggio di un operatore a porte aperte.
I cavi di potenza delle utenze dei quadri sono collegati direttamente ai terminali di uscita degli interruttori e percorrono vie interne predisposte per realizzare passaggi e uscite ordinati senza creare intralci e mantenere sempre accessibili i componenti interni.
I circuiti ausiliari per i controlli a distanza sono segregati dai circuiti di potenza e fanno capo ad apposite morsettiere.

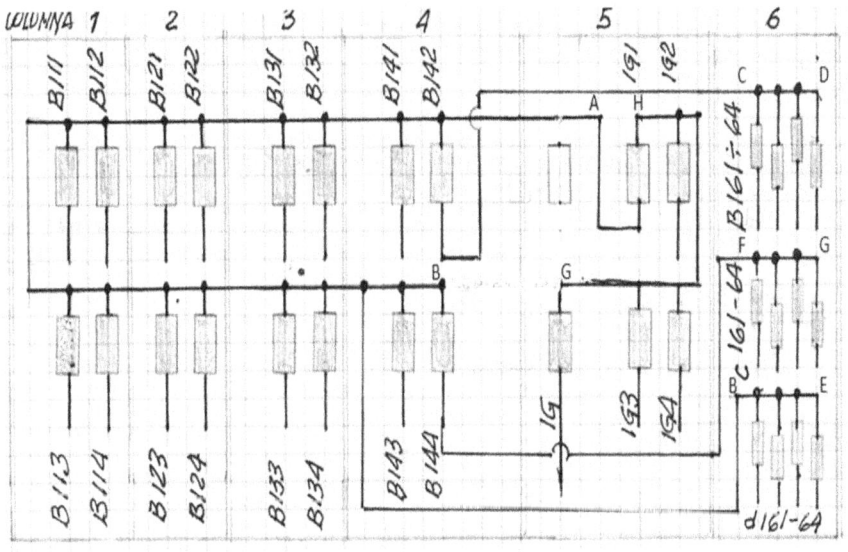

fig. 21.2.13

Il quadro deve essere sicuramente collegato a terra alle due estremità. Le sezioni in cui è diviso il quadro devono venire collegate fra loro per mantenere la continuità di tutte le carpenterie con il circuito di terra.
L'analisi dello schema di potenza permette di effettuare le seguenti considerazioni: Chiudendo l'interruttore generale IG si alimenta la sbarra GH alla quale sono collegati l'interruttore IG1 che alimenta i sistemi di distribuzione del PC e contemporaneamente si alimentano gli interruttori IG2, IG3, IG4 che alimentano carichi indipendenti dalla inserzione di IG1.

85

Chiudendo IG1 si mettono in tensione le sbarre di distribuzione AB e BE che predispongono l'alimentazione ai sistemi alimentati dagli interruttori
- B131, B132, B133, B134 colonna 3
- B121, B122, B123, B124 colonna 2
- B111, B112, B113, B114 colonna 1
- B141, B142, B143, B144 colonna 4

L'interruttore B142 alimenta la sbarra "CD" e inserisce gli interruttori
- b161
- b162
- b163.
- b164 della colonna 6

L'interruttore B144 alimenta la sbarra "FG" e inserisce gli interruttori
-c161
-c162
-c163
c164 della colonna 6

Sono inseriti alla chiusura dell'interruttore IG1 gli interruttori
-d161
-d162
-d163
-d164

gli interruttori di questi gruppi sono raccolti nei settori "b" e c-d" del quadro.

Lo schema 21.2.12 può essere riportato sul fronte del quadro con un sistema di barrette incollate per rappresentare il percorso della corrente dell'alimentazione fra gli interruttori di ogni derivazione.
La posizione degli interruttori può essere sempre verificata sull'interruttore e la presenza dell'alimentazione segnalata mediante lampade.
La rappresentazione dello schema a barre permette di controllare visivamente i in qualsiasi momento lo stato di servizio di un sistema e di ogni sua diramazione.
La figura 21.2.13 rappresenta la disposizione degli interruttori nel quadro.
Nella figura 21.2.14 è rappresentato l'esempio dello sviluppo indicativo parziale delle sbarre all'interno di un quadro PC. L'alimentazione arriva all'interruttore IG

nella seconda cella in basso a partire da destra. L'uscita di IG alimenta la sbarra alla quale sono derivati gli interruttori B111, B112, B113. La sbarra prosegue nelle altre celle per realizzare il collegamento agli altri interruttori.

I cavi di uscita si collegano ai terminali di uscita degli interruttori e vengono fissati alla parete opposta delle sbarre.

fig. 21.2.14

Il tipo costruttivo di quadro permette di essere ampliato con l'aggiunta di celle laterali per la sistemazione di ulteriori interruttori di distribuzione e quando necessario per l'installazione laterale di un quadro di tipo MCC evitando il suo collegamento con cavo di potenza esterno.

Quadri a cassetti fissi con interruttori fissi

La figura 21.2.15 rappresenta un quadro con interruttori fissi installati in una carpenteria a cassetti separati con sportelli di accesso frontali adatta per impiego anche di interruttori sezionabili.

I cassetti hanno la grandezza modulare adatta ad ospitare l'interruttore più grande. L'interruttore più grande è l'interruttore di ingresso dell'alimentazione.   I cassetti di grandezza del modulo di costruzione del quadro possono essere divisi in più parti mantenendo la stessa geometria di costruzione.

Nei cassetti più piccoli possono essere inseriti 2,3,4 interruttori di taglia inferiore conservando le prerogative di questo tipo di cassetto. I cassetti più grandi possono avere altezza doppia di quella del modulo di base.

Le celle superiori fisse sono utilizzate per sistemi di conteggio dei consumi e per le misure dei parametri di ingresso al quadro.

fig. 21.2.15

Sopra lo sportello di ciascuna cella degli interruttori possono essere previsti piccoli pannelli removibili per il montaggio degli strumenti di misura necessari, delle lampade di segnalazione di interruttore aperto, chiuso, scattato e i manipolatori di predisposizione e trasferimento dei comandi.

Più interruttori di taglia minore possono essere installati nella stessa cella come in figura 21.2.15 ultima colonna oppure in celle più piccole adatte a questi interruttori. Il quadro della figura 21.2.16 prevede una cella per ogni interruttore a fianco della quale è prevista una cella per l'installazione delle apparecchiature ausiliarie dell'interruttore comprendenti il trasformatore dei servizi ausiliari, i fusibili di protezione del trasformatore, eventuali relè ausiliari istantanei e a tempo, e sullo sportello le lampade di segnalazione, i pulsanti e i commutatori di predisposizione del tipo di manovra. Questo tipo di quadro è adatto all'installazione di interruttori fissi, sezionabili o estraibili con comando locale e a distanza.

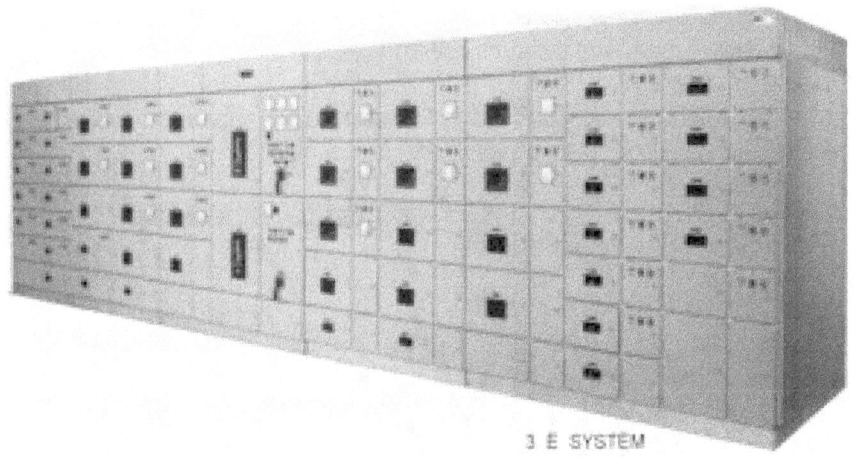

fig.21.2.16

Il quadro quando è di dimensioni ragguardevoli viene progettato in modo da poter essere suddiviso in unità di trasporto che vengono ricomposte in via definitiva dopo la sistemazione nell'impianto di destinazione finale. Il grado di protezione previsto è normalmente IP 20 definito secondo la tabella 26.91.
L'esterno del quadro è verniciato con il colore richiesto dal committente mentre l'interno è generalmente in esecuzione zincata.
L'altezza standard di un quadro di distribuzione è di 2300 mm con profondità legate alla tipologia dell'impianto a partire da 600 (1000 1200.1800.2400) mm.
Le sbarre e tutti i collegamenti di potenza sono installati nella parte posteriore.
Questa parte è completamente separata dalle celle contenenti le apparecchiature per mezzo di appositi diaframmi.

L'isolamento del quadro è in aria ed è previsto per una tensione di esercizio fino a 500 Volt e tensione verso terra fino a 300 Volt.

Le sbarre possono essere costruite con piatto di rame o alluminio e sono dimensionate per la portata prevista tenendo conto dei limiti di sovratemperatura stabiliti dalle norme. La tipologia dei supporti delle sbarre dipende dal livello della corrente di corto circuito richiesto. Il quadro può essere equipaggiato con sistemi di uscita dei cavi dall'alto o dal basso. L'uscita dei cavi viene prevista posteriormente a partire da ogni interruttore.

I circuiti ausiliari di ogni cassetto sono riferiti ad apposite morsettiere per il collegamento esterno con cavi multipolari. Quando necessario i quadri vengono corredati di diaframmi metallici posteriori o canali verticali anteriori segregati per la divisione della zona sbarre dalla zona cavi.

Gli attacchi di uscita dei cavi di potenza possono essere dotati di cuffie di protezione. Il fondo di ogni colonna può essere dotato di piastre di chiusura in materiale amagnetico in corrispondenza del passaggio dei cavi.

fig.21.2.17

La forma costruttiva del quadro è normalmente quella parallelepipeda con dimensioni adatte alla sistemazione prevista.

Possono essere anche realizzati quadri che seguono profili circolari ad esempio intorno a macchine di un impianto e si presentano come nella figura 21.2.17.

Ciascuna colonna ha forma parallelepipeda con interposizione laterale di settori di adattamento disposti fra le unità verticali frontali per raggiungere il profilo voluto.

Disponendo i settori di adattamento nella parte posteriore il quadro assume la forma concava.

21.2.2   QUADRI CON INTERRUTTORI ESTRAIBILI

I quadri con interruttori estraibili rappresentano una evoluzione dei quadri con interruttori fissi perché consentono il controllo di ogni singolo interruttore indipendentemente dalla situazione di alimentazione del quadro e delle utenze derivate e attuano il completo isolamento del sistema a valle.

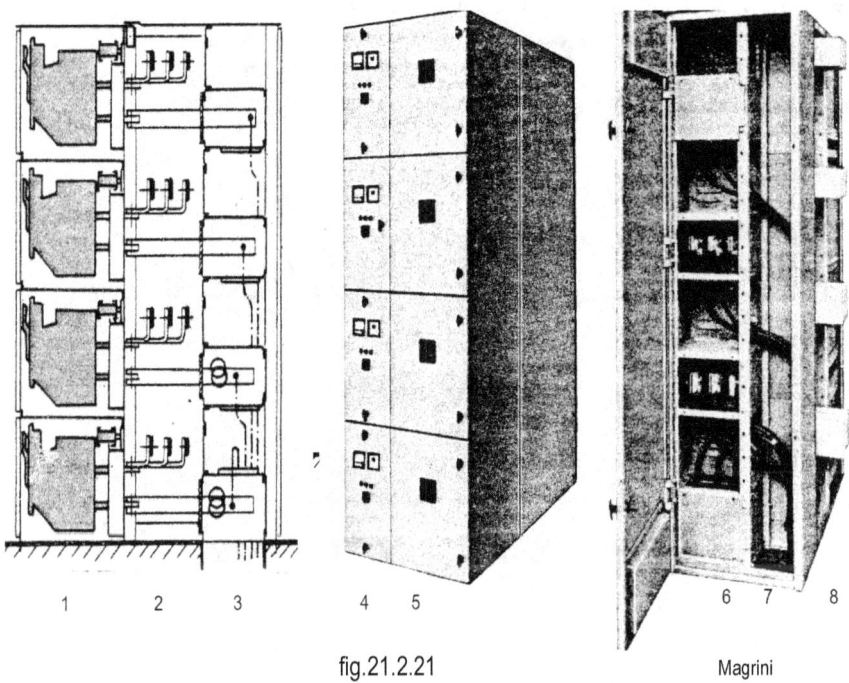

1   2   3   4   5   6   7   8

fig.21.2.21   Magrini

L'interruttore estraibile viene fornito dal costruttore equipaggiato di tutti gli elementi necessari alla sua installazione in un quadro a cassetti predisposto per questa costruzione. Le taglie degli interruttori sono previste per correnti di 630, 800, 1250, 1600, 2000, 2500, 4000, 5000 Ampere.
Nella figura 21.2.21 è rappresentata la colonna di un quadro di distribuzione multiplo con 4 interruttori. Ogni colonna è suddivisa in tre parti utilizzate per la installazione degli interruttori (1), delle sbarre di ingresso dell'alimentazione (2) derivata dalle sbarre (8) e delle sbarre di uscita dall'interruttore (3)) equipaggiate se necessario con trasformatori di corrente e la disposizione dei cavi di uscita (7).

Nella parte frontale sono alloggiati gli interruttori accessoriati dal costruttore ciascuno in una propria cella. A fianco della cella dell'interruttore (5) è ricavata una cella ausiliaria (4) per i dispositivi di controllo e segnalazione.
Dal lato opposto la colonna permette di vedere le sbarre (6) per l'alimentazione degli interruttori e nella colonna (7) i cavi di uscita.
Nella zona (8) sono rappresentate le sbarre generali di alimentazione.
Il quadro può essere equipaggiato con interruttori a comando di chiusura manuale e comando di apertura manuale o automatico del tipo della figura 21.2.22

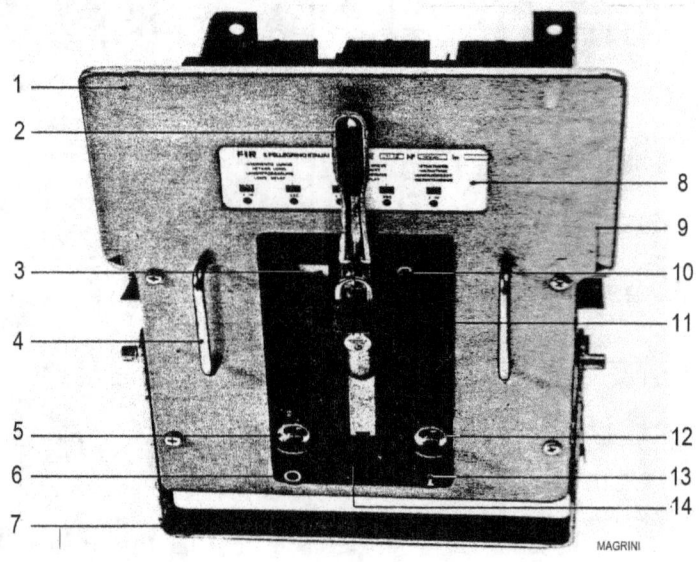

1 SCHERMO METALLICO DI PROTEZIONE CONTRO CONTATTI INTERNI- 2 LEVA CARICA MOLLE DI CHIUSURA – 3 INDICATORE MOLLE CARICHE - 4 MANIGLIE DI ESTRAZIONE (SOLO NEGLI INTERRUTTORI ESTRAIBILI) -5 BLOCCO A CHIAVE PER POSIZIONE DI APERTO OPPER APERTURA INTERRUTTORE – 6 PULSANTE DI APERTURA -7 LEVA DI INSERZIONE O DI ESTRAZIONE 8 QUADRETTO REGOLAZIONE INTERVENTO PROTEZIONI -9 INDICATORE POSIZIONI INSERITO-PROVA – SEZIONATO- 10 INDICATORE APERTO-CHIUSO -11 LUCCHETTO DI BLOCCO -12 BLOCCO A CHIAVE PULSANTE CHIUSURA – 13 PULSANTE CHIUSURA -14 INDICATORE .MECCANICO, INTERVENTO SGANCIATORI ELETTRONICI

fig. 21.2.22

Nella versione estraibile l'interruttore assume nel quadro le posizioni indicate nella figura 22.2.23 corrispondenti principalmente alla condizione di inserito e di estratto.

L'interruttore estraibile è corredato secondo la figura 21.3.23 di una struttura metallica di supporto con un carrello e guide di movimentazione comprendente i dispositivi di blocco nelle posizioni di inserito, di estratto e di estratto in prova e dei connettori per il sezionamento dei circuiti ausiliari di comando e segnalazione.

INTERRUTTORE INSERITO   INTERRUTTORE ESTRATTO   Magrini

fig. 22.2.23

L'interruttore prevede inoltre i contatti ausiliari per rilevare le condizioni di interruttore aperto e chiuso, estratto e inserito contatti di potenza parte fissa (con funzione di mortasa) da collegare alle sbarre inseriti nella sua struttura fissa di supporto e contatti di potenza sulla parte estraibile (con funzione di tenone) facente parte dell'interruttore estraibile, comandi della chiusura e dell'apertura, contatti delle protezioni e connettore di tutti i circuiti ausiliari precablato con la parte mobile del connettore collegata all'interruttore e con la parte fissa del connettore da fissare al quadro e collegare alla sua morsettiera.

La chiusura dell'interruttore richiede la carica manuale del sistema di molle di scatto che deve essere eseguita prima di ogni operazione di chiusura. A molle scariche non è possibile comandare la chiusura dell'interruttore.

Le molle si caricano azionando alcune volte la leva (2) fino a quando compare il segnale (3) di molle cariche.

L'interruttore si chiude premendo il pulsante (13) di chiusura.

Dopo la chiusura le molle rimangono cariche della quantità sufficiente per comandare la successiva operazione di apertura con il pulsante manuale (6) o per intervento delle protezioni.

Gli interruttori telecomandati inseriti negli impianti automatizzati sono dotati di un sistema automatico di ricarica delle molle e permettono di chiudere e aprire e richiudere l'interruttore senza attuare manualmente la ricarica delle molle.

La figura 21.2.24 rappresenta le celle di due interruttori estraibili montati su proprio carrello con interruttore inserito, strumenti di misura montati sulla piastra superiore inamovibile, della parte fissa accessibile dalla carpenteria, della cella superiore e con componenti di comando e segnalazione sistemati sullo sportello di chiusura.

Gli interruttori prevedono il solo telecomando associato all'impianto di automazione.

Il comando manuale locale può essere eseguito in prova oppure in emergenza con portello frontale aperto e con preventiva predisposizione alla manovra di un commutatore di consenso montato internamente alla cella.

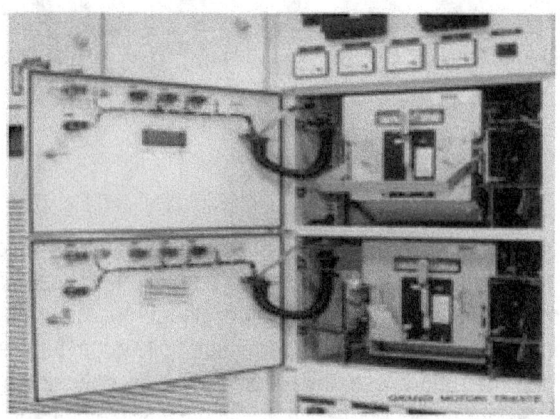

fig. 21.2.24

Il comando di apertura e la chiusura degli interruttori telecomandati è attuato da un dispositivo meccanico con molle caricate da un motore elettrico montato sull'interruttore.

Il motore è comandato automaticamente per mantenere le molle di scatto sempre cariche. Il motore di carica delle molle si avvia automaticamente a molle scariche e riparte comandato da un microinterruttore di controllo di molle parzialmente cariche fino a raggiungere la carica totale. La manovra con molle scariche non è possibile. In assenza di alimentazione del motore di carica delle molle, per una chiusura necessaria o di emergenza le molle possono essere caricate con una apposita leva frontale di carica manuale.

Le celle possono essere equipaggiate sul fronte delle porte di pulsanti di comando, commutatori di predisposizione e lampade per la segnalazione di aperto, chiuso e scattato per intervento protezioni e trasferimento comandi.

La strumentazione di misura o le apparecchiature di conteggio nel quadro di figura 21.2.24 è sistemate su una piastra superiore inamovibile del cassetto.

I circuiti di comando e segnalazione sono collegati alla logica di comando attraverso un connettore con parte mobile collegata all'interruttore estraibile.

Un secondo connettore permette di staccare i collegamenti allo sportello del quadro.

Con interruttore estratto dalla sua sede, coltelli di potenza isolati e connettore dei circuiti ausiliari reinserito sono possibili tutte le operazioni in prova.

Dopo aver aperto l'interruttore e staccato i connettori dei circuiti ausiliari, e sbloccato la manovra meccanica, l'interruttore può essere estratto facendolo scorrere con operazione manuale sulle proprie guide a rotaia   verso l'esterno con l'abbondono delle connessioni di potenza.

Nel suo movimento l'interruttore trascina meccanicamente le sue guide di scorrimento oltre l'esterno dello sportello.

In questa posizione l'interruttore può essere sollevato e rimosso dalla cella senza cadere. I connettori quando sono inseriti permettono di riportare tutti i comandi nella parte posteriore del quadro in una zona riservata ai sistemi di comando e automazione.

Dopo aver staccato la parte mobile dei connettori è possibile asportare l'interruttore dalla propria sede per attuare le operazioni di manutenzione o la sostituzione.

Il quadro, come tutti i quadri di distribuzione, viene installato preferibilmente nei baricentri di consumo in appositi spazi destinati alla l'installazione dei quadri.

Le sbarre sono costruite normalmente con piatto di rame e sono dimensionate per la portata prevista tenendo conto dei limiti di sovratemperatura stabiliti dalle norme.

Il quadro può essere equipaggiato con sistemi di uscita dei cavi dall'alto o dal basso.

L'uscita dei cavi viene prevista a partire da ogni interruttore.

I circuiti ausiliari di ogni cassetto sono riportati ad apposite morsettiere per il collegamento esterno con cavi multipolari.

21.2.3 QUADRI PC CON TRASFORMATORE IN ARIA

Il quadro di trasformazione e distribuzione schematizzato nella figura 21.2.31 è costituito da un complesso comprendente una cella di arrivo della linea (1) in media tensione fra 3 e 10 KV, una cella per il trasformatore (2) della potenza fino a 250-500 KVA nella esecuzione con raffreddamento diretto forzato in aria con uscita collegata alle celle 3,4,5 per la distribuzione dell'alimentazione in bassa tensione. Dopo la cella l'ultima cella degli interruttori (5) può essere installato direttamente anche un quadro MCC. Il trasformatore a secco inserito all'interno dei quadri di distribuzione viene utilizzato quando le potenze in gioco non superano 250-500 KVA e non sia comunque possibile o conveniente predisporre una sala trasformatori separata.

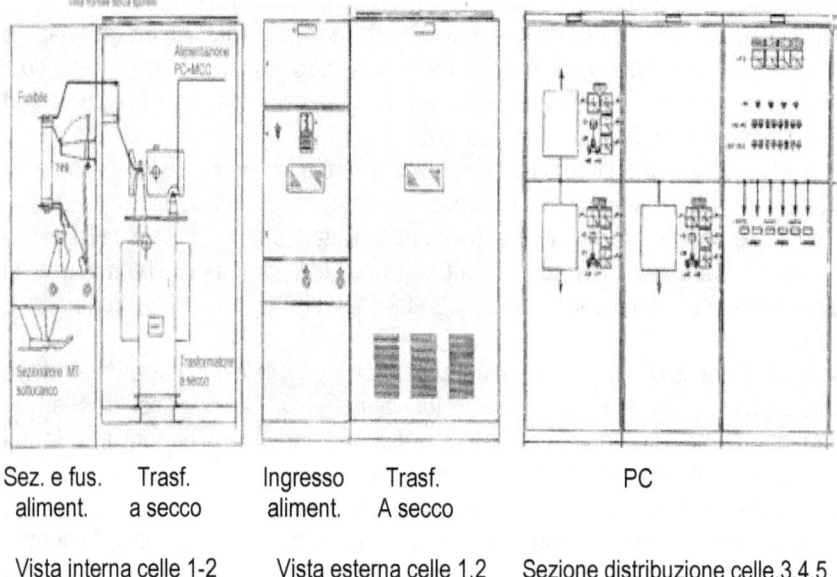

Sez. e fus.   Trasf.   Ingresso   Trasf.   PC
aliment.   a secco   aliment.   A secco

Vista interna celle 1-2   Vista esterna celle 1.2   Sezione distribuzione celle,3,4,5

fig. 21.2.31.

Il quadro, nella cella di trasformazione, deve essere sufficientemente arieggiato e ventilato. La figura 21.2.31 rappresenta le due sezioni nelle quali è suddiviso un quadro di trasformazione e distribuzione con trasformatore a secco senza una sezione MCC.

La figura 21.2.32 rappresenta un esempio di sviluppo di un quadro con pannello alimentazione in media tensione comprendente un sezionatore sotto carico in aria e un fusibile oppure con interruttore a volume d'olio ridotto di manovra seguito dalla cella del trasformatore in aria inserita nella carpenteria del quadro.
Il trasformatore alimenta la sezione PC seguita se prevista da una sezione MCC.
Le sezioni PC ed MCC sono sviluppate in funzione dei carichi da alimentare.
La cella del trasformatore prevede una circolazione forzata dell'aria attivata da un ventilatore con azionamento continuo e un controllo termostatico di allarme di sovratemperatura degli avvolgimenti.
Uno o più ventilatori provvedono a rendere uniforme la temperatura dell'aria e alla espulsione del calore e della umidità.

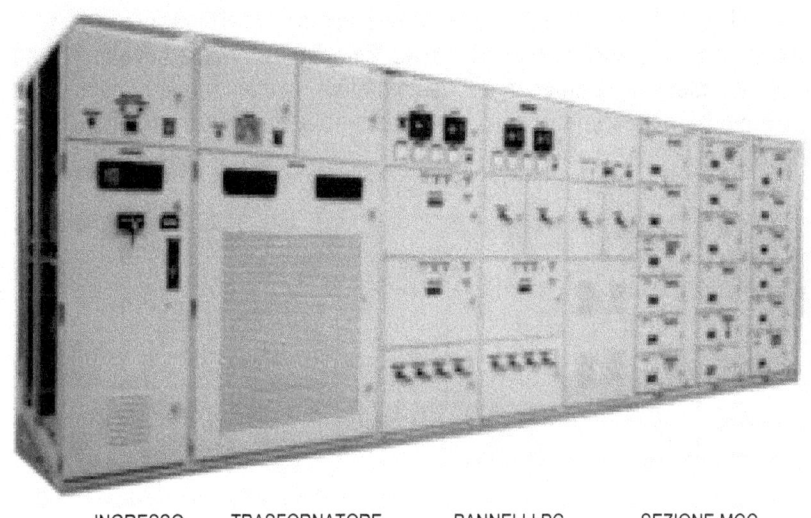

INGRESSO	TRASFORNATORE	PANNELLI PC	SEZIONE MCC
ALIMENTAZIONE	MT / BT	DISTRIBUZIONE	
IN MT	RAFFRE DD. IN ARIA		

fig.21.2.32

Il pannello anteriore della cella del trasformatore apribile a cerniera e le porte di accesso posteriori al trasformatore sono alettate in modo da garantire una facile circolazione naturale dell'aria.
La temperatura degli avvolgimenti del trasformatore è controllata con termistori o termoresistenze inserite nell'avvolgimento.

I termistori o le termoresistenze sono I rilevatori di temperatura collegati a un convertitore che chiude i suoi contatti per fornire un allarme quando si superano i valori di taratura di sicurezza della temperatura rilevata.

I contatti di un secondo livello, quando previsti, provocano l'apertura dell'interruttore di alimentazione in media tensione a monte del trasformatore.

Le colonne del quadro sono dotate di sistema di ventilazione controllato da umidostato e termostato e di scaldiglie che mantengono costante la temperatura interna per evitare qualsiasi deposito di umidità.

21.2.4   QUADRI PC CON TRASFORMATORI IN OLIO

I quadri PC con trasformatore in olio incorporato si presentano come nella figura 21.2.41 che corrisponde alla precedente figura 21.2.31 rispetto alla quale possono aumentare la potenza del trasformatore, aumentano le dimensioni della cella e il sezionatore sotto carico è sostituito nella maggioranza dei casi con un interruttore a volume d'olio ridotto.

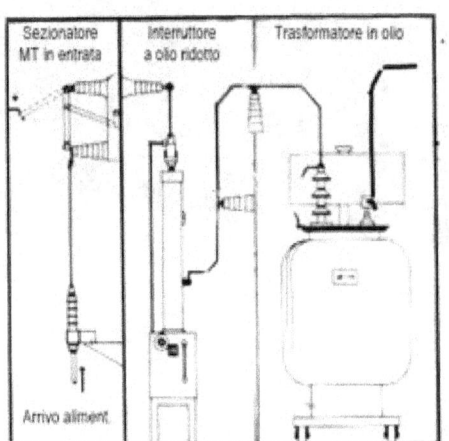 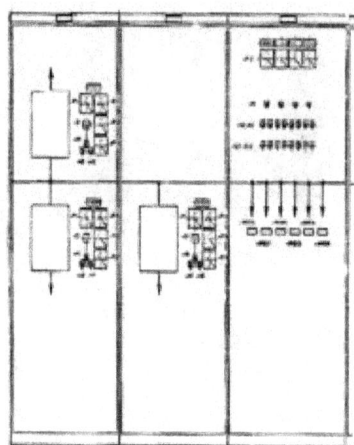

flg.21.2.41

Restano invariate le celle sul lato distribuzione del PC e se previste le sezioni dell'MCC di comando dei motori di azionamento degli ausiliari.

Il trasformatore in olio è accessibile dalla parte posteriore e dal lato anteriore del quadro attraverso portelloni alettati come con il trasformatore a secco.

Per assicurare il raffreddamento e per le caratteristiche costruttive dei trasformatori in olio può anche essere eliminata la cappottatura esterna come è previsto nella soluzione rappresenta nella figura 21.2.42 adottata con i trasformatori in olio di maggiore potenza.

I collegamenti di media tensione sono protetti in un condotto metallico e i collegamenti in bassa tensione sono eseguiti con sbarre isolate.

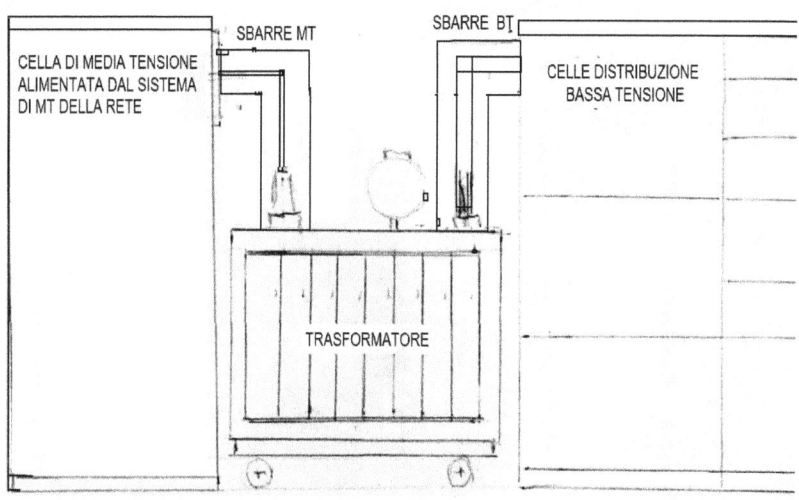

fig.21.2.42

Il quadro può prevedere due trasformatori che alimentano due sistemi di utilizzazione di bassa tensione separati e indipendenti, ma alimentati da un sistema in media tensione comune.

Ogni trasformatore è inserito con un proprio sezionatore o con un interruttore di manovra.

Nel seguito vengono rappresentate due diverse sistemazioni che possono prevedere celle trasformatori incorporate nel quadro del tipo della figura 21.2.41.

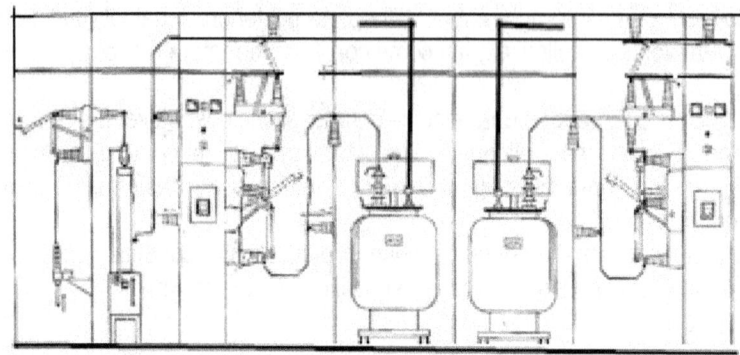

fig. 21.2.43

La figura 21.2.43 rappresenta il collegamento dei due trasformatori. I due sistemi a bassa tensione si sviluppano ai due lati del quadro alimentati da due collegamenti in sbarra che partono dai trasformatori.

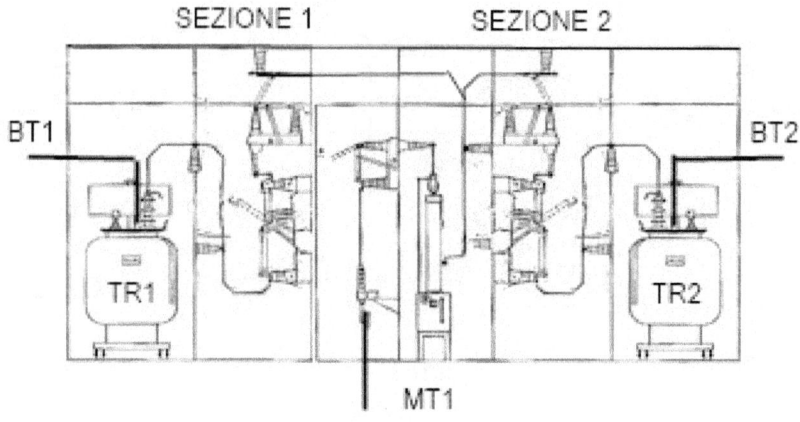

fig. 21.2.44

Disponendo i due trasformatori simmetrici rispetto all'alimentazione in media tensione   secondo la figura 21.2.44 si ottiene un quadro equivalente a quello della figura 21.2.43, ma si semplifica il collegamento delle sbarre di bassa tensione
Si eliminano gli incroci fra i sistemi di potenza di media e di bassa tensione.

Lo schema di figura 21.2.45 si applica quando i due trasformatori sono alimentati separatamente in media tensione e alimentano un proprio carico sulla bassa tensione e non ci sono collegamenti fra i due sistemi.

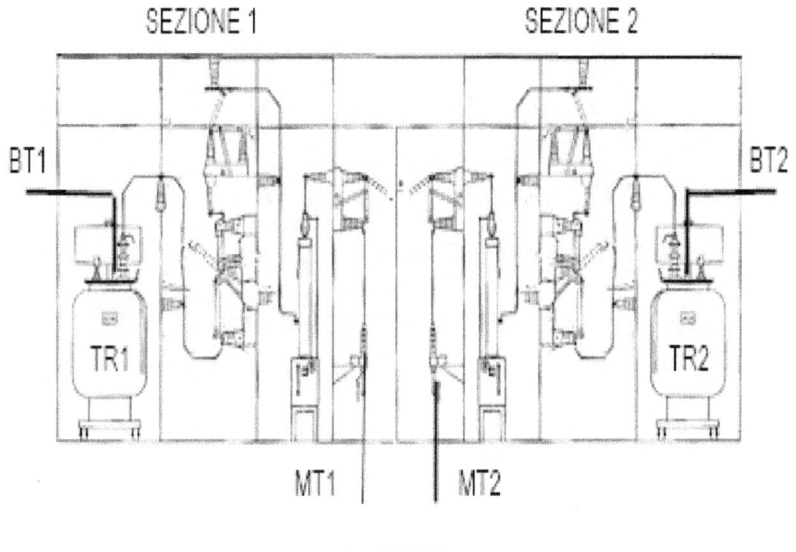

fig. 21.2.45

Può comunque essere previsto un congiuntore di sbarra fra i due sistemi in bassa tensione. E' preferibile utilizzare due quadri uguali separati fisicamente disposti separatamente o meglio in posizioni contrapposte.

21.2.5   UNITA' DI TRASFORMAZIONE E DISTRIBUZIONE

Le unità di trasformazione e distribuzione di piccola potenza in esecuzione compatta sono realizzazioni costituite da un arrivo linea, un trasformatore e una uscita in bassa tensione assiemate fra loro in celle segregate in un unico complesso come in figura 21.2.51 con le funzioni di quadro incorporato nell'unità.

Le celle sono collegate al trasformatore con isolatori passanti in MT e BT.

Il cavo di media tensione entra nella cassa (6) e si collega al sezionatore in olio contenuto nella cassa (1) munita di tappo riempimento e valvola di scoppio (3).

Il sezionatore porta l'alimentazione al trasformatore contenuto nella cassa (7) attraverso una terna di fusibili di protezione sistemati nel contenitore (5) protetto con la valvola antiscoppio (9).

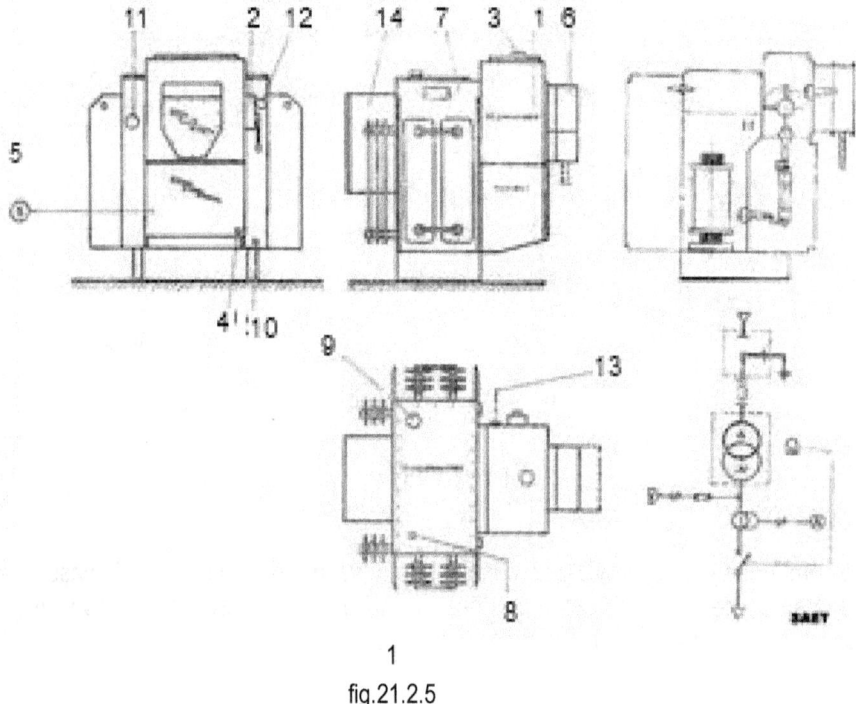

fig.21.2.5

L'olio contenuto nella cassa (1) può essere scaricato per mezzo del tappo (4).

La cassa dell'olio viene riempita attraverso il tappo (8) e svuotata attraverso il tappo (10).Sul trasformatore è disposto il commutatore di rapporto manovrabile a vuoto. I livello dell'olio è controllabile attraverso i vetrini spia (12-13).

Gli interruttori di bassa tensione sono sistemati nel quadretto (14) che prevede le uscite attraverso bocchettoni disposti sul fondo. Unità di trasformazione di questo tipo vengono costruite per potenze fino a 800 kVA. Nelle unità di trasformazione di potenza uguale a 800 kVA i trasformatori possono essere addossati a una cella di media tensione da un lato, e a un quadro di distribuzione di bassa tensione dall'altro come nella esecuzione della figura 21.2.42.

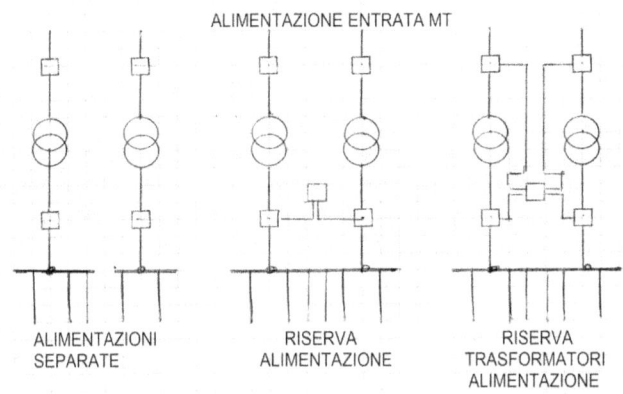

ALIMENTAZIONE ENTRATA MT

ALIMENTAZIONI SEPARATE   RISERVA ALIMENTAZIONE   RISERVA TRASFORMATORI ALIMENTAZIONE

fig. 21.2.52

L'arrivo linea può essere semplicemente costituito da una carpenteria con sezionatore di isolamento locale interbloccato con il quadro di distribuzione della media tensione e con la griglia di protezione del trasformatore.

Quando necessario, l'arrivo linea può prevedere una cella con un interruttore oppure con interruttore di manovra sezionatore. In questo caso l'accesso all'unita di trasformazione consente un isolamento locale visibile dell'unità di trasformazione. Il trasformatore può essere inserito in una sezione di carpenteria del quadro del quale fa parte anche il quadro di distribuzione di bassa tensione e in questo caso non sono necessarie reti di protezione antinfortunistica e i collegamenti al trasformatore non richiedono protezioni sulle sbarre di media e bassa tensione che possono avere isolamento in aria.

L'impiego di due unità di trasformazione collegate secondo la figura 21.2.52 consente di disporre di sistemi indipendenti con circuiti secondari separati, consente di mantenere un trasformatore in servizio e uno come riserva o di disporre di una riserva nella alimentazione delle uscite. La commutazione può essere comandata manualmente o con una sequenza di manovra automatica. Si realizza in questo modo una riserva di alimentazione sulla bassa tensione.

21.2.6 CURIOSITÀ STORICA DI UN QUADRO SU LASTRA DI MARMO

La figura 21.2.61 rappresenta un quadro di distribuzione funzionante orgogliosamente conservato nella centrale idrodinamica del porto di Trieste.

fig. 21.2.61

Il fronte del quadro è realizzato con lastre di marmo che montano nella parte alta la strumentazione e poche lampade di segnalazione e nella parte bassa le leve si manovra dei sezionatori dei circuiti di distribuzione. Nella sala posteriore sono sistemate le macchine manovrate.

Quadri di questo tipo ancora funzionanti sono difficili da trovare e non sono comunque mantenuti per i grandi spazi richiesti per la loro installazione.

Questo quadro vuole mostrarci da dove siamo partiti e cosa siamo stati in grado di costruire.

CAPITOLO 21.3   Apparecchi di manovra e accessori per quadri

21.3.1   SEZIONATORI DI MANOVRA DI FORTE INTENSITA'

Manovrano circuiti in bassa tensione in assenza di corrente. Hanno portate di 1000-5000 A e sono utilizzati per la predisposizione di circuiti utilizzatori. La pressione fra i contatti è regolata da molle che mantengono costante la pressione fra le superfici di contatto e durante la manovra esercitano una funzione pulente sulla polvere in modo da mantenere costante la resistenza di contatto ed escludere condizioni di surriscaldamento.

1000V 1000-50000A   7, 2-24KV 1000-4000A   COET

fig. 21.3.11

La suddivisione dei contatti multipli in parallelo consente di limitare e controllare il surriscaldamento. I contatti in rame sono fortemente argentati e gli isolatori sono in resina epossidica.
I sezionatori per forte intensità hanno un potere di chiusura e apertura nulli. La manovra di apertura e di chiusura è lunga e dell'ordine di alcuni secondi.
Nella figura 21.3.11 è rappresentato un sezionatore di comando a doppia leva e un sezionatore con comando a motore. Il comando a leva può essere frontale o rinviato sul fianco. I sezionatori di questo tipo possono essere costruiti per 2, 3, 4 poli secondo il tipo di utilizzazione.

Per questo tipo di sezionatore non è previsto nessun comando legato alle protezioni di impianto rimanendo attivo soltanto l'azionamento manuale a vuoto.
I sezionatori di questo tipo sono corredati di chiave di blocco meccanico per il consenso alla esecuzione di una manovra successiva. La manovra si esegue sfilando la chiave a sezionatore completamente aperto o sezionatore completamente chiuso e viceversa in funzione della logica di comando da realizzare. La chiave viene poi utilizzata per il consenso del comando successivo.
Il blocco può essere realizzato con contatto elettrico che si chiude o che si apre in posizione di sezionatore completamente chiuso o completamente aperto per liberare l'estrazione della chiave di consenso per una manovra successiva.
Il contatto di blocco interviene appena inizia il movimento meccanico delle lame del sezionatore per comandare l'intervento dell'interruttore ed evitare l'apertura del sezionatore sotto carico.
Il sezionatore può anche essere dotato di sistema di blocco con lucchetti esterni.
Il sezionatore può anche prevedere due contatti separati per la segnalazione dello stato di contatti aperti o contatti chiusi e quando previsto, per il comando del motore di azionamento

21.3.2 SEZIONATORI DI MANOVRA CON E SENZA FUSIBILI

I sezionatori portafusibili corredati di contatti di interruzione a monte e a valle del fusibile per corrente nominale fino a 630 A, sono utilizzati con fusibili di 40-100-250 A e possono essere azionati anche da protezioni separate per il comando di apertura dei contatti di potenza azionati dalla bobina di apertura BA.

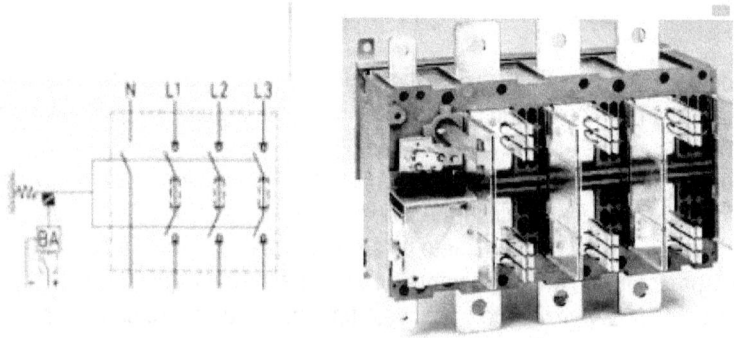

fig. 21.3.21

Nella figura 21.3.21 è rappresentato un sezionatore con bobina di comando dell'apertura dotato di presa laterale per l'albero di comando manuale di chiusura.

I limiti di intervento sono definiti dalle curve del fusibile impiegato fornite dal costruttore per ogni serie di fusibili.

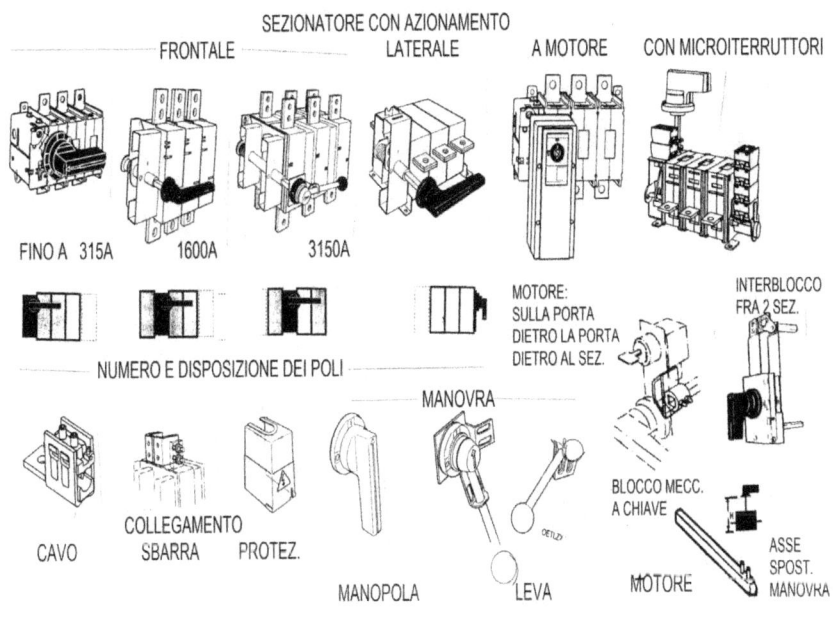

fig. 21.3.22

La bobina di comando BA di apertura del sezionatore può essere comandata per:

-Cause di origine esterna generate da manovre errate, apertura delle porte del quadro in tensione, apertura del sezionatore sotto carico,
-Interventi di sicurezza di segnali come arresto di emergenza, intervento del sistema antincendio, allagamento di sale comando e di sale macchine, apertura porte cabina trasformazione
- Interventi di massima corrente, mancanza di fase, comparsa di guasti a terra

I sezionatori di uso normale senza comandi di apertura automatica hanno la funzione di isolare una sezione definita di circuiti di potenza demandando ad altri componenti qualsiasi tipo di operazione di protezione.

La figura 21.3.22 rappresenta questi sezionatori mentre invece la figura 21.3.23 rappresenta i prolungamenti fisici utilizzabili della leva di manovra dei commutatori di maggior potenza e quindi di maggior sforzo di manovra.

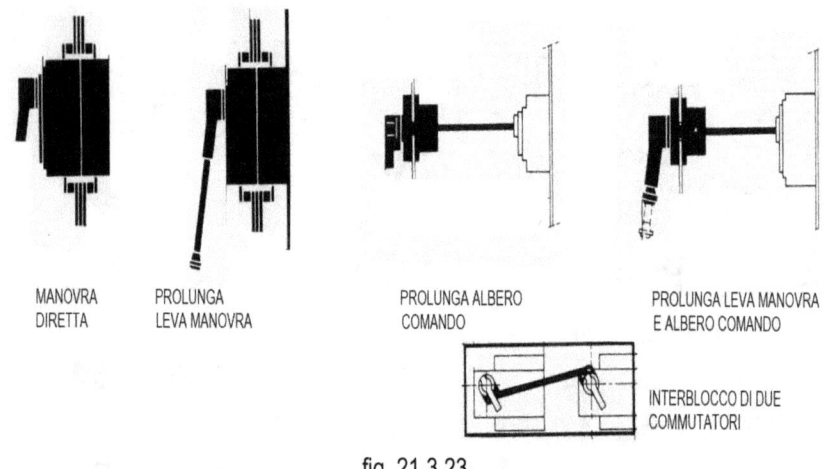

MANOVRA   PROLUNGA   PROLUNGA ALBERO   PROLUNGA LEVA MANOVRA
DIRETTA   LEVA MANOVRA   COMANDO   E ALBERO COMANDO

INTERBLOCCO DI DUE
COMMUTATORI

fig. 21.3.23

Rappresenta inoltre la prolunga dell'albero di manovra nella installazione distante fra sezionatore e manovra e l'interblocco fra due commutatori che debbano essere azionati separatamente.

21.3.3   INTERRUTTORI DISTRIBUZIONE

Gli interruttori in aria per bassa tensione sono costruiti per correnti fino a 6300 A. partendo da pochi ampere.
I piccoli interruttori automatici per correnti fino a 63A con bobina di scatto per massima corrente sono adatti alla installazione interna nei quadri, sono costruiti nelle esecuzioni unipolari, bipolari, tripolari, tripolari più terra, tetrapolari e hanno la forma caratteristica della figura 21.3.31.

Quando vengono usati nei sistemi a corrente continua hanno una soglia di intervento più alta rispetto agli interruttori in corrente alternata del 40% e raggiungono una portata pari a circa il 140 % della portata in corrente alternata. Nella stessa serie vengono costruiti interruttori differenziali con sensibilità 0,03-0,1-0,3-0,5A.

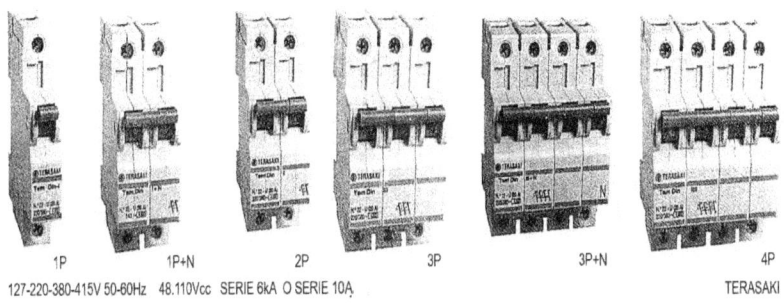

1P	1P+N	2P	3P	3P+N	4P
127-220-380-415V 50-60Hz	48.110Vcc	SERIE 6kA O SERIE 10A			TERASAKI

fig. 21.3.31

Gli interruttori scatolati rappresentati nella figura 21.32 per correnti di 800,1000,1250A possono essere montati sul fondo del quadro con manovra rinviata sulla porta.

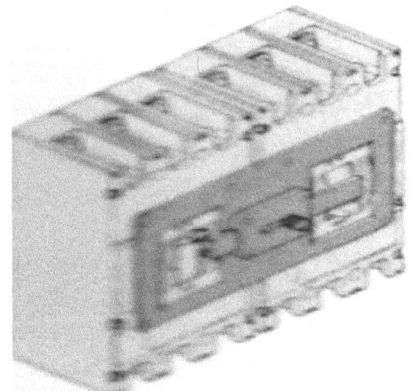

Due interruttori con interblocco meccanico   nr

fig. 21.3.32   TERASACHI

Possono inoltre essere interbloccati meccanicamente fra loro fra loro in modo da realizzate un solo un circuito di alimentazione deviatore con due linee in arrivo.
In questi casi vengono dotati degli accessori che impediscono la chiusura contemporanea sulle due linee.
Il montaggio può essere previsto con il fronte dell'interruttore sulla porta di accesso al quadro o con sistemazione sul telaio di fondo con albero prolungato.

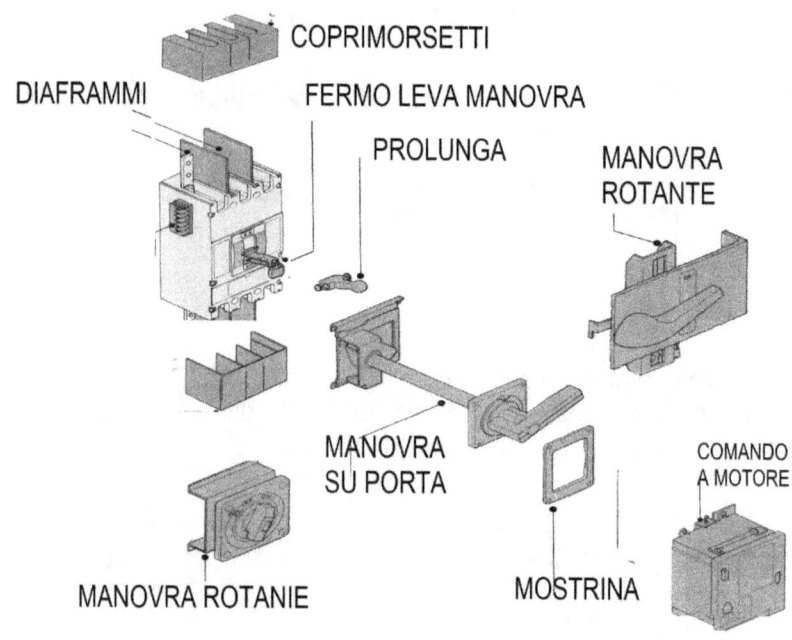

COPRIMORSETTI

DIAFRAMMI

FERMO LEVA MANOVRA

PROLUNGA

MANOVRA ROTANTE

MANOVRA SU PORTA

COMANDO A MOTORE

MANOVRA ROTANIE

MOSTRINA

fig. 21.3.33

I due sistemi di montaggio richiedono accessori diversi schematizzati nella figura 21.3.33 nella quale sono anche rappresentati i diaframmi inseriti fra le fasi e i coprimorsetti di protezione.

La figura 21.3.34 rappresenta un interruttore estraibile con sistema automatico di carica delle molle completamente equipaggiato è pronto per l'installazione in un quadro predisposto per questo tipo di installazione.

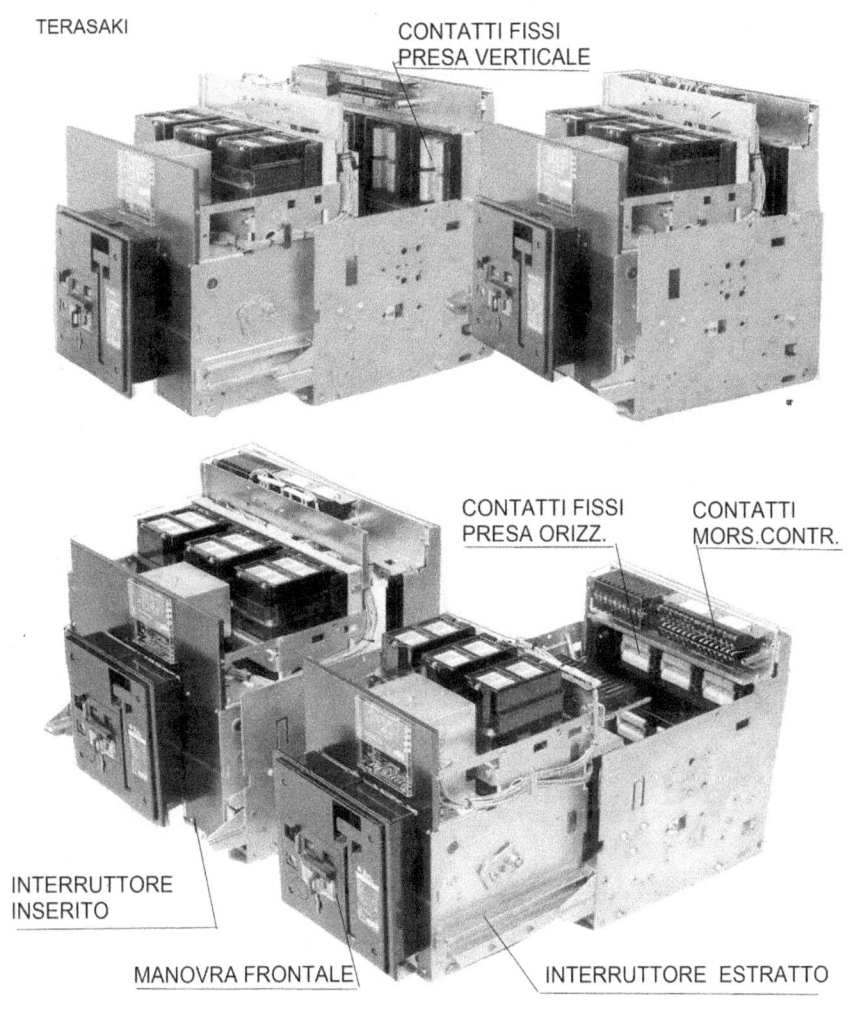

TERASAKI — CONTATTI FISSI PRESA VERTICALE — CONTATTI FISSI PRESA ORIZZ. — CONTATTI MORS.CONTR. — INTERRUTTORE INSERITO — MANOVRA FRONTALE — INTERRUTTORE ESTRATTO

fig. 21.3.34

Gli interruttori di questo tipo hanno taglie di, 1600 (250,400,630, 1000,1600), 2000 (500,800,1250,2000),3200(20,3200), 4000, 5000, 6300. Gli interruttori estraibili vengono installati ciascuno in una cella del quadro di distribuzione sono

rappresentati nella figura 21.3.34 nella posizione di interruttore inserito e nella posizione di interruttore estratto.
Il meccanismo interno dell'interruttore è rappresentato nella figura 21.3.35. Le posizioni dell'interruttore e la struttura dell'interruttore sono schematizzate nella figura 21.35.

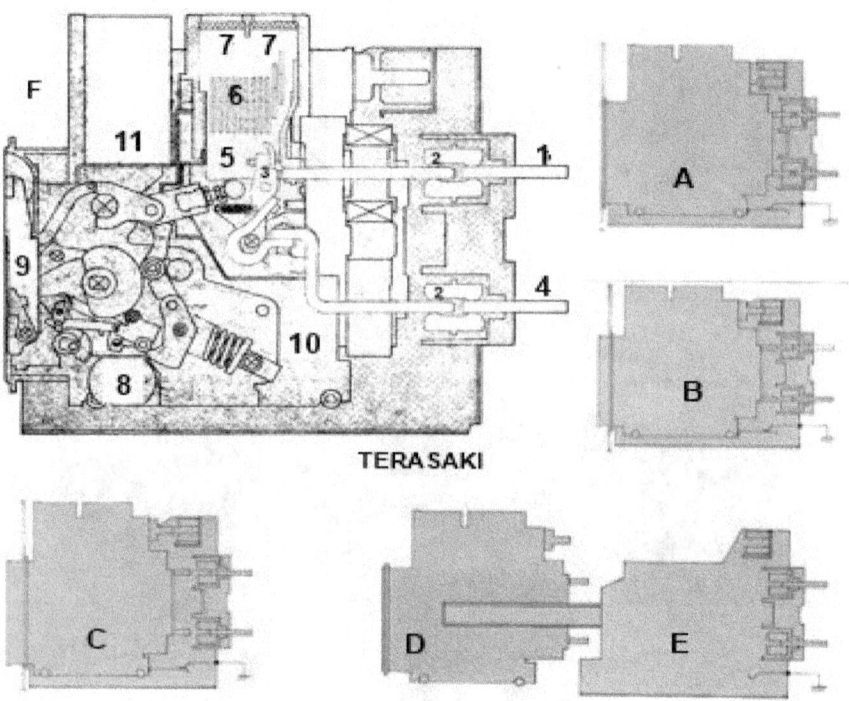

A CIRCUITI PRINCIPALE E SUSILIARI INSERITI – B CIRCUITO PRINCIPALE SEZIONATO - C CIRCUITI PRINCIPALE E AUSILIARI SEZIONATI – D INTERRUTTORE ESTRATTO –E PARTE FISSA DELL'INTERRUTTORE FISSATA AL QUADRO E COLLEGATA DIRETTAMENTE ALLE SBARRE – F MECCANISMO DI COMANDO

1 ARRIVO ALIMENTAZIONE – 2 TERMIBALI INTERRUTTORE ESTRAIBILE – 3 CONTATTO INTERRUTTORE - 4 TERMINALE USCITA INTERRUTTORE 5 CAMERA D'ARCO – 6 CELLA FRAZIONAMENTO E RAFFREDDAMENTO DELL'ARCO -7 SCARICO GAS -8 MOTORINO CARICA MOLLE – 9 LEVA MANUALE CARICA MOLLE – 10 MECCANISMO DI MANOVRA -11 APPARECCHIATURA DI CONTROLLO E SICUREZZA

fig. 21.3.35

Gli interruttori estraibili sono dotati di microinterruttori di posizione che segnalano interruttore inserito pronto per servizio, interruttore chiuso in servizio, interruttore in posizione di prova, interruttore chiuso in prova, interruttore aperto.

Potrà inoltre essere segnalata la condizione di molle cariche. Inoltre le molle potranno essere scaricate automaticamente quando l'interruttore passa alle posizioni di prova e sezionato.

Il motore è luchettabile per impedire il comando di chiusura.

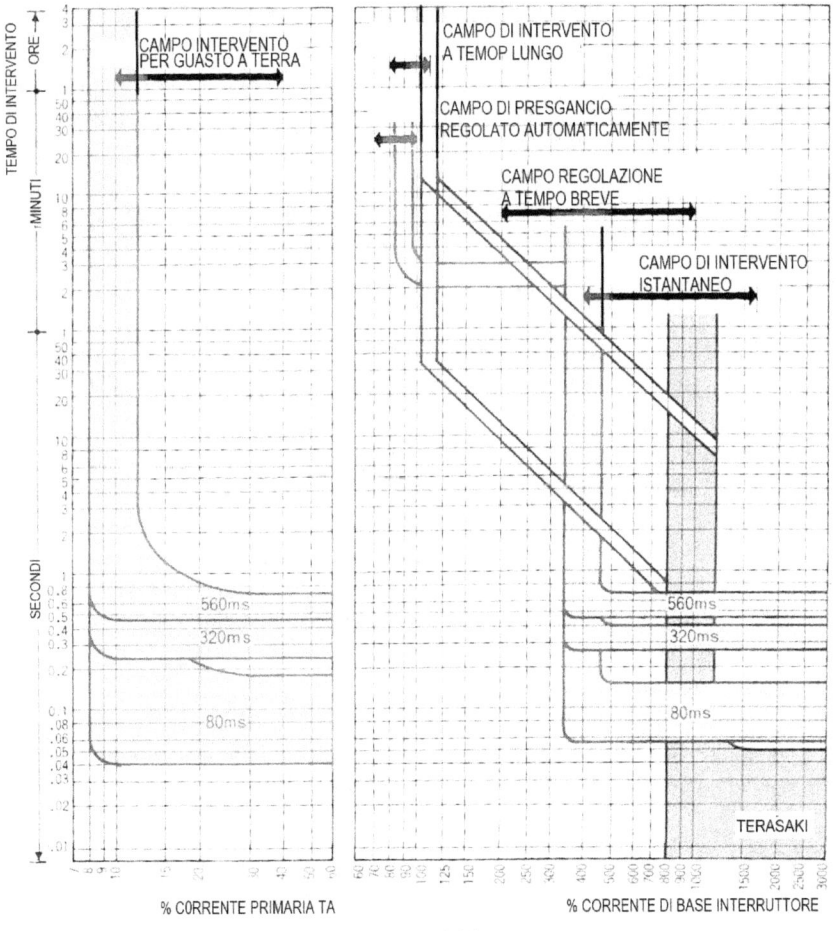

fig. 21.3.36

La chiusura potrà essere solo manuale negli interruttori con comando locale.   Gli interruttori con telecomando provvisti di equipaggiamento per la carica automatica delle molle di scatto a motore possono avere possibilità di comando locale e comando a distanza.
La chiusura con molle cariche è possibile con comando manuale o con telecomando sia in locale che a distanza.

L'interruttore può essere dotato di un attrezzo esterno adatto ad attuare una manovra di chiusura lenta per controllare i meccanismi di azionamento e l'allineamento dei contatti.
Questa operazione può essere eseguita solo con interruttore estratto in condizioni di prova. In posizione di funzionamento lo scatto deve essere sempre rapido.

Gli interruttori automatici sono dotati di relè multifunzione che richiedono dopo l'impostazione del valore della corrente nominale dell'interruttore e del valore della corrente di carico che lo attraverserà. L'interruttore richiede inoltre di impostare le caratteristiche di intervento a tempo lungo, a tempo breve, istantaneo e di guasto a terra.
Il diagramma di scatto viene fornito per il campo di regolazione e di intervento mediante un serie di curve specifiche con l'andamento della figura 21.3.36.

Quando il carico sull'interruttore supera il valore del 90% della corrente di intervento per ritardo a tempo lungo, il relè di protezione comanda l'apertura dell'interruttore.
Alla comparsa del sovraccarico si chiude un contatto ausiliario del relè di protezione a tempo fisso mediante il quale si può comandare l'apertura di uno o più interruttori disposti a valle ed evitare la perdita di tutti i carichi alimentati mantenendo chiuso l'interruttore.
Questa funzione viene detta di pre-sgancio.

Tutte le funzioni di protezione sono specificate con interventi quantificati nei bollettini dei costruttori per gli interruttori scelti.

21.3.4 INTERRUTTORI FISSI E INTERRUTTORI SEZIONABILI

Gli interruttori in esecuzione fissa possono essere previsti a seconda della grandezza per il montaggio sulla piastra interna delle apparecchiature del quadro e per i più piccoli per il montaggio diretto sulla porta con comando sporgente sul fronte del quadro. Gli interruttori più grandi hanno disposizione sulla piastra di fondo e comando rinviato sul fronte utilizzando sistemi di comando rinviati del tipo rappresentato nella figura 21.3.33. Gli interruttori possono essere equipaggiati per realizzare una connessione rigida alle sbarre di alimentazione o per un collegamento in cavo secondo la figura 21.3.41.

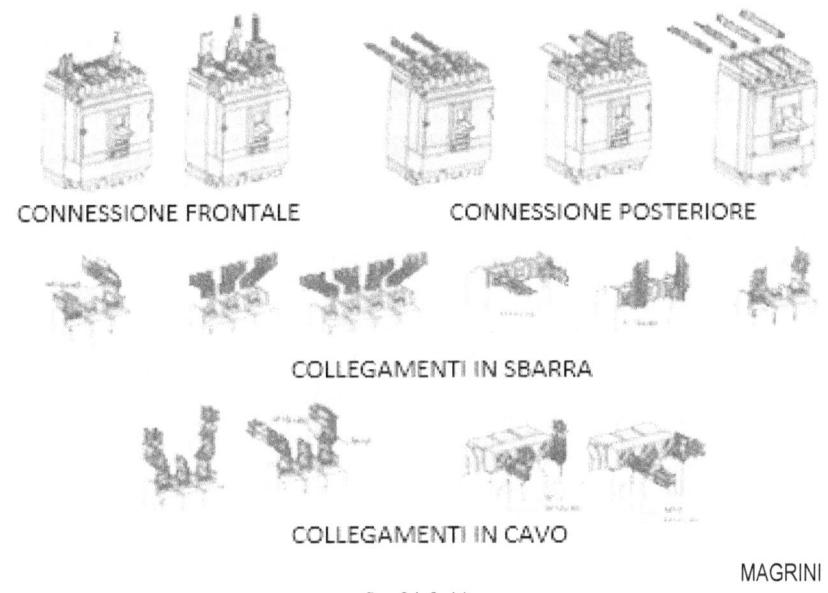

CONNESSIONE FRONTALE   CONNESSIONE POSTERIORE

COLLEGAMENTI IN SBARRA

COLLEGAMENTI IN CAVO

MAGRINI

fig. 21.3.41

Qualsiasi intervento di sostituzione o di manutenzione degli interruttori richiede che il quadro sia messo completamente fuori tensione.

Gli interruttori sezionabili rappresentano una categoria di interruttori compresa fra gli interruttori in esecuzione fissa e gli interruttori in esecuzione estraibile.
Questi interruttori possono essere estratti manualmente dalla loro sede dopo aver aperto i loro contatti di potenza e possono venire reinseriti solo con contatti di

potenza aperti. Il contenitore rappresentato nella figura 21.3.42 viene fornito pronto per l'installazione nel cassetto del quadro dal costruttore dell'interruttore.

A differenza degli interruttori estraibili le operazioni di esclusione e di inserzione sono solo manuali, sono rapide e i meccanismi richiesti sono completamente installati nei cassetti fissi de quadri. L'interruttore si apre automaticamente appena inizia l'operazione di estrazione e prima della sua inserzione.

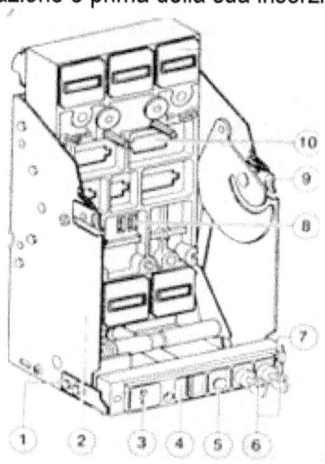

fig.21.3.42

1 Interblocco con lo sportello (se richiesto) - 2 Microinterruttori segnalazione posizione interruttore -3 Indicatore meccanico interruttore connesso e disconnesso -4 Blocco posizione mediante lucchetti – 5 presa traslazione carrello -6 indicazione disconnesso-connesso - 7 manovella interblocco - 8 microinterruttori connesso, disconnesso -9 blocco anti rimozione -10 blocco anti rimozione interruttore

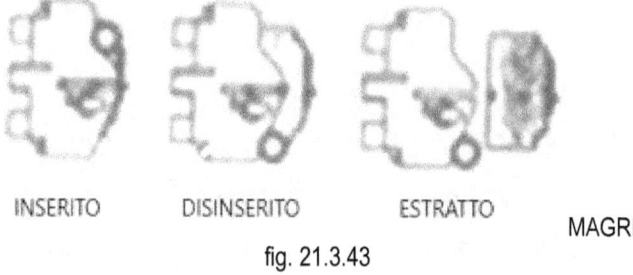

INSERITO   DISINSERITO   ESTRATTO

MAGRINI

fig. 21.3.43

L'interruttore può assumere le posizioni indicate nella figura 21.3.43 corrispondenti agli stati di inserito, di disinserito, e di estratto dal contenitore

21.3.5   INSTALLAZIONE DEGLI INTERRUTTORI FISSI E SEZIONABILI

Ci sono diversi modi di installazione degli interruttori fissi e degli interruttori sezionabili messi a punto dai costruttori dei quadri.

Principalmente si considerano per gli interruttori fissi l'installazione a parete, l'installazione su rayl predisposti su un quadro e l'installazione su strutture predisposte per il montaggio in batteria di più interruttori

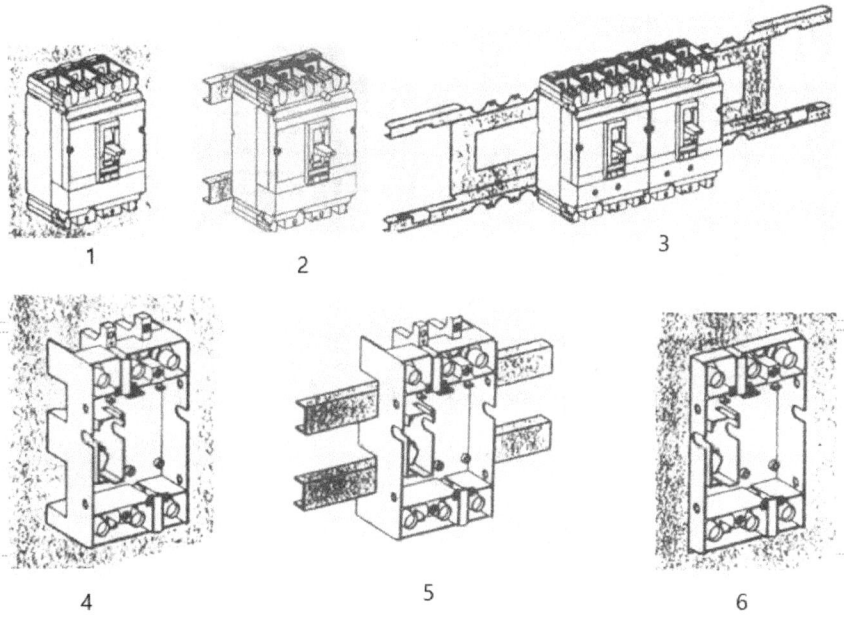

= INTERRUTTORI FISSI: 1 INSTALLAZIONE A PARETE SU PIASTRA DI FONDO DEL QUADRO – 2 INSTALLAZUINE SU RAYL –3 INSTALLAZIONE IN BATTERIA SU PIASTRA DI MONTAGGIO = INTERRUTTORI ESTRAIBILI: 4 MONTAGGIO SU BASE INSTALLATA A PARETE, 5 MONTAGGIO SU RAYL DELLA BASE L'INTERRUTTORE - 6 MONTAGGIO SUL PANNELLO FRONTALE

fig. 21.3.51

Nella esecuzione estraibile la base è munita di barriere di isolamento contro i contatti accidentali e di sistema che provoca lo scatto in apertura alla inserzione e alla disinserzione dell'interruttore

21.3.6 SBARRE DEI QUADRI DI DISTRIBUZIONE

Il valore della tenuta al corto circuito del quadro dipende dal suo dimensionamento meccanico e in particolare dal numero di porta sbarre installato. In generale la porta sbarre installati sui montanti del quadro ad una distanza fra loro di 800 millimetri consentono di sopportare le sollecitazioni dinamiche determinate da una corrente di guasto di 100 chiloampere.

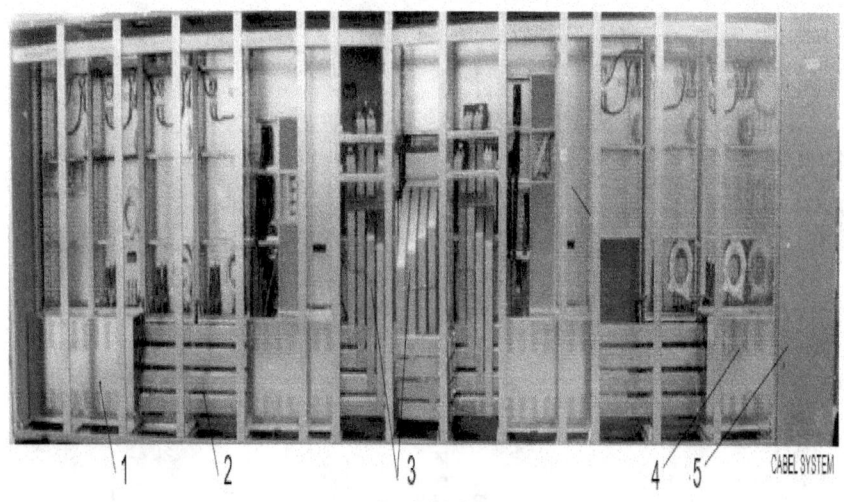

fig. 21.3.61

Nella figura 21.3.61 e rappresentato un quadro con sbarre di distribuzione (2) disposte sulla parte bassa e segregate dall'interno del quadro con una copertura metallica (1) smontabile.

La disposizione e la connessione delle sbarre assume una importanza fondamentale nello studio e nella realizzazione di un quadro in quanto dalla disposizione fisica dipende il raffreddamento naturale delle sbarre, l'aumento di temperatura e la dilatazione termica.

L'assorbimento delle dilatazioni da parte della struttura è calcolato in fase di progettazione.

La disposizione delle barre e la successione delle fasi è inoltre particolarmente importante nei riguardi dei fenomeni induttivi generati dal sistema. La riduzione di questi fenomeni è particolarmente difficile in quanto, per i limitati spazi disponibili all'interno è sempre difficile ottenere una riduzione con una trasposizione delle sbarre.

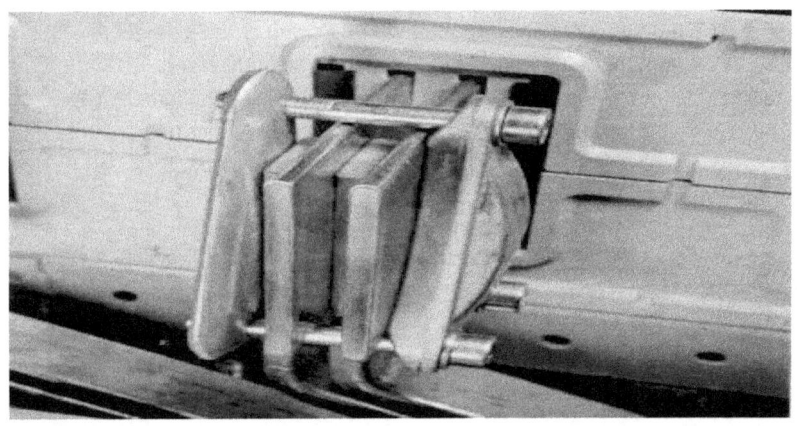

fig. 21.3.62   .

Le sbarre possono essere imbullonate fra loro oppure essere compresse fra loro utilizzando appositi supporti e tiranti come nella figura 21.3.62
Le sbarre devono avere i bordi arrotondati e devono essere accuratamente evitate le piegature ad angolo retto.

1   2   3

1 DERIVAZIONE SU SUPPORTO SBARRE A GRADINO - 2 SUPPORTO SBARRE DI PIATTO – 3 SUPPORTO SBARRE A COLTELLO

fig. 21.3.63

Nella zona di contatto le sbarre devono essere preparate prima del montaggio, devono risultare perfettamente lisce, pulite e disossidate e ricoperte da un velo di vaselina che impedisce la formazione di ossidi.

Durante il montaggio, con il serraggio della bulloneria la vaselina viene espulsa e il contatto fra le barre avviene nelle condizioni più sicure.

La protezione della zona di contatto deve essere eseguita anche per le barre argentate per le quali l'argentatura serve a diminuire la resistenza di contatto.

Le sbarre vengono posizionate e bloccate mediante supporti in vetroresina adatti alla disposizione verticale o orizzontale o a gradino come indicato nella figura 21.3.63 e devono essere serrate con doppia vite dal lato della struttura e dal lato delle sbarre.

fig. 21.3.64

La distanza fra due isolatori successivi dipende dal livello di tenuta al corto circuito che deve essere garantita.

La figura 21.3.64 rappresenta una disposizione di sbarre orizzontali con derivazione verticale in un sistema di distribuzione.

21.3.7 QUADRI PER PICCOLA DISTRIBUZIONE

La figura 21.3-11 rappresenta la soluzione più semplice di un quadro di piccola distribuzione che può prevedere l'ingresso dell'alimentazione attraverso un sezionatore di manovra o un interruttore.

SPRECHER & SCHUH

QUADRO CON SEZIONATORE DI INGRESSO   QUADRO CON INTERRUTTORE DI INGRESSO

fig. 21.3.11

A valle dell'interruttore di arrivo dell'alimentazione è previsto un sistema di sbarre che attraversa il quadro per tutta la lunghezza.
Alle sbarre sono collegate direttamente a tutte le partenze dotate di un interruttore di manovra, sezionatore o fusibili.
I fusibili sono predisposti per essere collegati all'esterno del quadro attraverso una morsettiera alla quale arriva il cavo di collegamento dell'utenza.
La morsettiera e sistemata nel cubicolo laterale vuoto di ogni colonna.
La morsettiera è collegata direttamente all'uscita dei fusibili da un lato e al cavo di uscita dall'altro.
Il quadro non può essere sistemato a parete perché tutti i collegamenti si eseguono a partire dalla parte posteriore accessibile attraverso porte di accesso.
Le utenze principali possono essere munite di amperometro commutabile sulle tre fasi. I sezionatori di uscita possono essere utilizzati anche per alimentare le utenze

minori derivate all'uscita di un interruttore di manovra. Una combinazione di amperometri inseriti con commutatori permette di leggere le correnti nelle tre fasi dell'utenza o di un gruppo di utenze.

Un voltmetro commutabile misura le tensioni delle tre fasi.

La figura 21.4.12 rappresenta la disposizione semplificata delle apparecchiature e dei collegamenti di ingresso e di uscita in un quadro a 4 colonne con soli fusibili sulla terza e sulla quarta colonna, interruttori automatici sulla seconda colonna e interruttore di ingresso sulla prima colonna.

La distribuzione interna è realizzata a partire da un sistema di sbarre che partono all'uscita dell'interruttore di ingresso.

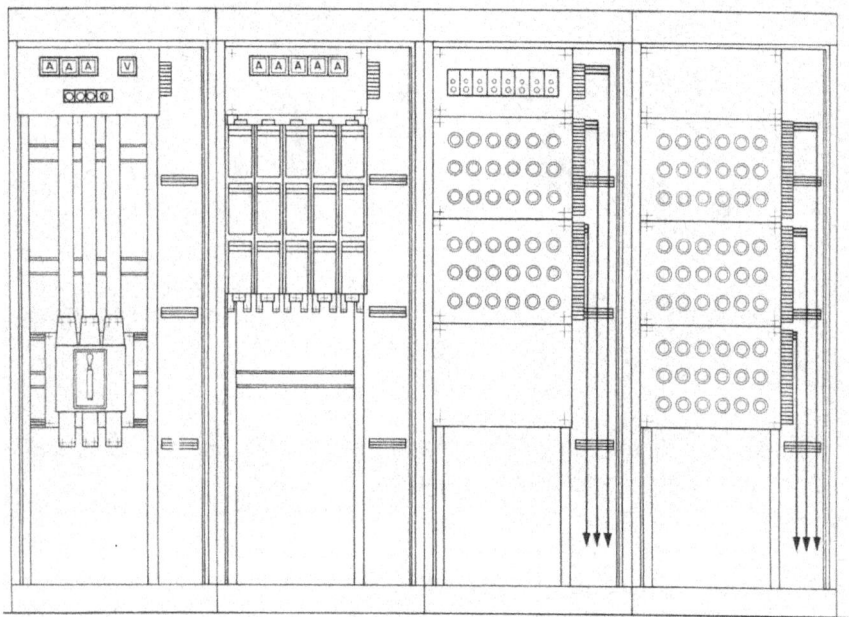

fig. 21.4.12

L'uscita dei cavi è realizzata posteriormente nel cubicolo laterale nelle colonne dei fusibili e nella colonna degli interruttori

Il quadro può essere suddiviso in celle in ciascuna delle quali è installato un solo interruttore.

CAPITOLO 22 Schema di un quadro di distribuzione

22.1 IL DISEGNO DEL QUADRO E DEL SUO SCHEMA ELETTRICO

La realizzazione del quadro di distribuzione di potenza di valore importante viene studiata appena si conoscono i carichi da alimentare e le condizioni di assorbimento, le caratteristiche della rete di alimentazione, le correnti di guasto e aver studiato le caratteristiche meccaniche dei supporti e le possibili sollecitazioni delle sbarre per effetto delle correnti di guasto.

Dopo lo studio dello schema unifilare dell'impianto si provvede alla raccolta di tutti i dati caratteristici delle potenze per poter successivamente stabilire la potenza totale necessaria tenendo conto dei coefficienti di contemporaneità e di utilizzazione delle utenze. Il valore di potenza ottenuto deve essere aumentato di una percentuale di riserva (es.5-10%) per tenere conto di eventuali future estensioni.

I valori della taglia degli interruttori, della capacità di rottura necessaria e del livello di tenuta al corto circuito vengono stabiliti con il calcolo utilizzando i programmi di calcolo predisposti dal costruttore degli interruttori.

Lo schema elettrico di un quadro è costituito da più fogli e inizia con un foglio con un numero di riferimento che fornisce le informazioni relative alla destinazione e al contenuto del disegno (viene qui proposto un sistema a titolo solo informativo con numero 22.11-01).

-Il numero 22.11-01/43 è il numero assegnato al disegno del quadro ed è un numero composto costituito dalla successione delle seguenti cifre:

22 che è anche casualmente il numero di questo capitolo (2 parte seconda seguito da 2 secondo capitolo) che vuole significare nella numerazione dei disegni del quadro di un impianto con il primo 2 individua il quadro di bassa tensione e con il secondo 2 la funzione di quadro di distribuzione della corrente alternata.

Dopo il punto il numero 11 individua il numero assegnato al quadro nell'impianto considerato.

Dopo il trattino, il numero a partire da 01 individua il numero di foglio del disegno.

Solo sul primo foglio dopo la barra un numero di due cifre indica il numero di fogli che costituiscono il disegno completo a partire dal numero 01. In questo esempio /43 precisa che il disegno completo è costituito da 43 fogli.

-L'esecuzione del disegno è eseguita con simbologia secondo le norme CEI.

-Le diciture del disegno sono richieste per contratto in lingua inglese, (o altra lingua specificata).

-Il foglio 22.11-02 elenca il titolo di tutti i fogli che compongono il disegno, viene completato alla fine del progetto del quadro ed è utilizzato per una ricerca rapida.

-Il foglio 22.11.03 precisa le modalità di progettazione da soddisfare.

-Il foglio 22.11.04 precisa il significato dei simboli utilizzati al difuori delle norme per indicare i morsetti di individuazione della posizione di apparecchi o lo sviluppo di collegamenti esterni al quadro.

-Il foglio 22.11.05 rappresenta il fronte del quadro POWER CENTER.

-I fogli 22.11-06, -07, -08 rappresentano la composizione delle sbarre di potenza interne al quadro.

-Il foglio 22.11-09 rappresenta la pianta del quadro.

-I fogli 22 11-10, -11 rappresentano la forma e la dicitura delle targhette,

-I fogli 22.11-12, -13. -14 rappresentano le partenze lato sinistro del quadro.

-Il foglio 22.11-15 rappresenta gli arrivi di alimentazione ai due semi-quadri e il congiuntore di sbarra.

-I fogli 22.11-16, -17, -18 rappresentano le partenze lato destro del quadro.
I fogli 19 ÷ 25 rappresentano i circuiti di controllo degli interruttori di arrivo dell'alimentazione e del congiuntore.
I fogli 26 ÷28 rappresentano i circuiti ausiliari di potenza del quadro.

COMMESSA: E' IL NUMERO IDENTIFICATIVO DEL COSTRUTTORE
UTILIZZATO ANCHE DAI SUBFORNITORI DI PARTI DI MACCHINARI

COMITTENTE: E' IL NOME O LA RAGIONE SOCIALE DELL'ACQUIRENTE

TIPO DI IMPIANTO: E' IL TIPO DI IMPIANTO NEL QUALE VENGONO INSTALLATI
I MACCHINARI es- centrale diesel elettrica con 6 gruppi

TITOLO DEL DISEGNO: QUADRO DI DISTRIBUZIONE DI BASSA TENSIONE
- ingombro e installazione delle apparecchiature
- schema di potenza (se necessario)
- schema funzionale dei circuiti di controllo
- schema delle morsettiere e dei collegamenti nesterni

a firma dell'autore
b firma del responsabile
c consenso alla produzione
d data emissione disegno
e descrizione delle modifiche

Numero del disegno

Solo sul primo
foglip –

22.11-01/43

DESCRIZIONE DELLE MODIFICHE

RAGIONE
SOCIALE
DEL COSTR.

TITOLO

22.11-01/43

ELENCO DEI DISEGNI 22.11-02

SHEET N.	DESCRIPTION	REVISIONS
01	TITLE	
02	INDEX AND REVISIONS	
03	CONSTRUCTIVE MODALITY	
04	TERMINAL BLOCKS SYMBOLS	
05	FRONT	
06	BUS BARS BUS DUCT CONNECTION DETAILS	
07	BUS BARS BUS DUCT CONNECTION DETAILS	
08	BUS BARS BUS DUCT CONNECTION DETAILS	
09	FIXING CONTROL BOARD	
10	PLATES TYPE	
11	NAME PLATES LIST	
12	ONE LINE DIAGRAM	
13	ONE LINE DIAGRAM	
14	ONE LINE DIAGRAM	
15	ONE LINE DIAGRAM	
16	ONE LINE DIAGRAM	
17	ONE LINE DIAGRAM	
18	ONE LINE DIAGRAM	
19	INCOMING BUS BAR 1 AND BUS TIE THREE LINE DIAGRAM	
20	INCOMING BUS BAR 2 THREE LINE DIAGRAM	
21	INCOMING BUS BAR 1 SCHEMATIC DIAGRAM	
22	INCOMING BUS BAR 1 SCHEMATIC DIAGRAM	
23	BUS TIE SCHEMATIC DIAGRAM	
24	INCOMING BUS BAR 2 SCHEMATIC DIAGRAM	
25	INCOMING BUS BAR 2 SCHEMATIC DIAGRAM	
26	OUTGOING FEEDER TYPICAL THREE LINE DIAGRAM	
27	CUBICLE A7 SPACE HEATER SUPPLY FROM BUS BAR 1	
28	CUBICLE F7 SPACE HEATER SUPPLY FROM BUS BAR 2	
29	SPACE HEATER CIRCUIT SCHEMATIC DIAGRAM	
30	AVAILABLE	
31	TERMINAL BLOCKS TYPE DIAGRAM	
32	TERMINAL BOARDS COLUMN A	
33	TERMINAL BOARDS COLUMN B	

SHEET N.	DESCRIPTION	REVISIONS
34	TERMINAL BOARDS COLUMN C	
35	TERMINAL BOARDS COLUMN D	
36	TERMINAL BOARDS COLUMN E	
37	TERMINAL BOARDS COLUMN F	
38	AVAILABLE	
39	EQUIPMENT LIST	
40	EQUIPMENT LIST	
41	EQUIPMENT LIST	
42	EQUIPMENT LIST	
43	EQUIPMENT LIST	
44	AVAILABLE	

CONSTRUCTIVE MODALITY

– REFERENCE CODE STANDARD	CEI 17-13/1	
– FREQUENCY	50Hz	
– OPERATING VOLTAGE	380-220V	
– INSULATING VOLTAGE	660V	
– CONTROL CIRCUIT VOLTAGE	110V d.c.	
– MAIN BUS BAR CURRENT	2500A	
– SHORT TIME CURRENT PEAK VALUE	63KA	
– SHORT TIME CURRENT FOR 1 SECOND	30KA	
– PROTECTION DEGREE	EXTERNAL : IP30 WITH GASKETS INTERNAL : IP20	
– MAX. AMBIENT TEMPERATURE	35°C	
– TOTAL WEIGHT	3000 KG	
– MINIMUM DISTANCE TO REAR WALL	1000mm	
– MINIMUM DISTANCE TO FRONT	1000mm	
– EXTERNAL PAINTING	RAL 7032	
– INTERNAL PAINTING	RAL 7032	

PRECISAZIONI PER LA COSTRUZIONE | 21.11-03

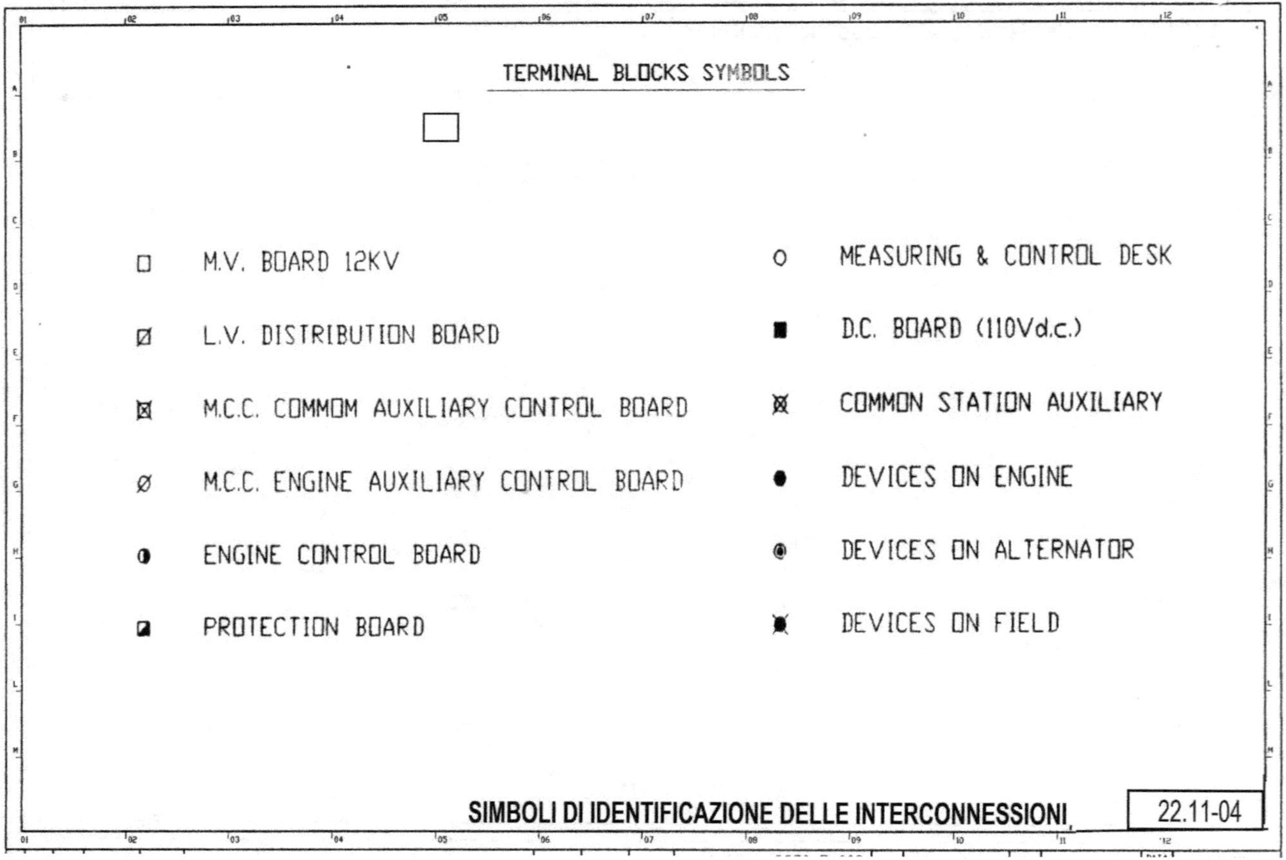

TERMINAL BLOCKS SYMBOLS

☐

☐	M.V. BOARD 12KV	
☑	L.V. DISTRIBUTION BOARD	
☒	M.C.C. COMMOM AUXILIARY CONTROL BOARD	
∅	M.C.C. ENGINE AUXILIARY CONTROL BOARD	
●	ENGINE CONTROL BOARD	
◼	PROTECTION BOARD	

○	MEASURING & CONTROL DESK	
◼	D.C. BOARD (110Vd.c.)	
⊠	COMMON STATION AUXILIARY	
●	DEVICES ON ENGINE	
◉	DEVICES ON ALTERNATOR	
✖	DEVICES ON FIELD	

SIMBOLI DI IDENTIFICAZIONE DELLE INTERCONNESSIONI

22.11-04

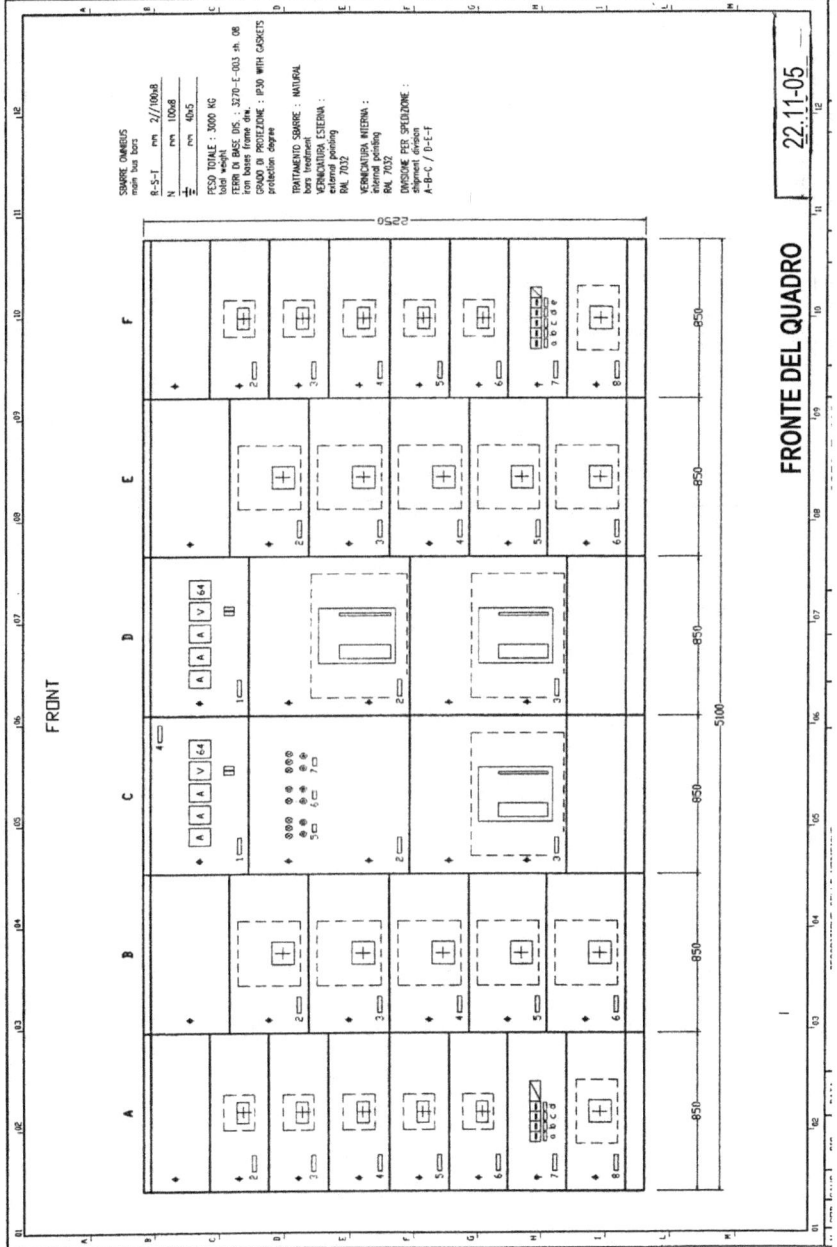

FRONTE DEL QUADRO

22.11-05

129

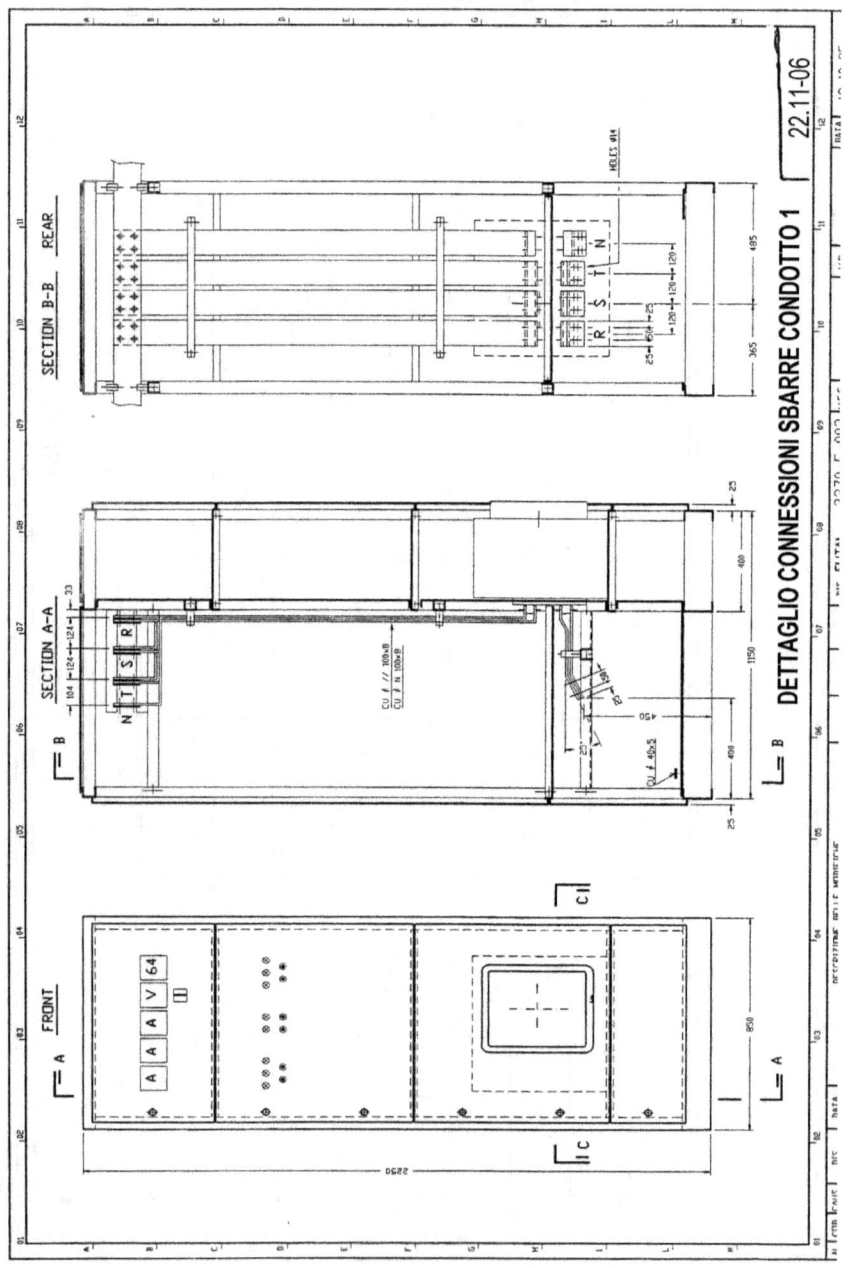

SECTION B-B   REAR

HOLES Ø14

SECTION A-A

B

FRONT

DETTAGLIO CONNESSIONI SBARRE CONDOTTO 1

22.11-06

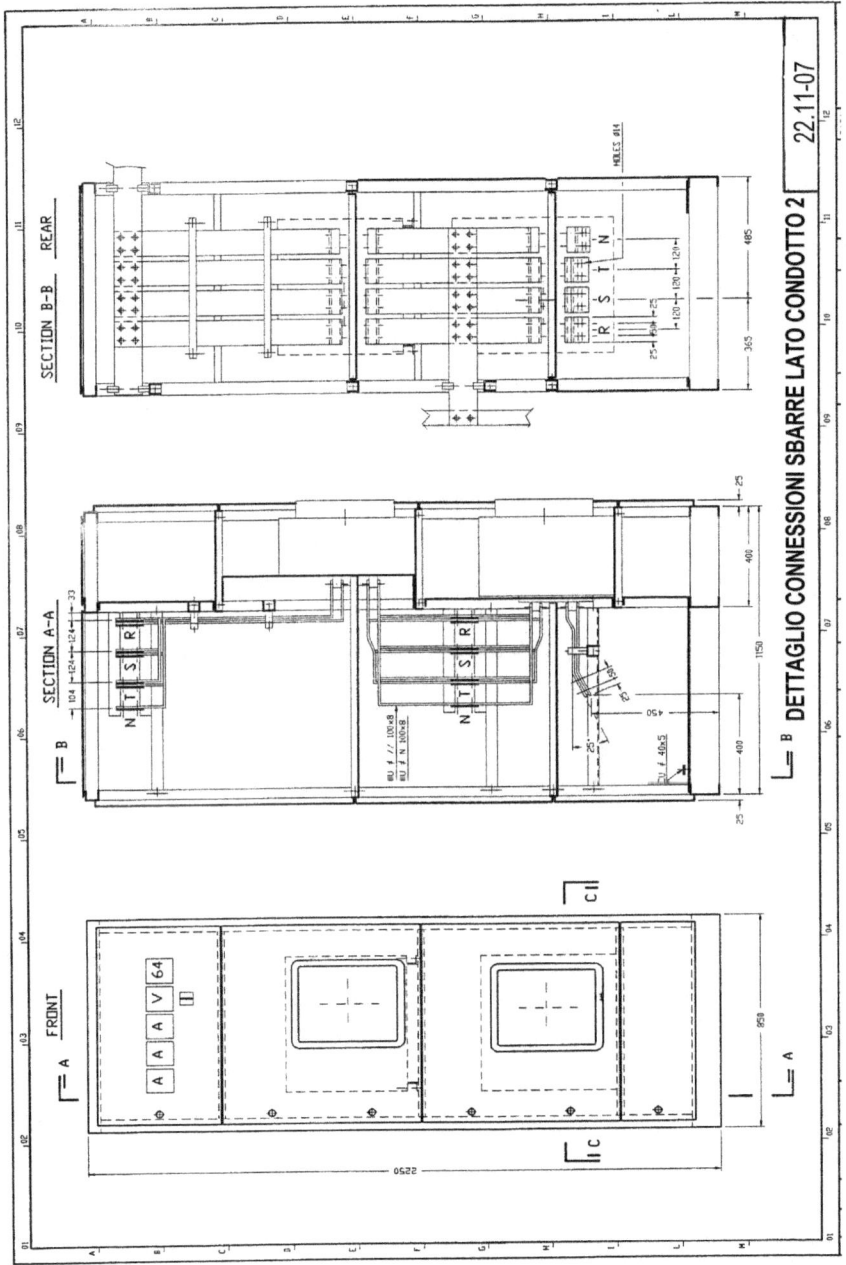

SECTION B-B   REAR

SECTION A-A

FRONT

DETTAGLIO CONNESSIONI SBARRE LATO CONDOTTO 2   22.11-07

131

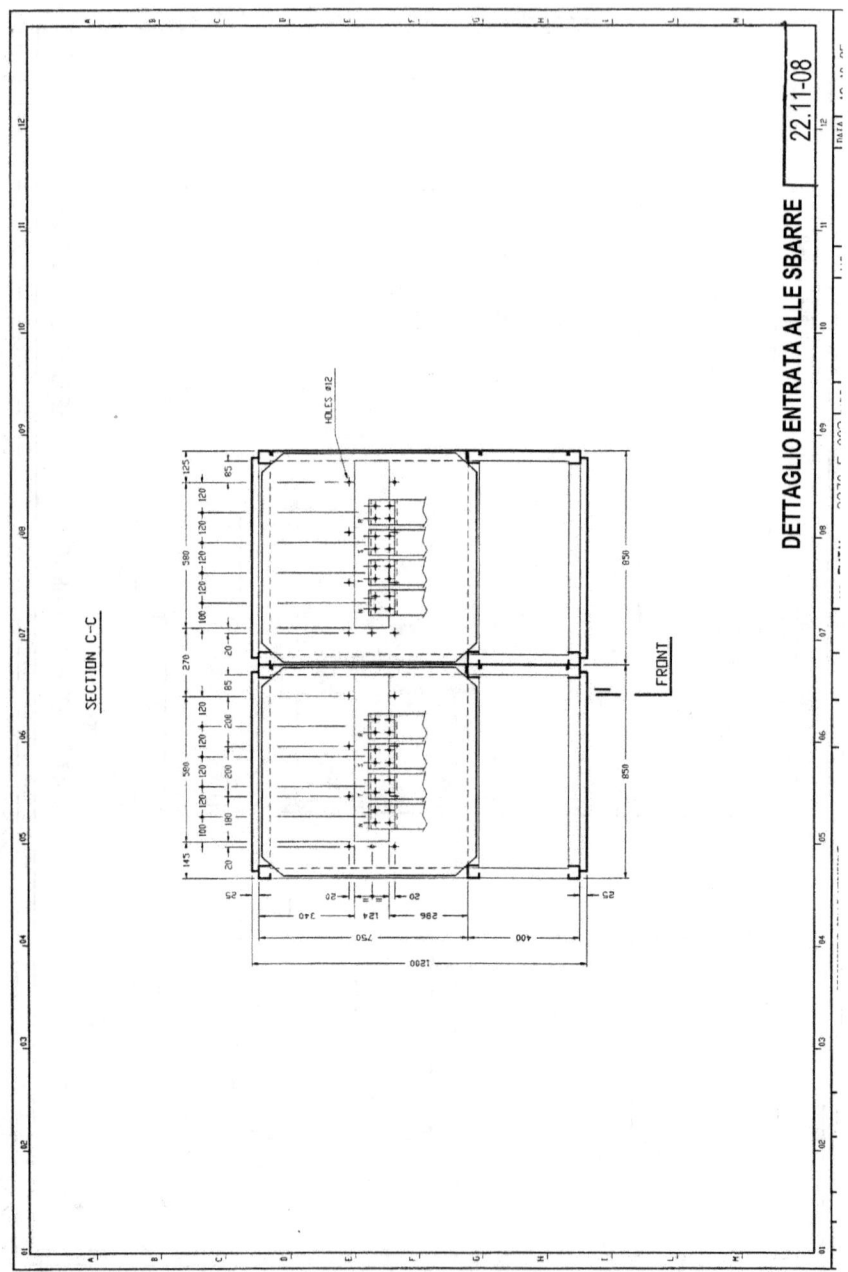

SECTION C-C

FRONT

DETTAGLIO ENTRATA ALLE SBARRE   22.11-08

132

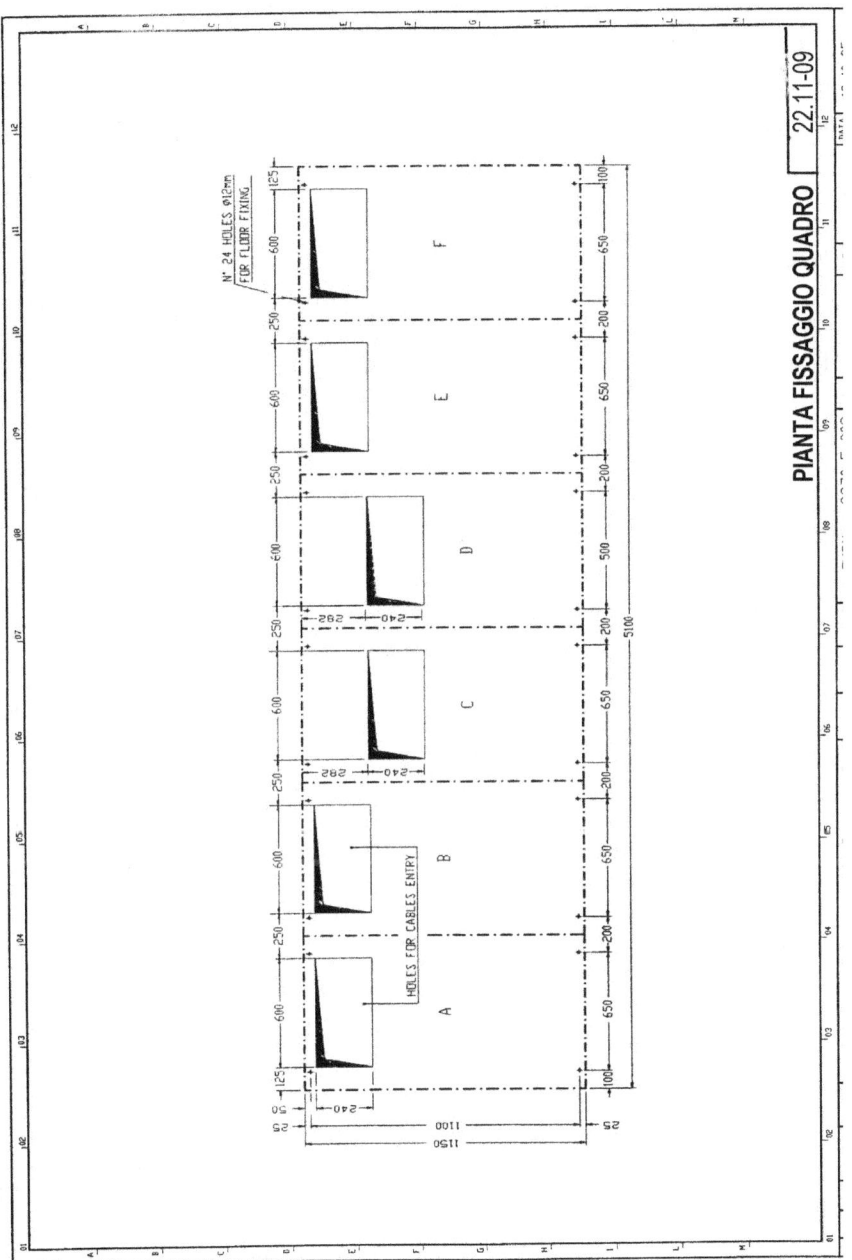

PIANTA FISSAGGIO QUADRO 22.11-09

N° 24 HOLES ⌀12mm FOR FLOOR FIXING

HOLES FOR CABLES ENTRY

133

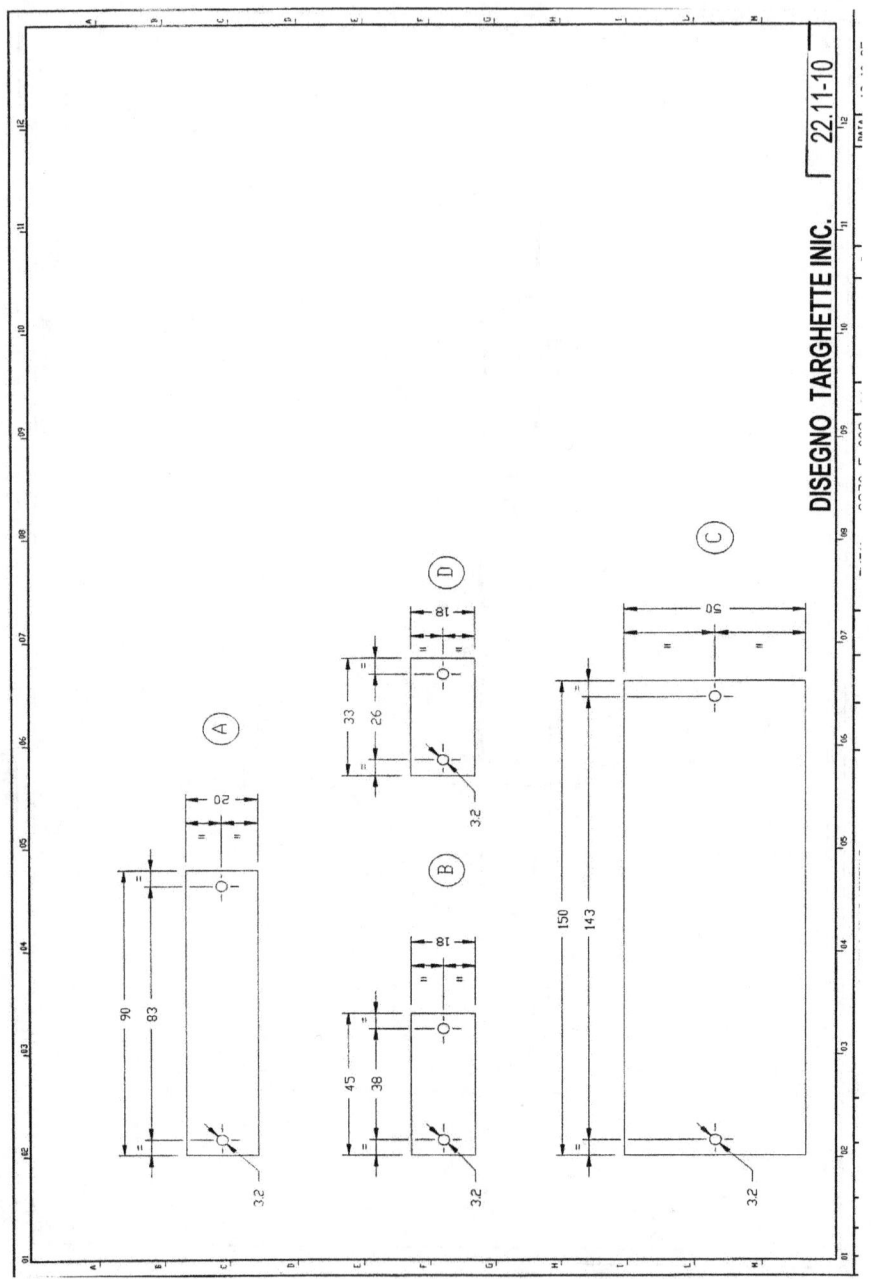

DISEGNO TARGHETTE INIC.

22.11-10

134

REF.	TYPE	INSCRIPTION	QT.Y
A2	A	BATTERY CHARGE 1	1
A3	A	(AVAILABLE)	1
A4	A	(AVAILABLE)	1
A5	A	(AVAILABLE)	1
A6	A	(AVAILABLE)	1
A7	A	SPACE HEATER SUPPLY	1
A7a	B	M.V. BOARD 12kV	1
A7b	B	ENGINE AUX. CONTROL BOARD 1-2-3	1
A7c	B	COMMON AUX. CONTROL BOARD 1	1
A7d	B	CONTROL DESK	1
A8	A	(AVAILABLE)	1
B2	A	(AVAILABLE)	1
B3	A	ENGINE AUX. CONTROL BOARD 1	1
B4	A	ENGINE AUX. CONTROL BOARD 2	1
B5	A	ENGINE AUX. CONTROL BOARD 3	1
B6	A	COMMON AUX. CONTROL BOARD 1	1
C1	A	METERING CUBICLE BUS BAR 1	1
C2	A	CONTROL CIRCUITS	1
C3	A	INCOMING FEEDER BUS BAR 1	1
C4	C	ACD LOW VOLTAGE DISTRIBUTION BOARD	1
C5	B	INCOMING FEEDER BUS BAR 1	1
C6	B	BUS TIE	1

REF.	TYPE	INSCRIPTION	Q.TY
C7	B	INCOMING FEEDER BUS BAR 2	1
D1	A	METERING CUBICLE BUS BAR 2	1
D2	A	BUS TIE	1
D3	A	INCOMING FEEDER BUS BAR 2	1
E2	A	(AVAILABLE)	1
E3	A	ENGINE AUX. CONTROL BOARD 4	1
E4	A	ENGINE AUX. CONTROL BOARD 5	1
E5	A	ENGINE AUX. CONTROL BOARD 6	1
E6	A	COMMON AUX. CONTROL BOARD 2	1
F2	A	BATTERY CHARGE 2	1
F3	A	(AVAILABLE)	1
F4	A	(AVAILABLE)	1
F5	A	(AVAILABLE)	1
F6	A	(AVAILABLE)	1
F7	A	SPACE HEATER SUPPLY	1
F7a	B	110V D.C. BOARD	1
F7b	B	ENGINE AUX. CONTROL BOARD 4-5-6	1
F7c	B	COMMON AUX. CONTROL BOARD 2	1
F7d	B	COMMON STATION AUXILIARY	1
F7e	B	PROTECTION BOARD	1
F8	A	(AVAILABLE)	1

ELENCO DICITURE TARGHETTE | 22.11-11

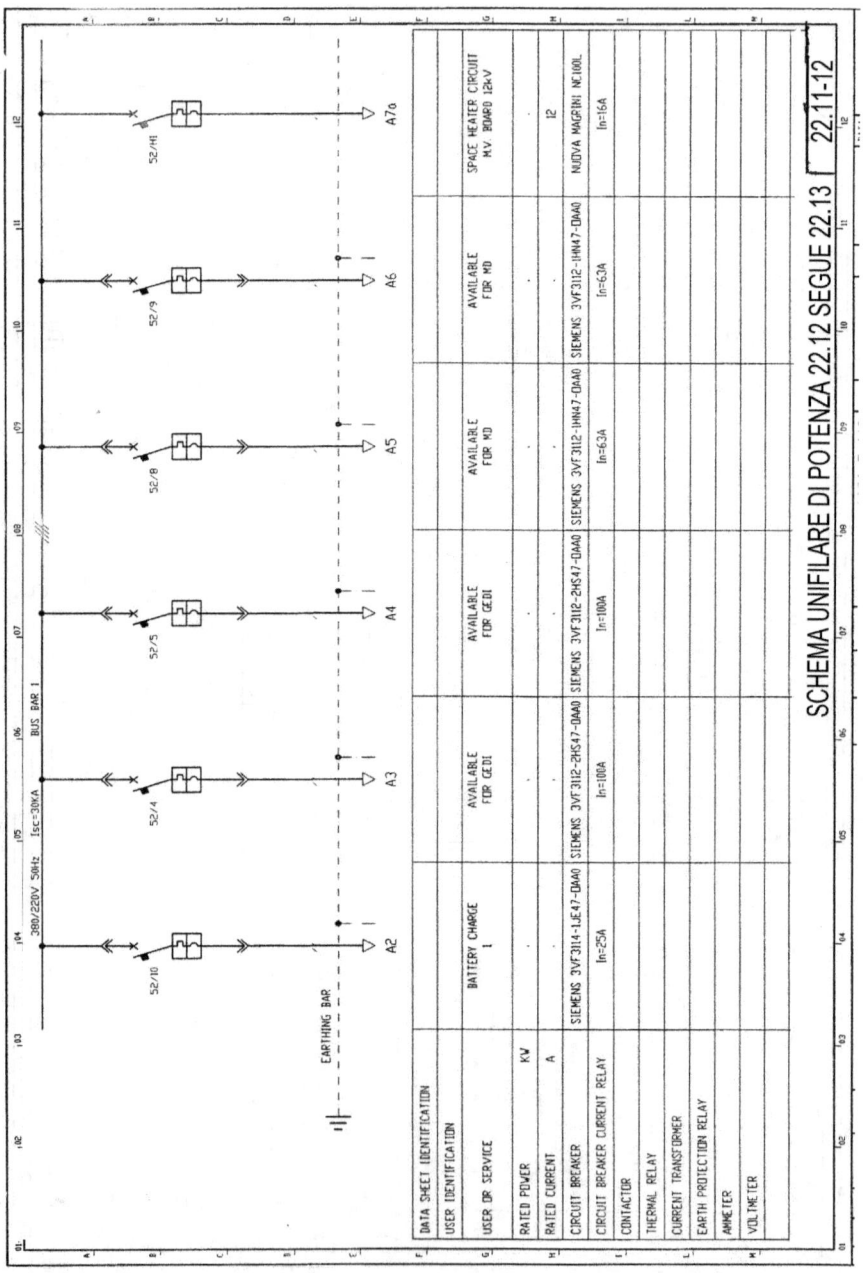

SCHEMA UNIFILARE DI POTENZA 22.12 SEGUE 22.13

22.11-12

DATA SHEET IDENTIFICATION							
USER IDENTIFICATION							
USER OR SERVICE		BATTERY CHARGE 1	AVAILABLE FOR GEDI	AVAILABLE FOR GEDI	AVAILABLE FOR MD	AVAILABLE FOR MD	SPACE HEATER CIRCUIT M.V. BOARD 12kV
RATED POWER	KV	·	·	·	·	·	
RATED CURRENT	A	·	·	·	·	·	12
CIRCUIT BREAKER		SIEMENS 3VF3114-1JE47-0AA0	SIEMENS 3VF3112-2HS47-0AA0	SIEMENS 3VF3112-2HS47-0AA0	SIEMENS 3VF3112-1HN47-0AA0	SIEMENS 3VF3112-1HN47-0AA0	NUOVA MAGRINI NC100L
CIRCUIT BREAKER CURRENT RELAY		In=25A	In=100A	In=100A	In=63A	In=63A	In=16A
CONTACTOR							
THERMAL RELAY							
CURRENT TRANSFORMER							
EARTH PROTECTION RELAY							
AMMETER							
VOLTMETER							

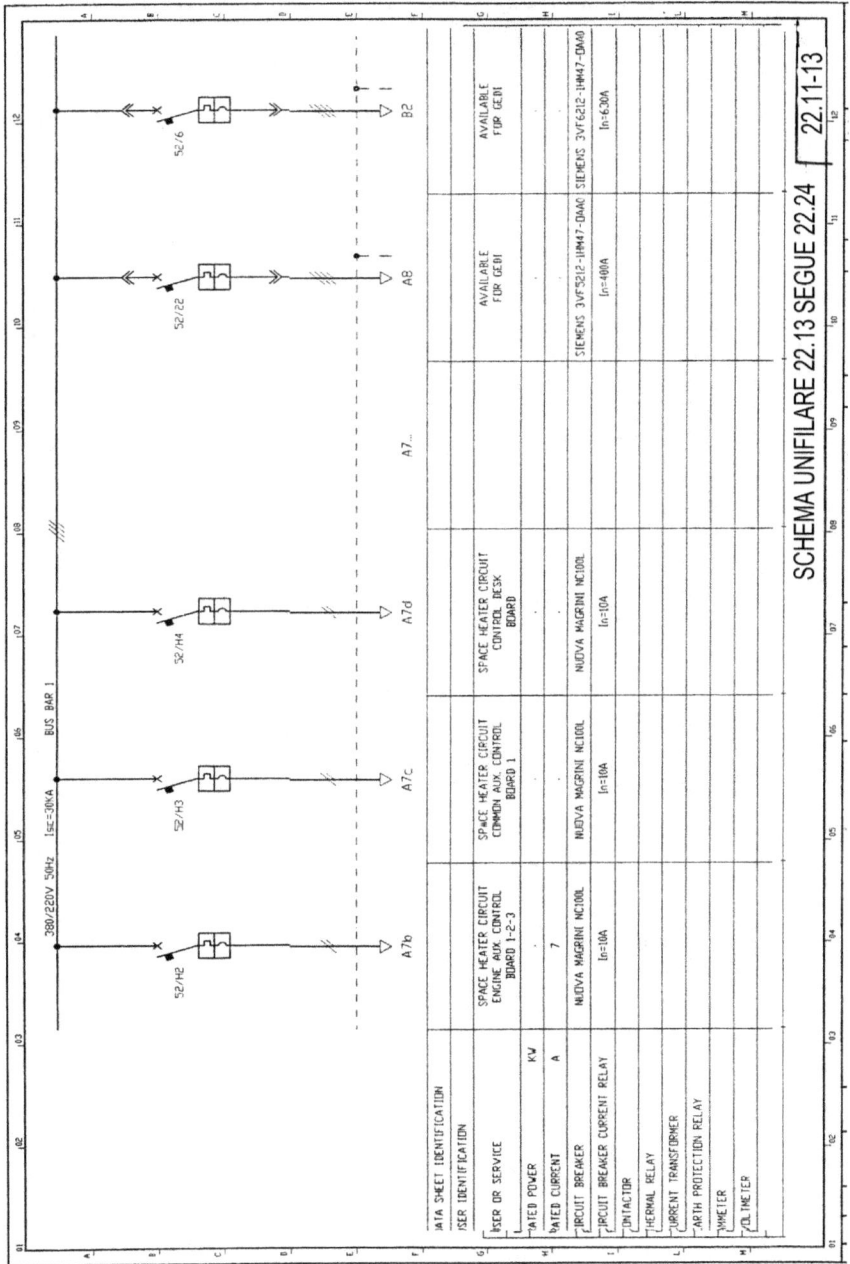

DATA SHEET IDENTIFICATION							
USER IDENTIFICATION							
USER OR SERVICE		SPACE HEATER CIRCUIT ENGINE AUX. CONTROL BOARD 1-2-3	SPACE HEATER CIRCUIT COMMON AUX. CONTROL BOARD 1	SPACE HEATER CIRCUIT CONTROL DESK BOARD		AVAILABLE FOR GEN1	AVAILABLE FOR GEN1
RATED POWER	KW						
RATED CURRENT	A	7					
CIRCUIT BREAKER		NUOVA MAGRINI NC100L	NUOVA MAGRINI NC100L	NUOVA MAGRINI NC100L		SIEMENS 3VF5212-1HM47-DAA0 SIEMENS 3VF6212-1HM47-DAA0	SIEMENS 3VF6212-1HM47-DAA0
CIRCUIT BREAKER CURRENT RELAY		In=10A	In=10A	In=10A		In=400A	In=630A
CONTACTOR							
THERMAL RELAY							
CURRENT TRANSFORMER							
EARTH PROTECTION RELAY							
AMMETER							
VOLTMETER							

380/220V 50Hz   Isc=30KA   BUS BAR 1

52/H2   52/H3   52/H4   52/22   52/6

A7b   A7c   A7d   A7..   A8   B2

SCHEMA UNIFILARE 22.13 SEGUE 22.24 `22.11-13`

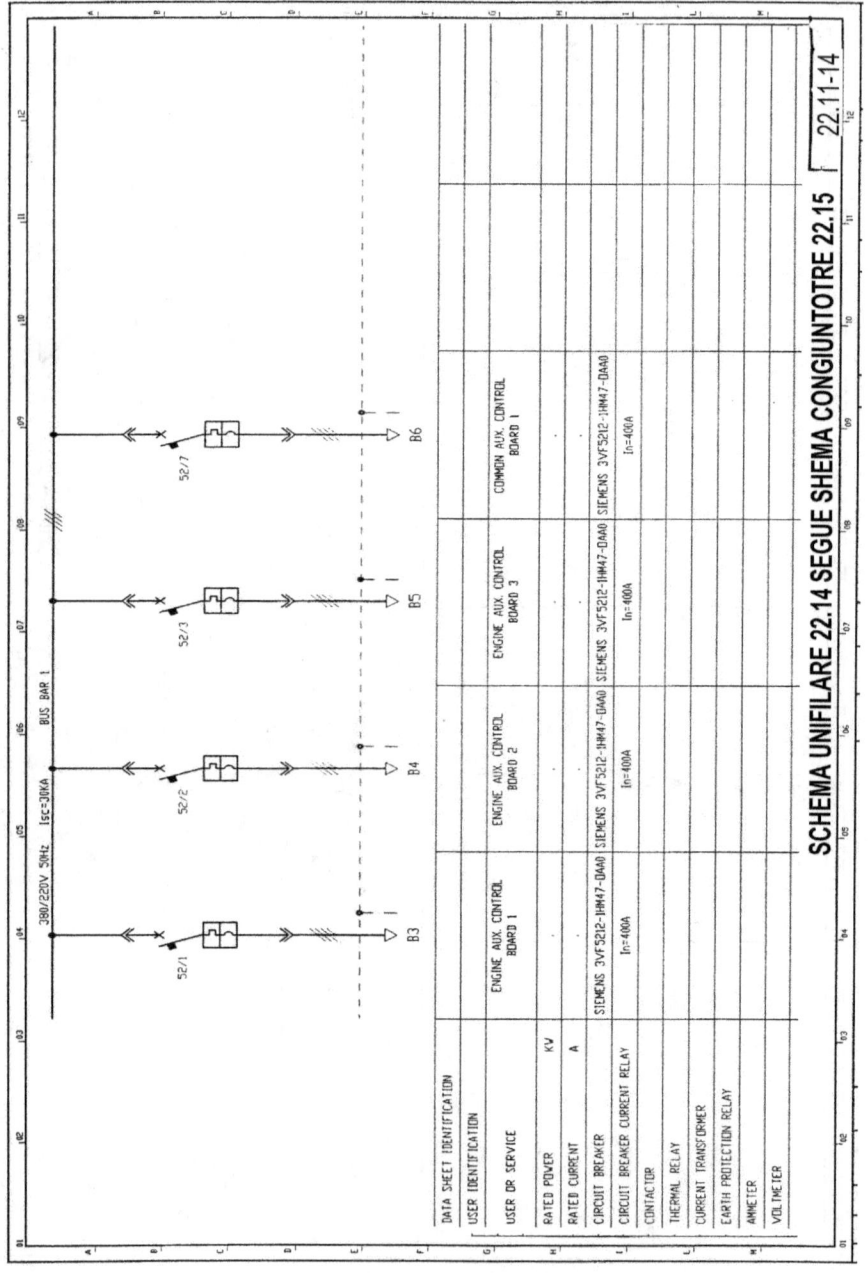

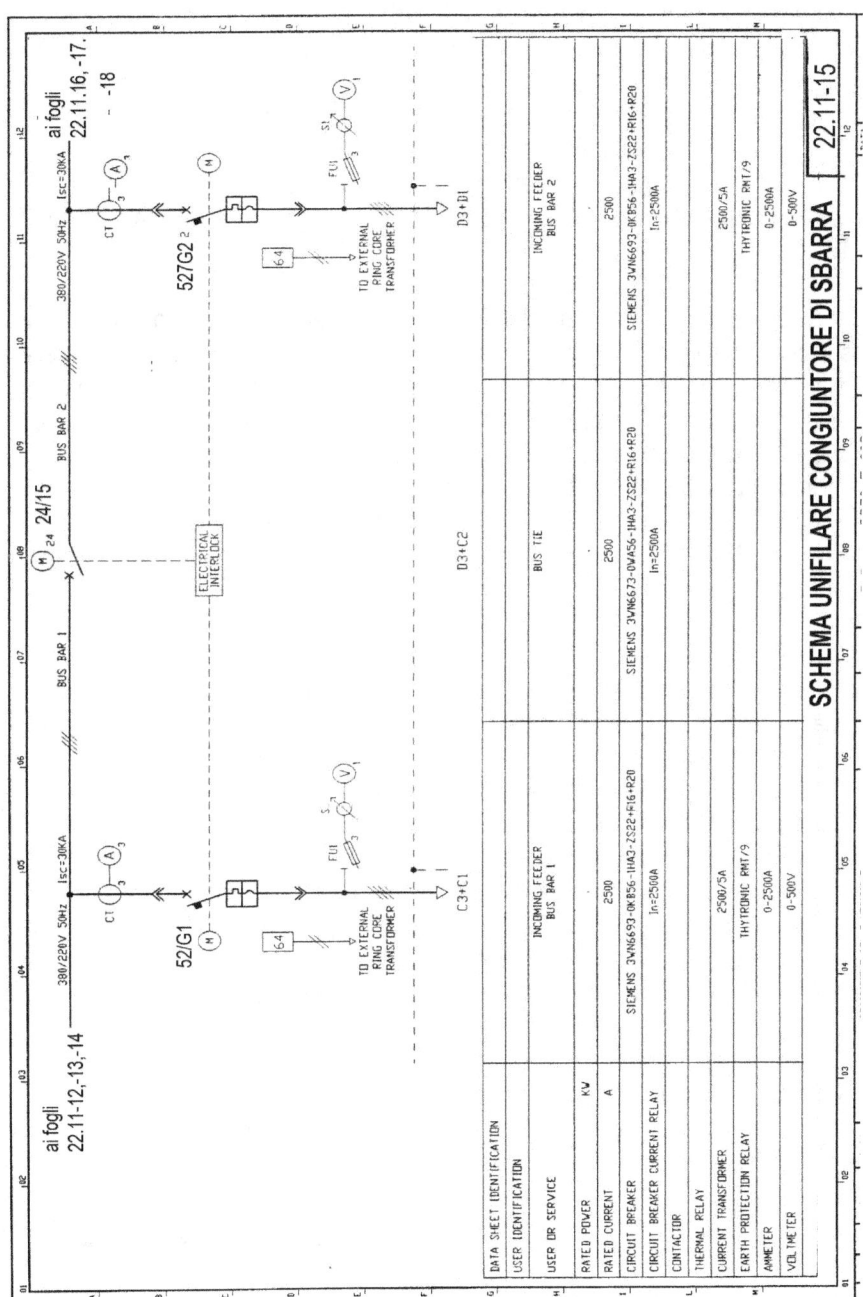

ai fogli
22.11.-12,-13,-14

ai fogli
22.11,16,-17,
- -18

380/220V 50Hz   Isc=30KA   BUS BAR 1   24/15   BUS BAR 2   380/220V 50Hz   Isc=30KA

52/G1

527G2 2

TO EXTERNAL RING CORE TRANSFORMER

ELECTRICAL INTERLOCK

TO EXTERNAL RING CORE TRANSFORMER

C3+C1   D3+C2   D3+D1

DATA SHEET IDENTIFICATION					
USER IDENTIFICATION					
USER OR SERVICE	INCOMING FEEDER BUS BAR 1		BUS TIE		INCOMING FEEDER BUS BAR 2
RATED POWER KV					
RATED CURRENT A	2500		2500		2500
CIRCUIT BREAKER	SIEMENS 3VN6693-0KB56-1HA3-ZS22+R16+R20		SIEMENS 3VN6693-0VA56-1HA3-ZS22+R16+R20		SIEMENS 3VN6693-0KB56-1HA3-ZS22+R16+R20
CIRCUIT BREAKER CURRENT RELAY	In=2500A		In=2500A		In=2500A
CONTACTOR					
THERMAL RELAY					
CURRENT TRANSFORMER	2500/5A				2500/5A
EARTH PROTECTION RELAY	THYTRONIC RMT/9				THYTRONIC RMT/9
AMMETER	0-2500A				0-2500A
VOLTMETER	0-500V				0-500V

SCHEMA UNIFILARE CONGIUNTORE DI SBARRA   22.11-15

Con impianto fermo gli interruttori 52G1/15 e 52G2/15 sono aperti. Gli ausiliari collegati alle due semisbarre sono senza alimentazione ed è aperto l'interruttore controsbarre 24/15.

Chiudendo l'interruttore 52G1 con alimentazione presente, si alimentano i circuiti degli interruttori dei carichi indicati nei fogli 12 -13 -14 e dopo un tempo di ritardo stabilito, il dispositivo di interblocco comanda la chiusura dell'interruttore controsbarre 24/15. Con 24/15 chiuso si alimentano gli ausiliari indicati ai fogli 16 - 17-18.

Se a partire da questa condizione si chiude l'interruttore 52G2 dopo un tempo sufficiente per verificare la presenza permanente del segnale di 52G2 il dispositivo di interblocco fa aprire l'interruttore controsbarre 24/15 e il carico indicato nei fogli 16 – 17-18 passa dall'interruttore 52G1 all'interruttore 52G2. Il contrario avviene se una delle alimentazioni scompare.

Gli interruttori 52G1 e 52G2 sono muniti di relè di sovraccarico + massima corrente + corto circuito e di relè 64T/19 (64T/20 per guasto a terra del trasformatore).

Il relè ausiliario F5/19 - (F5/20) comanda lo scatto dell'interruttore 52G1(52G2) e contemporaneamente la chiusura dell'interruttore controsbarre 24/20.

Il comando degli interruttori 52G1, 52G2, 24/19 è elettrico mediante pulsanti.

Sul foglio 21 se il quadro di distribuzione della corrente alternata (esterno a questo quadro) è alimentato ed è chiuso l'interruttore 152 del trasformatore è chiuso il contatto 152TR1 al passo 03 ed è aperto 152TR1 al passo 04. Il congiuntore di sbarra 1/24 è aperto ed è chiuso il suo contatto al passo 03.

In queste condizioni del circuito, premendo il pulsante PC21 si eccita la bobina Y1-21 e si chiude l'interruttore 52G1.

L'interruttore 52G1 si apre premendo il pulsante PA/21 e facendo eccitare la bobina di sgancio F1-21. Dopo l'apertura il circuito riassume le condizioni indicate sullo schema del foglio 21. Sono segnalati l'interruttore aperto (HL2) l'interruttore chiuso (HL1) L'interruttore estratto (HL3) e l'allarme di intervento per guasto per mezzo del relè KS51.

Il foglio 24 per l'interruttore 52G2 ripete lo stesso funzionamento.

Nel foglio 23 è rappresentato il comando dell'interruttore controsbarre 19/23.

Il sistema di comando e identico a quello degli interruttori 52G1 e 52G2. La chiusura viene attivata con consenso incrociato del relè KS51/21 e KS5I/24 relè di blocco.

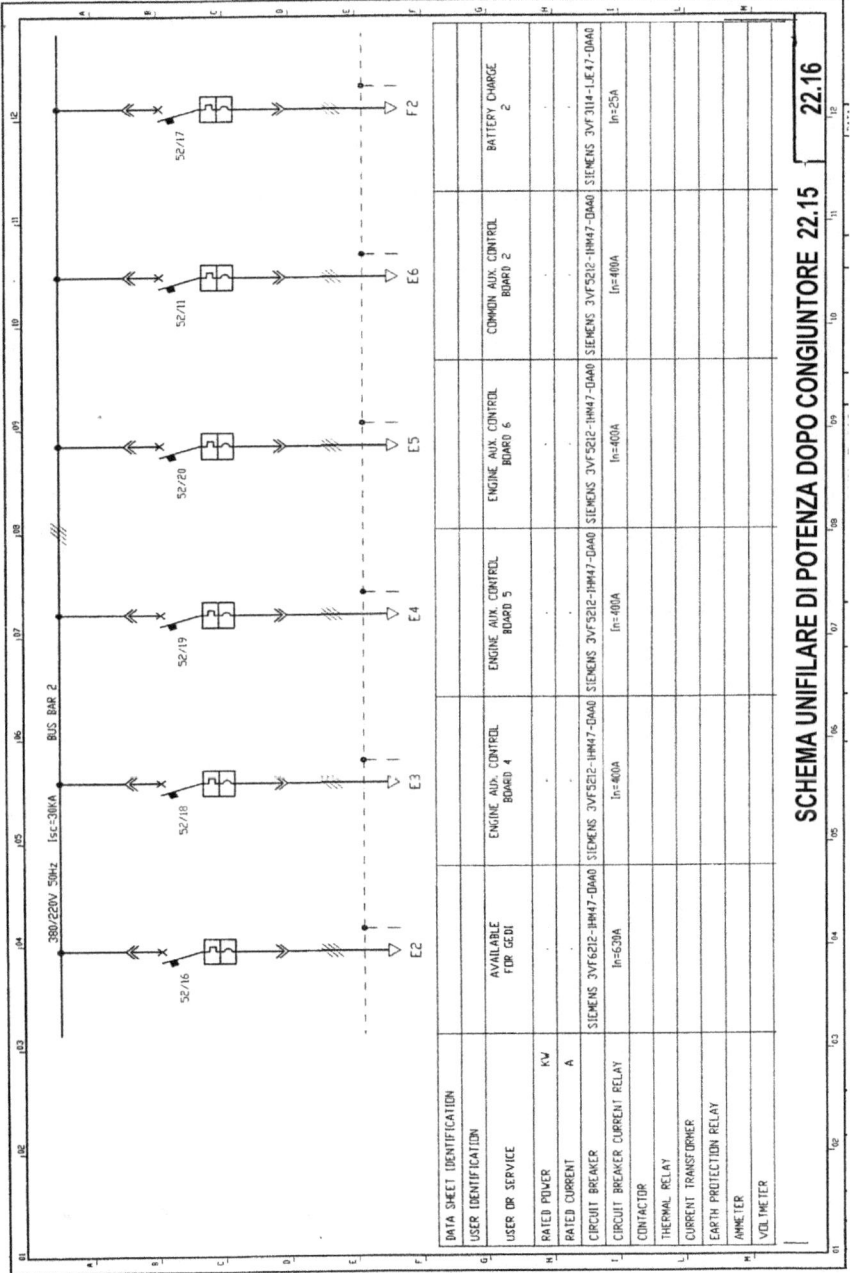

380/220V 50Hz   Isc=30KA   BUS BAR 2

52/16   52/18   52/19   52/20   52/11   52/17

	E2	E3	E4	E5	E6	F2
DATA SHEET IDENTIFICATION						
USER IDENTIFICATION						
USER OR SERVICE	AVAILABLE FOR GE.DI	ENGINE AUX. CONTROL BOARD 4	ENGINE AUX. CONTROL BOARD 5	ENGINE AUX. CONTROL BOARD 6	COMMON AUX. CONTROL BOARD 2	BATTERY CHARGE 2
RATED POWER KW						
RATED CURRENT A						
CIRCUIT BREAKER	SIEMENS 3VF6212-1HM47-0AA0	SIEMENS 3VF5212-1HM47-0AA0	SIEMENS 3VF5212-1HM47-0AA0	SIEMENS 3VF5212-1HM47-0AA0	SIEMENS 3VF5212-1HM47-0AA0	SIEMENS 3VF3I14-1JE47-0AA0
CIRCUIT BREAKER CURRENT RELAY	In=630A	In=400A	In=400A	In=400A	In=400A	In=25A
CONTACTOR						
THERMAL RELAY						
CURRENT TRANSFORMER						
EARTH PROTECTION RELAY						
AMMETER						
VOLTMETER						

SCHEMA UNIFILARE DI POTENZA DOPO CONGIUNTORE 22.15

22.16

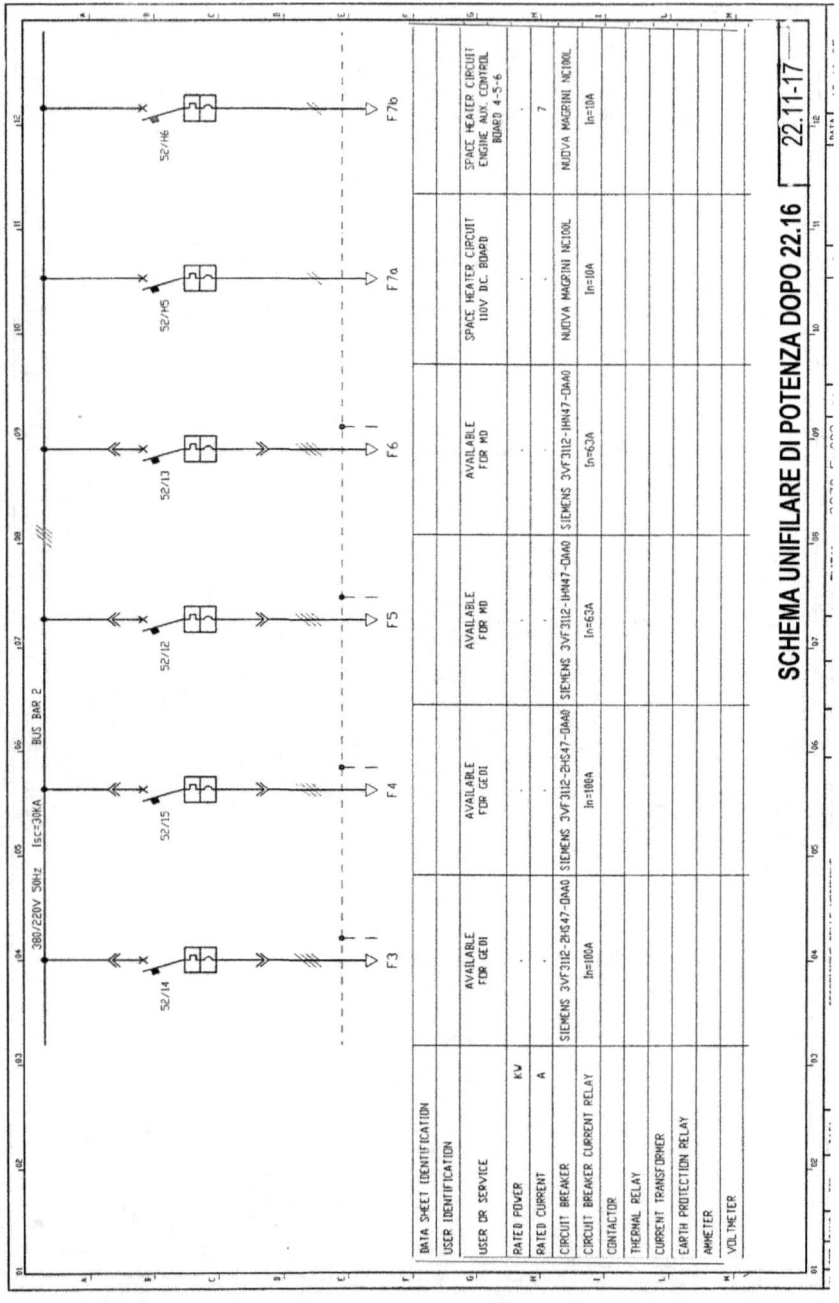

380/220V 50Hz Isc=30KA BUS BAR 2

52/14 52/15 52/12 52/13 52/H5 52/H6

DATA SHEET IDENTIFICATION	F3	F4	F5	F6	F7a	F7b
USER IDENTIFICATION						
USER OR SERVICE	AVAILABLE FOR GEDI	AVAILABLE FOR GEDI	AVAILABLE FOR MD	AVAILABLE FOR MD	SPACE HEATER CIRCUIT 110V B.C. BOARD	SPACE HEATER CIRCUIT ENGINE AUX CONTROL BOARD 4-5-6
RATED POWER KW	·	·	·	·		7
RATED CURRENT A						
CIRCUIT BREAKER	SIEMENS 3VF3112-2HS47-0AA0	SIEMENS 3VF3112-2HS47-0AA0	SIEMENS 3VF3112-1HN47-0AA0	SIEMENS 3VF3112-1HN47-0AA0	NUOVA MAGRINI NC100L	NUOVA MAGRINI NC100L
CIRCUIT BREAKER CURRENT RELAY	In=100A	In=100A	In=63A	In=63A	In=10A	In=10A
CONTACTOR						
THERMAL RELAY						
CURRENT TRANSFORMER						
EARTH PROTECTION RELAY						
AMMETER						
VOLTMETER						

SCHEMA UNIFILARE DI POTENZA DOPO 22.16 | 22.11-17

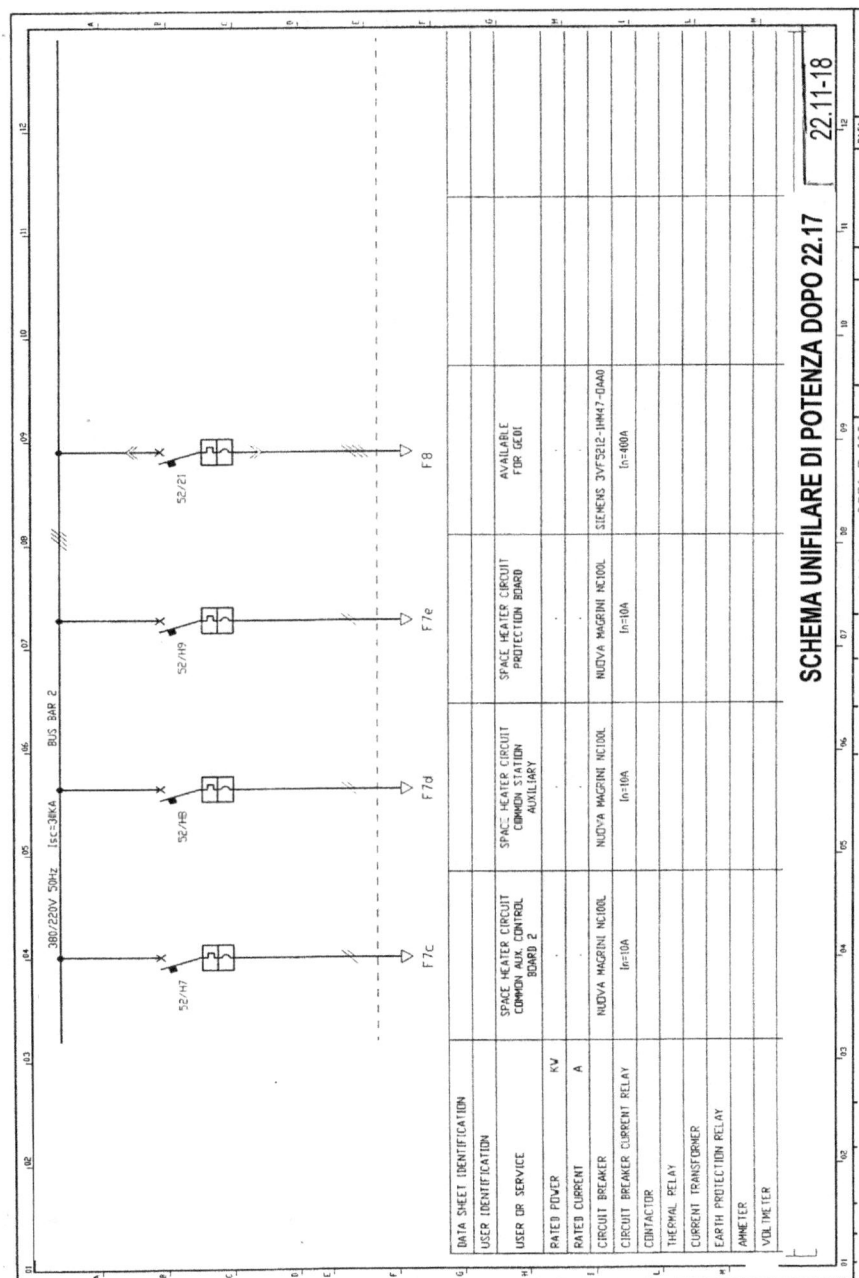

SCHEMA UNIFILARE DI POTENZA DOPO 22.17

22.11-18

DATA SHEET IDENTIFICATION					
USER IDENTIFICATION					
USER OR SERVICE		SPACE HEATER CIRCUIT COMMON AUX. CONTROL BOARD 2	SPACE HEATER CIRCUIT COMMON STATION AUXILIARY	SPACE HEATER CIRCUIT PROTECTION BOARD	AVAILABLE FOR GEDI
RATED POWER	KV	.	.	.	SIEMENS 3VF5212-1HM47-0AA0
RATED CURRENT	A				
CIRCUIT BREAKER		NUOVA MAGRINI NC100L	NUOVA MAGRINI NC100L	NUOVA MAGRINI NC100L	In=400A
CIRCUIT BREAKER CURRENT RELAY		In=10A	In=10A	In=10A	
CONTACTOR					
THERMAL RELAY					
CURRENT TRANSFORMER					
EARTH PROTECTION RELAY					
AMMETER					
VOLTMETER					

380/220V 50Hz   Isc=30KA   BUS BAR 2

52/H7   52/H8   52/H9   52/21

F 7c   F 7d   F 7e   F 8

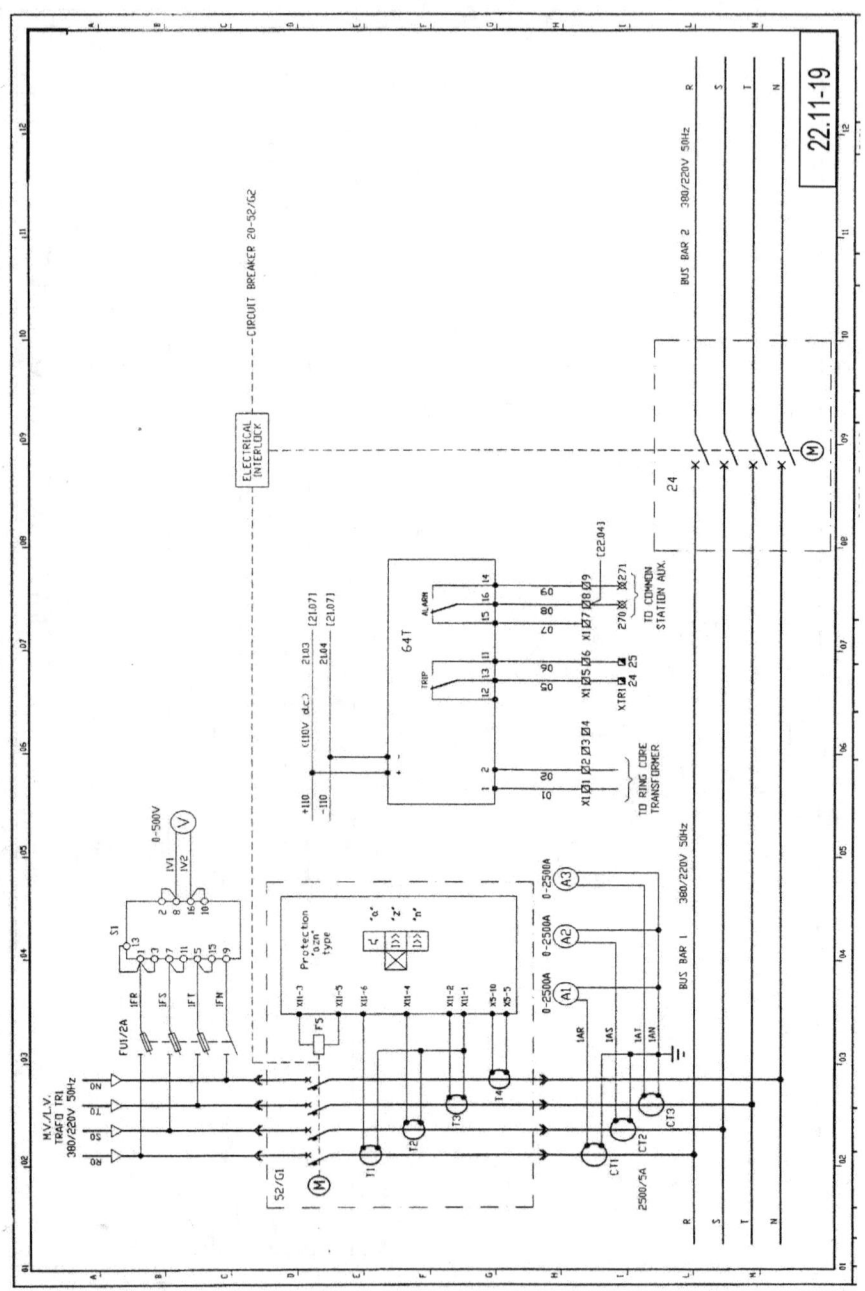

22.11-19

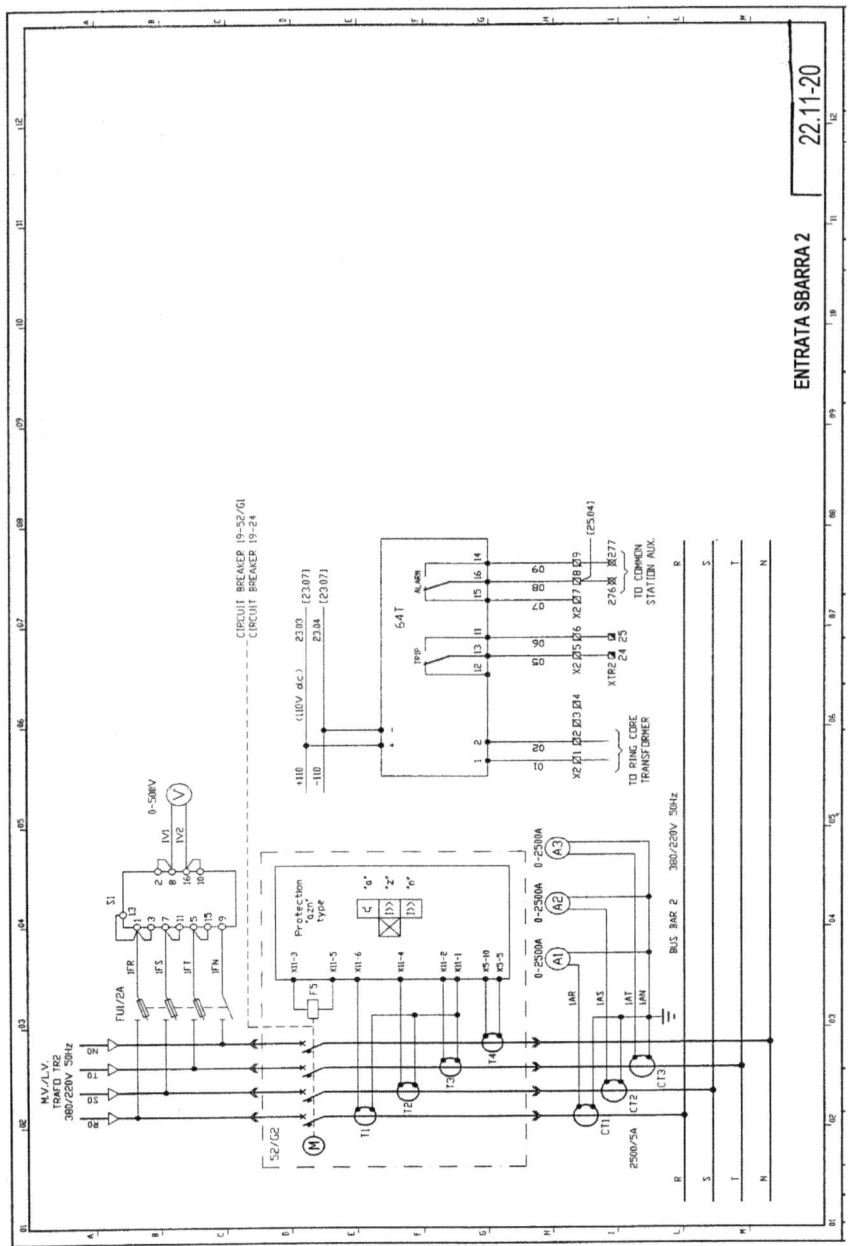

ENTRATA SBARRA 2

22.11-20

145

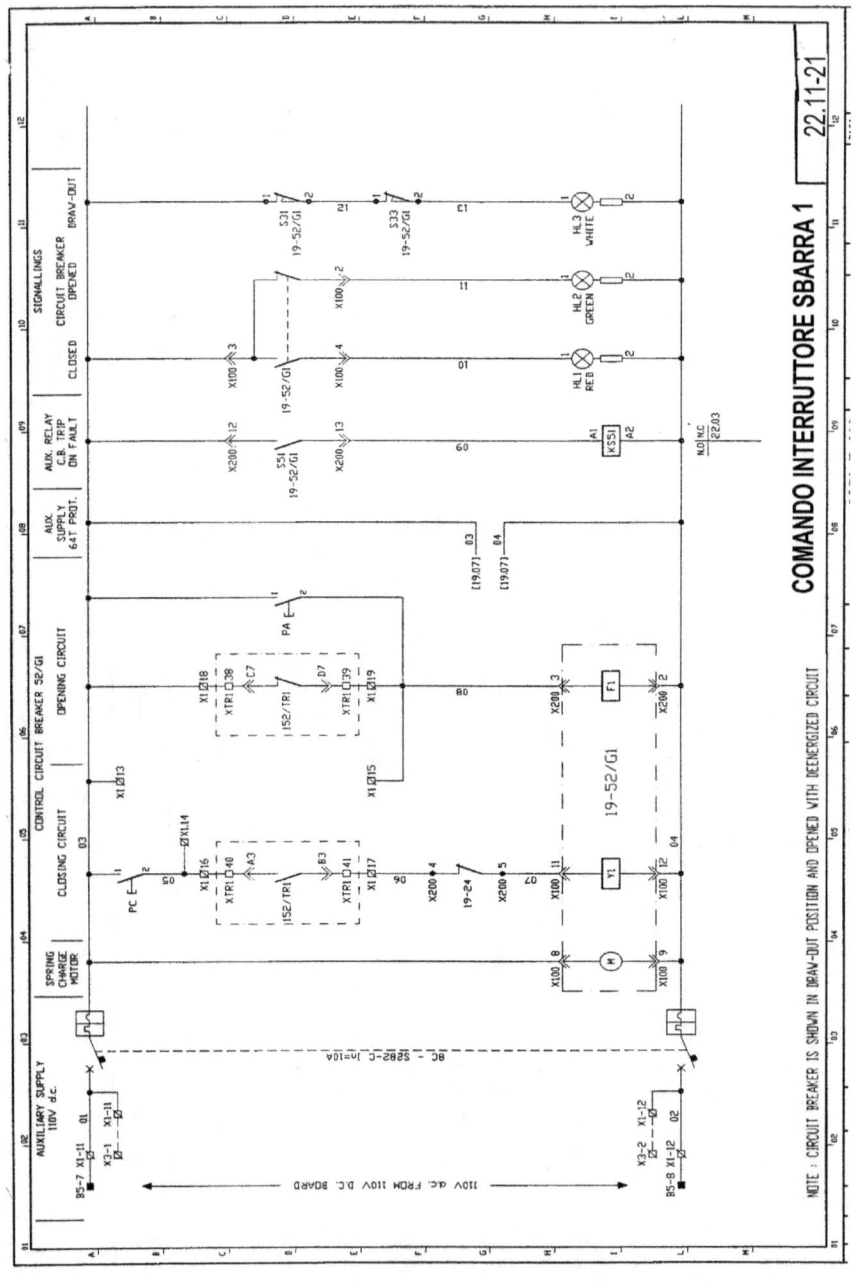

COMANDO INTERRUTTORE SBARRA 1

22.11-21

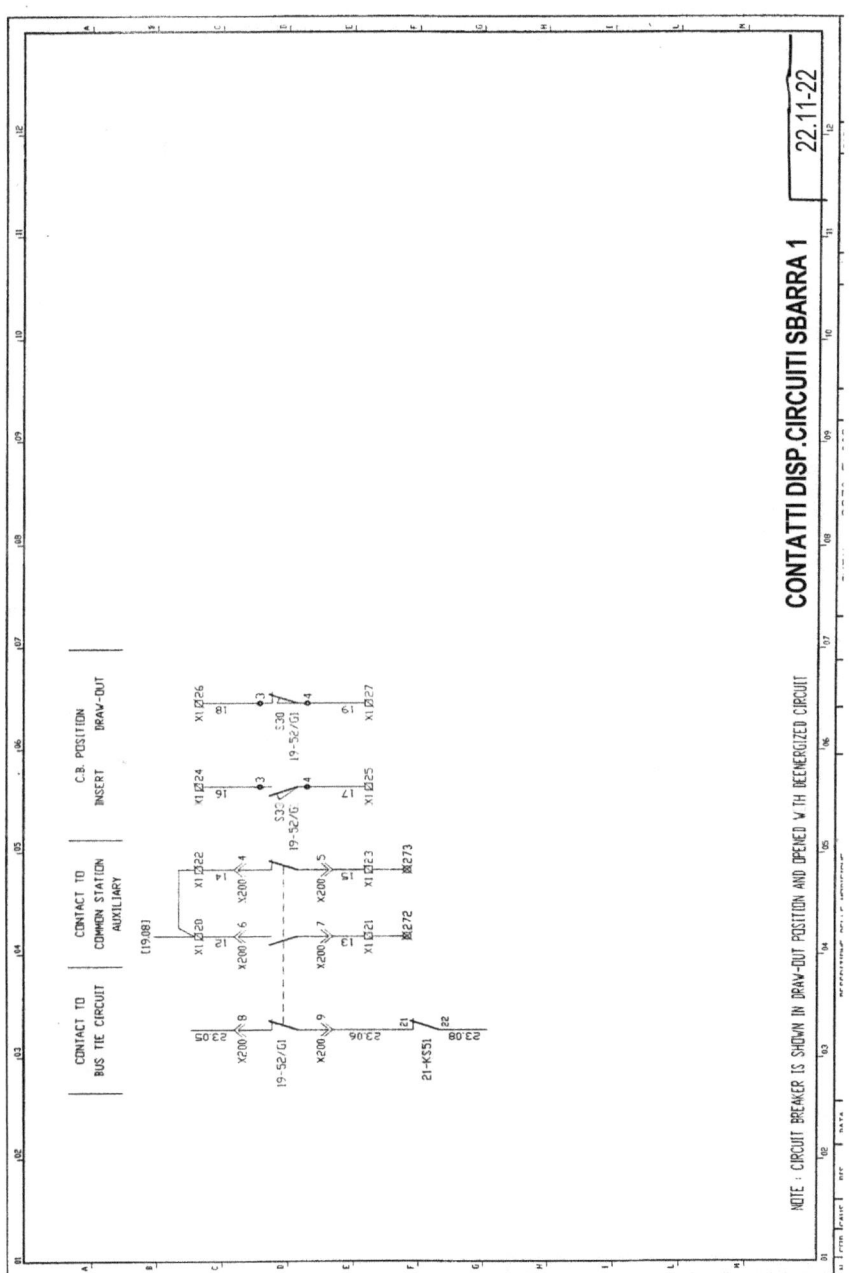

CONTATTI DISP.CIRCUITI SBARRA 1

22.11-22

NOTE : CIRCUIT BREAKER IS SHOWN IN DRAW-OUT POSITION AND OPENED WITH DEENERGIZED CIRCUIT

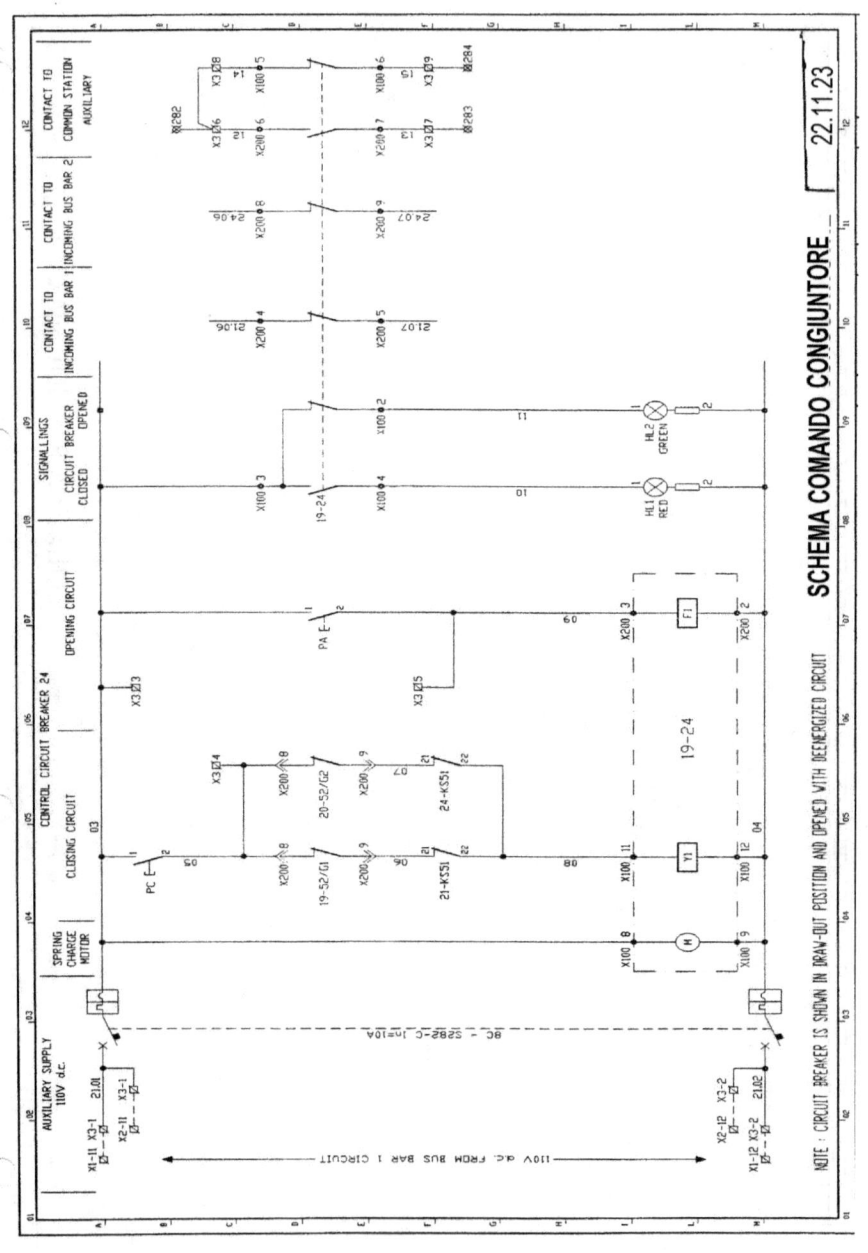

SCHEMA COMANDO CONGIUNTORE

22.11.23

NOTE : CIRCUIT BREAKER IS SHOWN IN DRAW-OUT POSITION AND OPENED WITH DEENERGIZED CIRCUIT

148

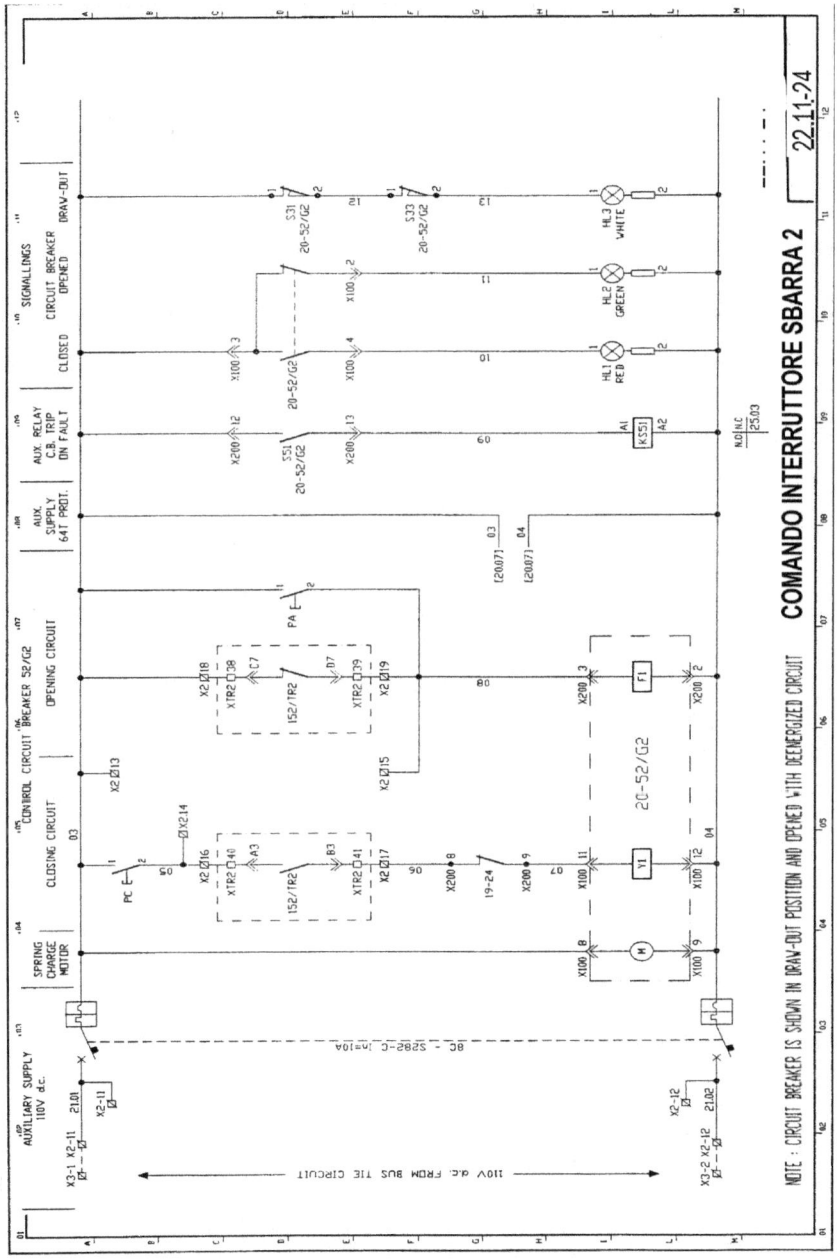

COMANDO INTERRUTTORE SBARRA 2

22.11-24

NOTE : CIRCUIT BREAKER IS SHOWN IN DRAW-OUT POSITION AND OPENED WITH DEENERGIZED CIRCUIT

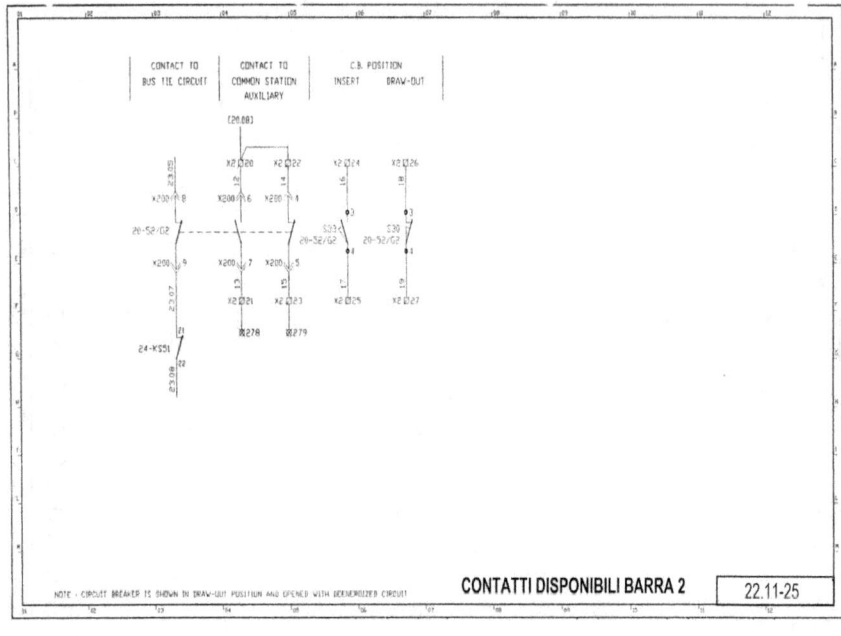

CONTATTI DISPONIBILI BARRA 2 | 22.11-25 |

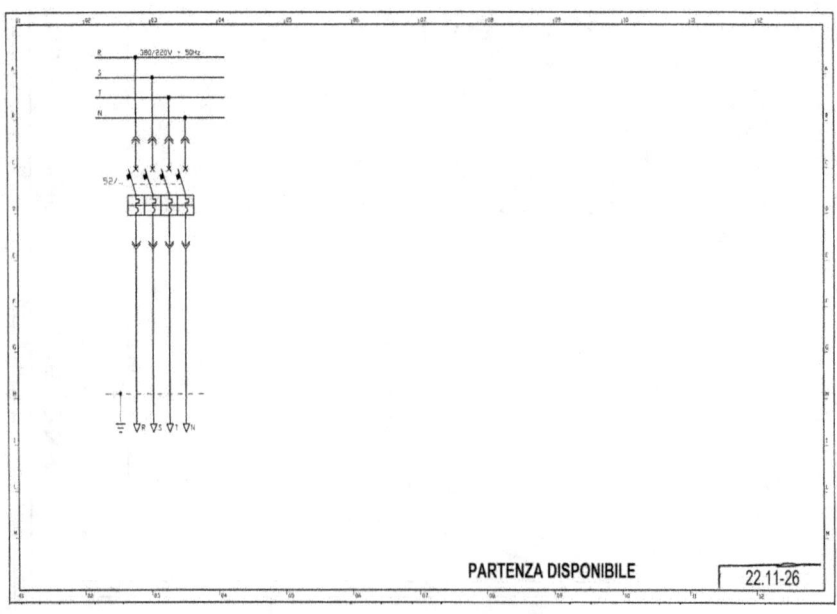

PARTENZA DISPONIBILE | 22.11-26 |

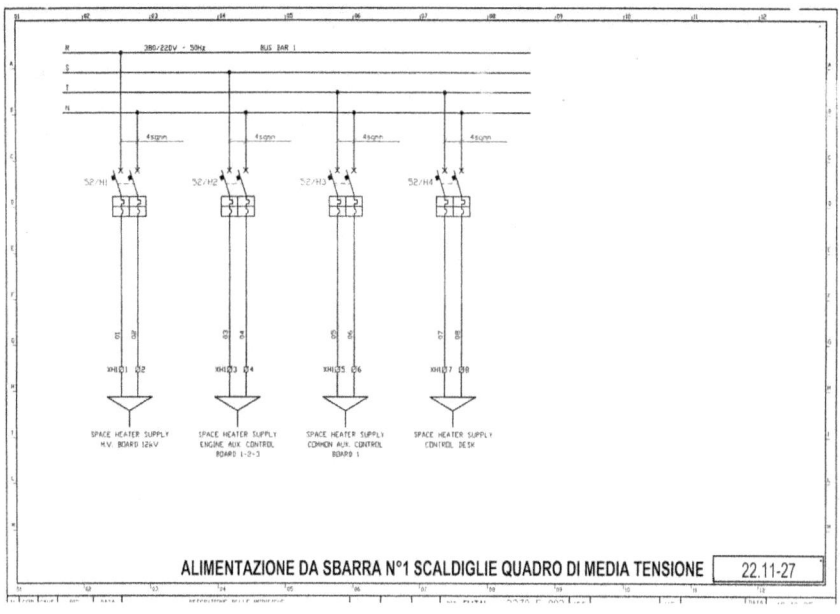

ALIMENTAZIONE DA SBARRA N°1 SCALDIGLIE QUADRO DI MEDIA TENSIONE 22.11-27

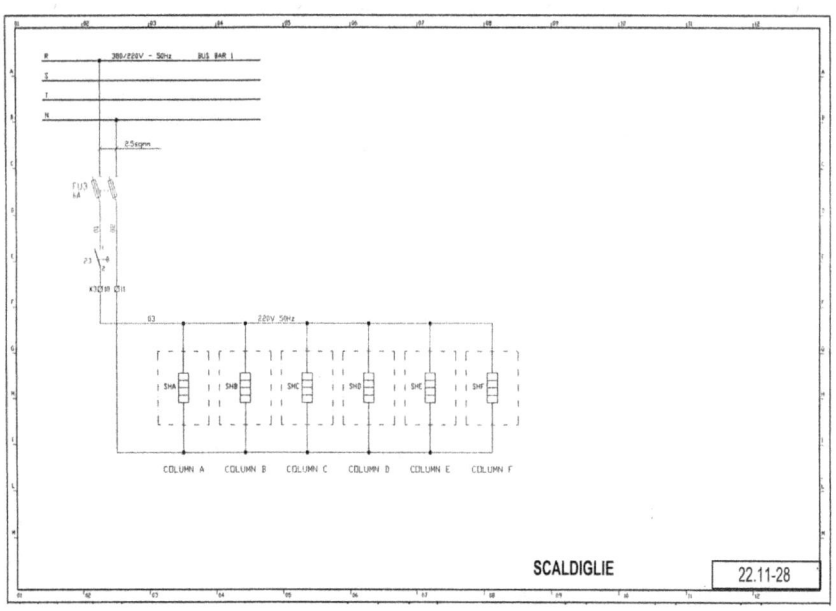

SCALDIGLIE 22.11-28

151

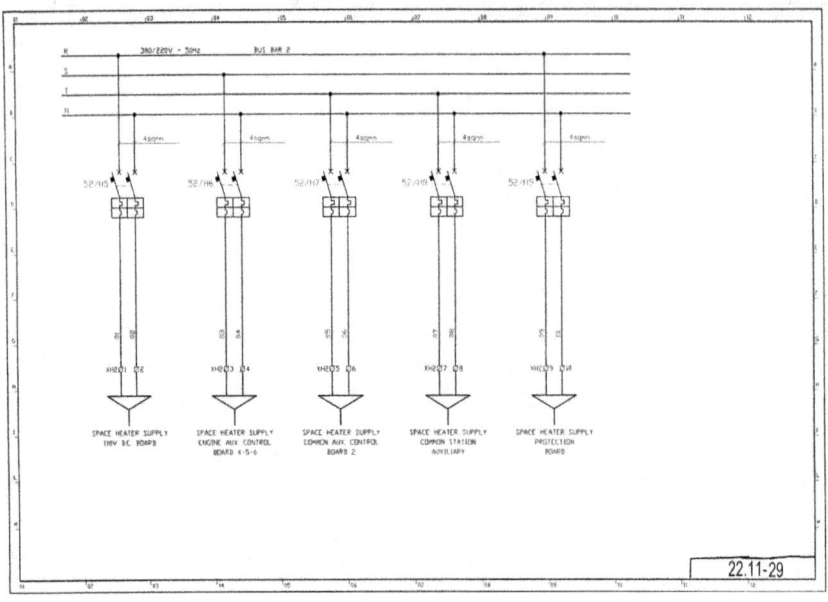

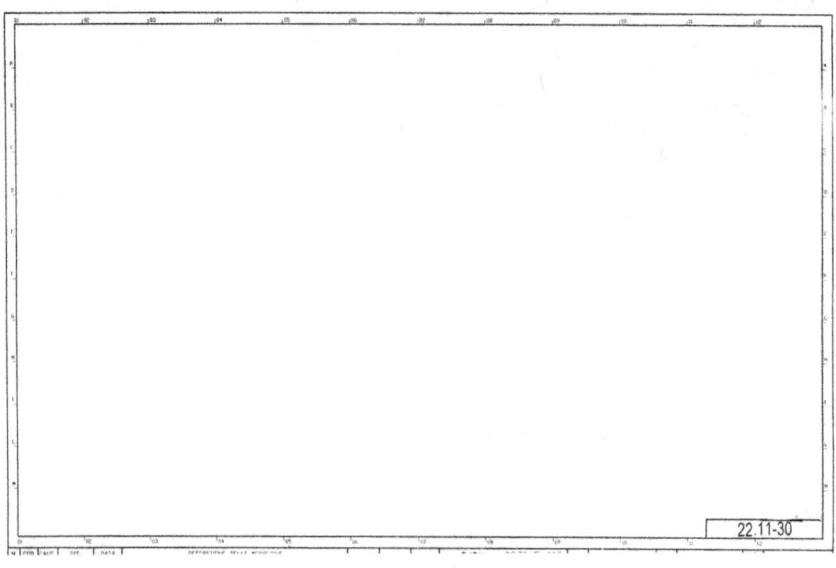

152

22.2 MORSETTIERE DI POTENZA DEL QUADRO

Completato il foglio 22.11.30 dello schema elettrico che tiene conto di tutte le alimentazioni in uscita dal quadro e di uno o più fogli bianchi disponibili e numerati per eventuali ampliamenti, si passa alla esecuzione dello schema delle morsettiere inserite subito dopo lo schema elettrico del quadro.
La morsettiera del quadro prevede l'uscita dei cavi di potenza collegati direttamente alle utenze e il raggruppamento dei cavi di controllo indirizzati al quadro di comando e se esiste al quadro di supervisione.
Alcuni cavi possono essere collegati a morsettiere indipendenti utilizzate per la strumentazione come ad esempio termostati e pressostati delle macchine trascinate.
-Il primo foglio delle morsettiere inizia con il numero 22.11.31 e riporta in simboli utilizzati per individuare il tipo di morsetto con simbologia non contemplata dalle norme, ma che semplificano l'attività di costruzione e di manutenzione.

La tabella in funzione delle sezioni dei conduttori indica la sigla di individuazione del morsetto riferita ad un costruttore specifico

-A partire dal foglio successivo sono indicati i cavi da stendere, la cella di partenza e il punto di arrivo.

Per ogni collegamento è indicata la formazione del cavo, la sezione dei conduttori, il numero di identificazione del cavo che sarà utilizzato per la stesura successiva nelle vie cavi. Analizzeremo i cavi, il loro dimensionamento, le vie cavi in un successivo lavoro.
Il foglio 22.11-31 rappresenta i tipi di morsetto che vengono indicati sul disegno della morsettiera.
Lo schema delle morsettiere di un quadro di distribuzione del tipo descritto è molto semplice in quanto prevede l'uscita da ogni interruttore di cella del solo cavo di alimentazione di utenza.
I cavi di utenza sono normalmente cavi tripolari più terra. I cavi di arrivo e i cavi di partenza di un quadro sono sempre cavi quadripolari.
I cavi di cablaggio interni di un quadro fino alle morsettiere sono sempre cavi unipolari di sezione adeguata.

	SEZIONE SECTION	TIPO MORSETTO TERMINAL TYPE						
		100	200	300	400	500	600	760
MORSETTO TERMINAL	0,5-2,5 / 0,5-2,5	CBD2						
	0,5-4 / 0,5-6	101 CBD4						
	0,5-6 / 0,5-10	102 CBD6						
	0,5-10 / 0,5-16	103 CBD00						
	0,5-16 / 0,5-25	104 CBD06						
MORSETTO TERMINAL	0,5-25 / 0,5-35	105 CBD025						
	1-35 / 1-50	106 CBD35						
	1,5-70 / 1-95	107 CBD70						
	6-150 / 4-185	108 CDA120						
	6-240 / 4-240	109 CDA185						
MORS. VOLT. VOLTM. TERM.	1,5-10 / 1,5-10	110 SCB6						
MORS. AMPER. AMMETR. TERM.	1,5-10 / 1,5-10	111 SCB6						
DIAFRAMMA BARRIER		112 HYPE/PT						
MORSETTO DI TERRA EARTHING TERMINAL	4-70 / 4-95	113 ACB70						
EARTHING TERMINAL	16-150 / 16-185	114 ACB120						
	16-240 / 16-240	115 ACB185						
MORSETTO SEZIONATORE ISOLATOR TERMINAL	0,5-10 / 0,5-10	116 SPR10						
		117						
MORS. FUSIBILE FUSE TERMINAL	0,5-16 / 0,5-16	118 VL16						
DITTA / FIRM		CABUR						

MORSETTO TERMINAL

COLLEGAMENTO FRA 2 MORSETTI
CONNECTION THROUGH 2 TERMINALS

DIAFRAMMA BARRIER

MORSETTO DI TERRA EARTHING TERMINAL

MORSETTO SEZIONATORE ISOLATOR TERMINAL

MORSETTO FUSIBILE FUSE TERMINAL

MORSETTO VOLTMETRICO VOLTMETRICAL TERMINAL

MORSETTO AMPEROMETRICO AMMETRICAL TERMINAL

- LA MORSETTIERA HA TERMINE DOVE NON E' PIU' RICHIAMATO ALCUN NUMERO
TERMINAL STRIP STOPPED WHERE NO OTHER NUMBERS ARE MENTIONED

- LA MORSETTIERA DEVE PREVEDERE 10% DI MORSETTI LIBERI
TERMINAL STRIP MUST PROVIDE 10% OF TERMINALS AS FREE

22.11.31

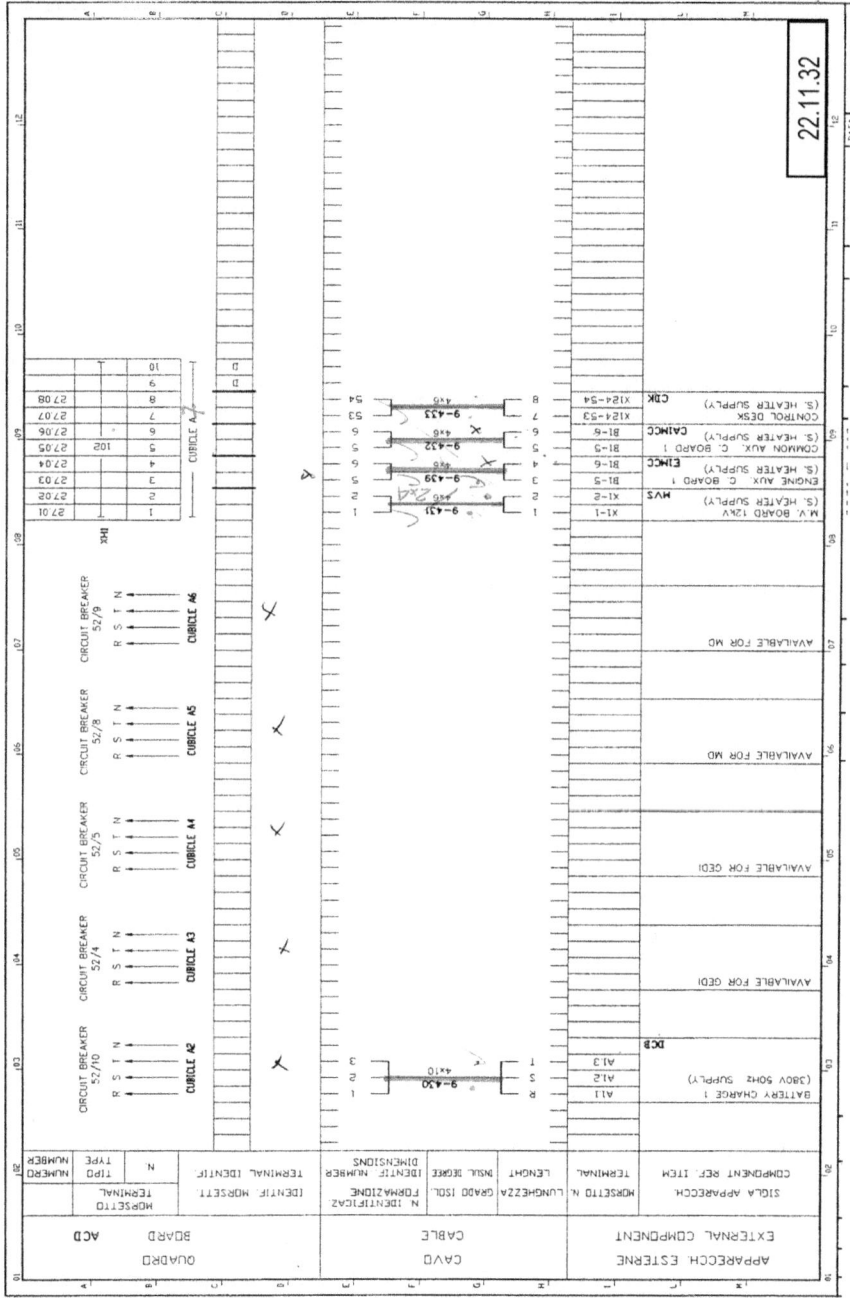

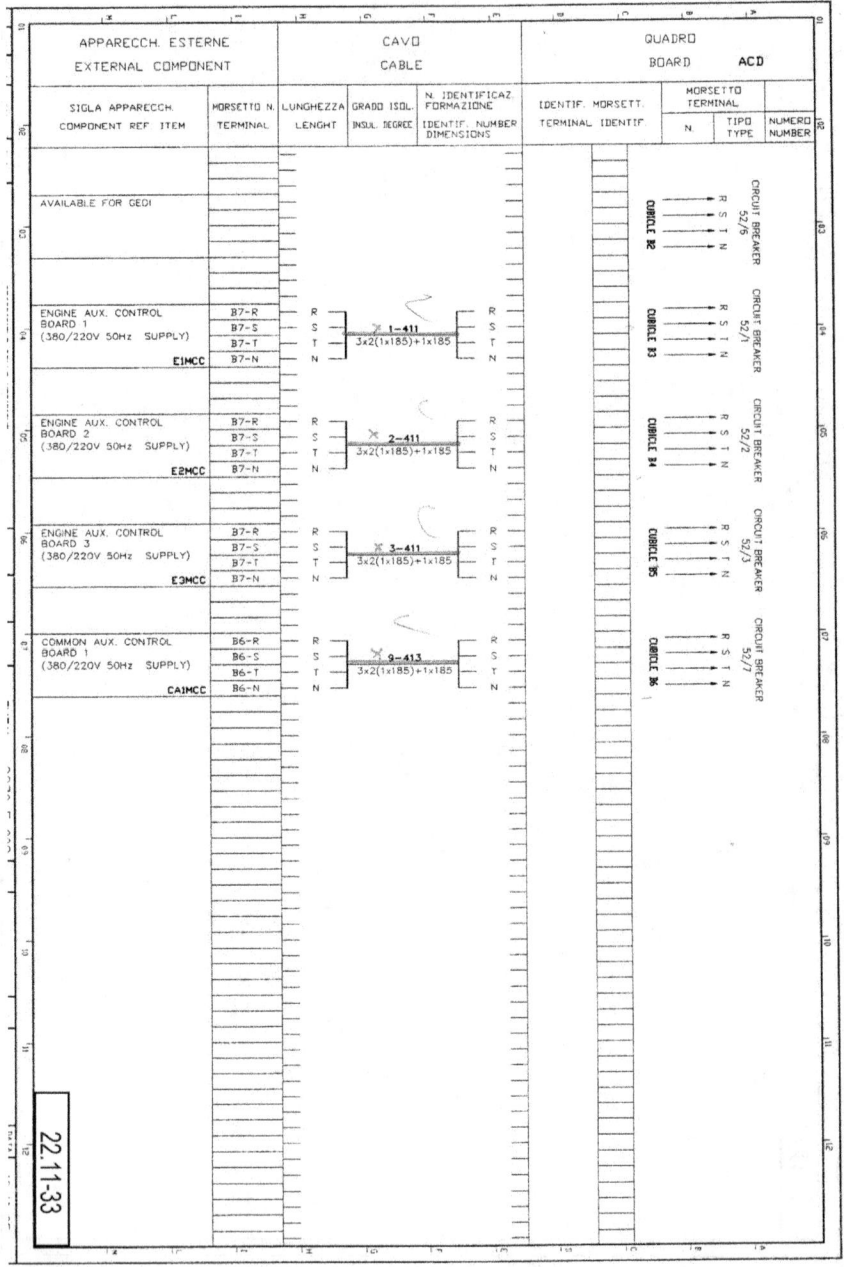

APPARECCH. ESTERNE EXTERNAL COMPONENT		CAVO CABLE				QUADRO BOARD ACD			
SIGLA APPARECCH. COMPONENT REF. ITEM	MORSETTO N. TERMINAL	LUNGHEZZA LENGHT	GRADO ISOL. INSUL. DEGREE	N. IDENTIFICAZ. FORMAZIONE IDENTIF. NUMBER DIMENSIONS	IDENTIF. MORSETT. TERMINAL IDENTIF.	MORSETTO TERMINAL			
						N.	TIPO TYPE	NUMERO NUMBER	
AVAILABLE FOR GEO1						CUBICLE R2		R S T N	CIRCUIT BREAKER 52/6
ENGINE AUX. CONTROL BOARD 1 (380/220V 50Hz SUPPLY) E1MCC	B7-R B7-S B7-T B7-N	R S T N	1-411 3x2(1x185)+1x185	R S T N		CUBICLE R3		R S T N	CIRCUIT BREAKER 52/1
ENGINE AUX. CONTROL BOARD 2 (380/220V 50Hz SUPPLY) E2MCC	B7-R B7-S B7-T B7-N	R S T N	2-411 3x2(1x185)+1x185	R S T N		CUBICLE R4		R S T N	CIRCUIT BREAKER 52/2
ENGINE AUX. CONTROL BOARD 3 (380/220V 50Hz SUPPLY) E3MCC	B7-R B7-S B7-T B7-N	R S T N	3-411 3x2(1x185)+1x185	R S T N		CUBICLE R5		R S T N	CIRCUIT BREAKER 52/3
COMMON AUX. CONTROL BOARD 1 (380/220V 50Hz SUPPLY) CA1MCC	B6-R B6-S B6-T B6-N	R S T N	9-413 3x2(1x185)+1x185	R S T N		CUBICLE R6		R S T N	CIRCUIT BREAKER 52/7

22.11-33

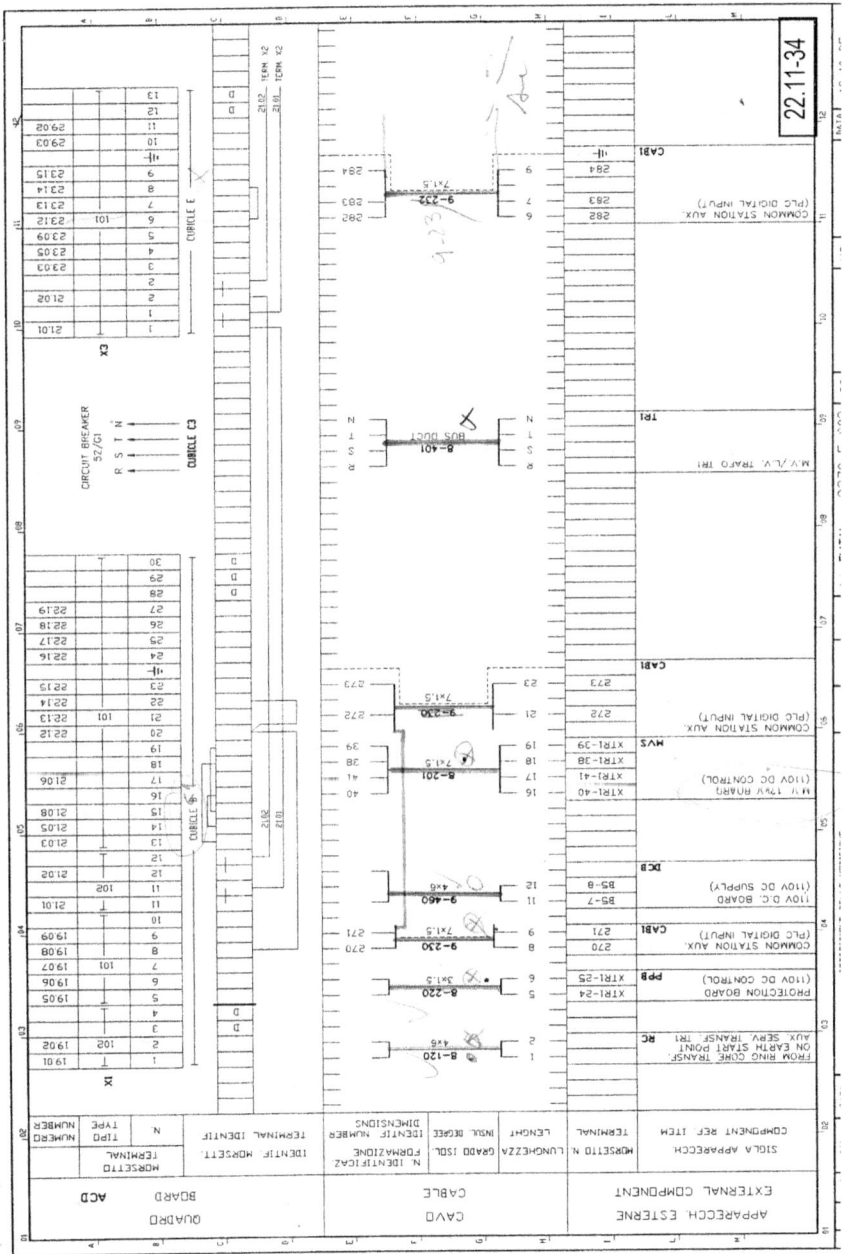

22.11-34

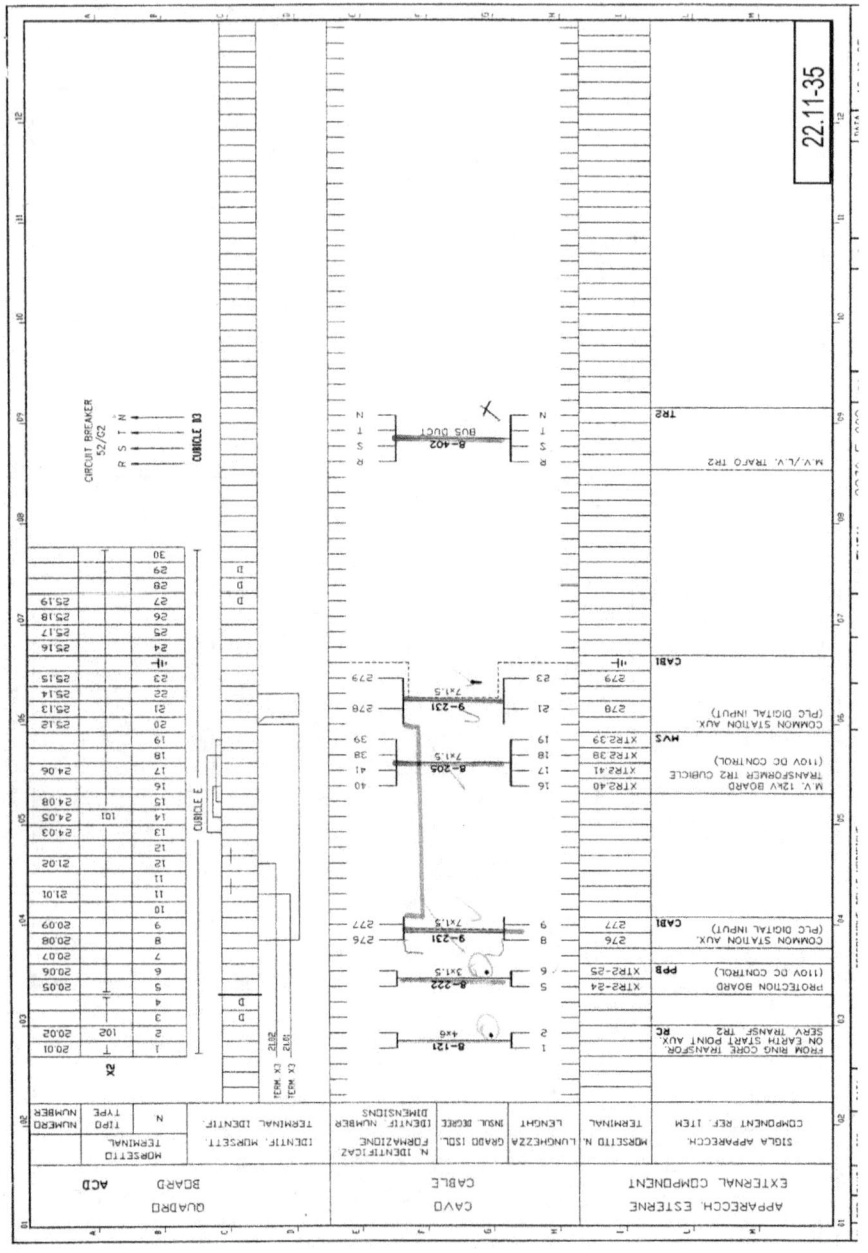

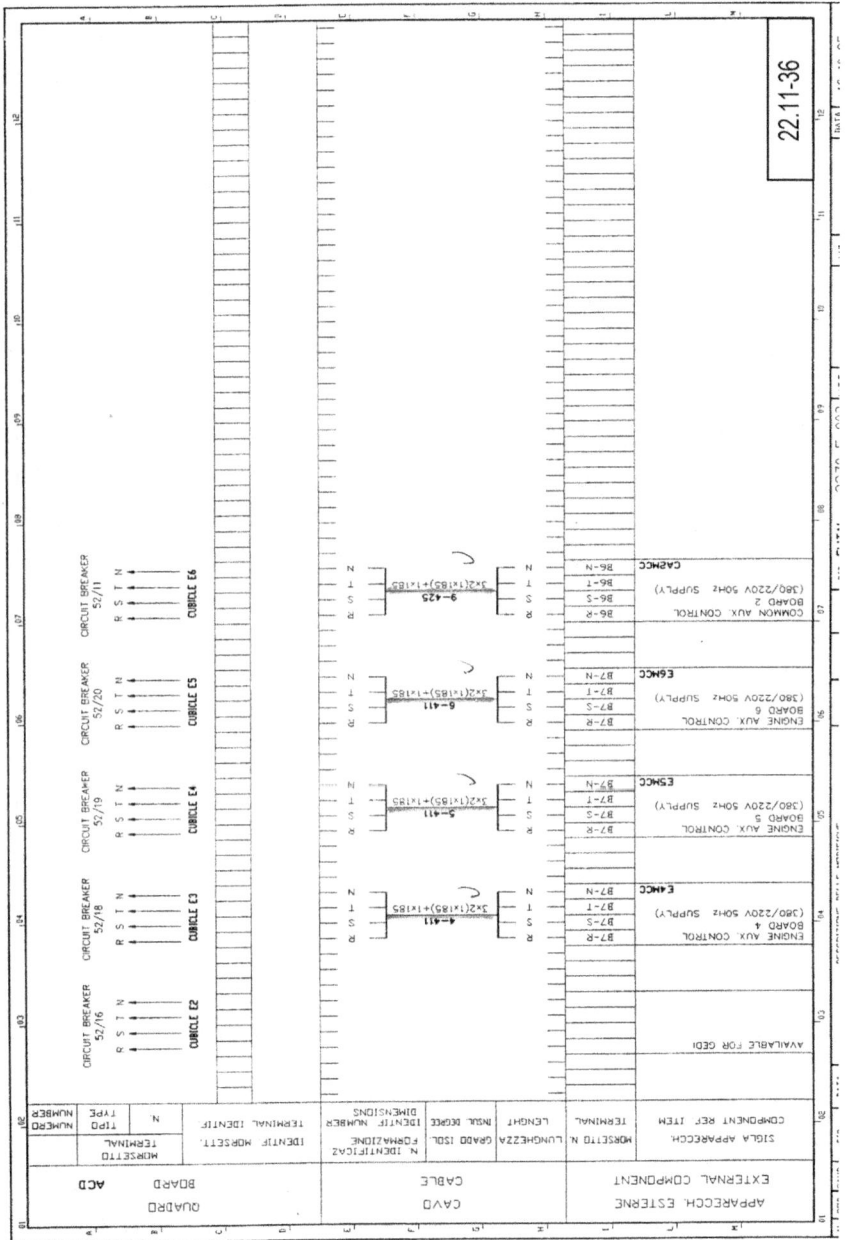

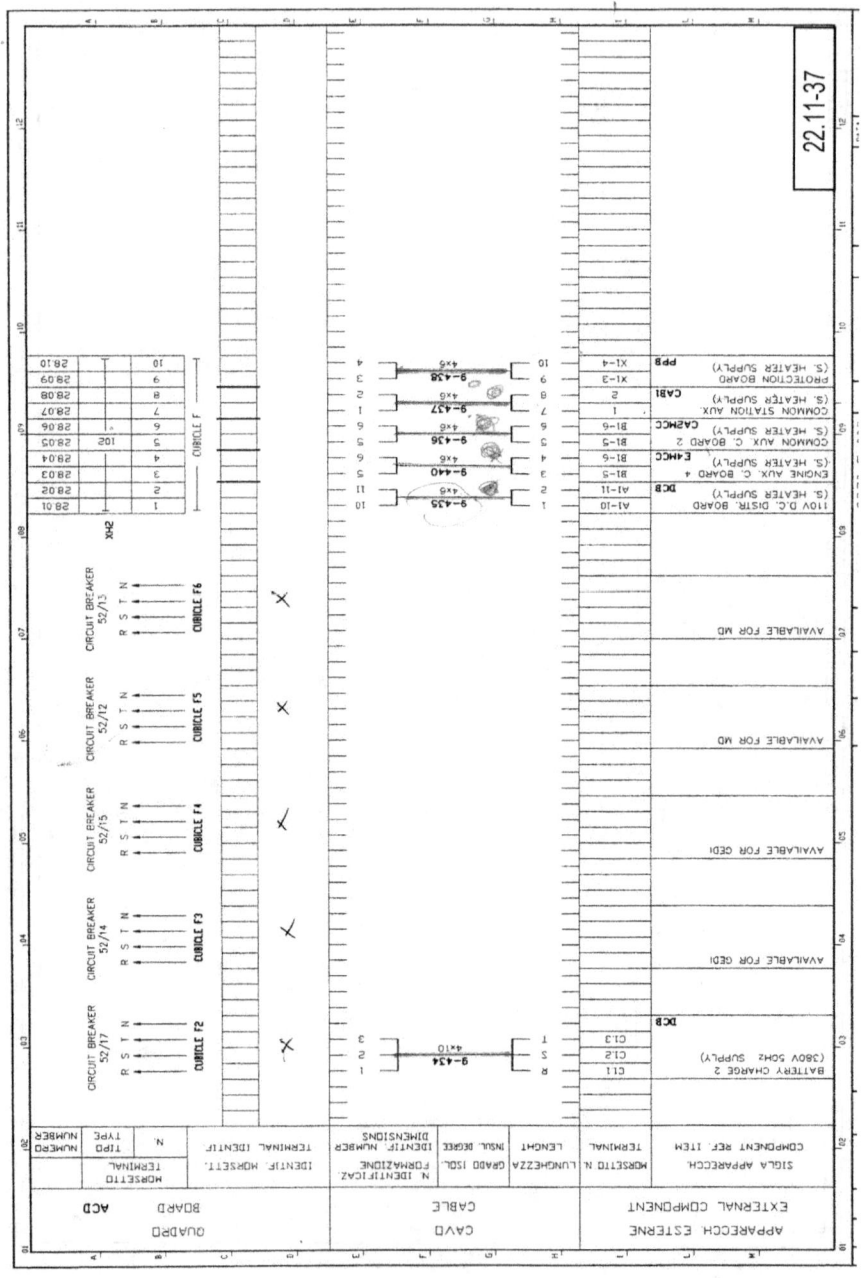

Il disegno delle morsettiere è utilizzato per la stesura dei cavi di cablaggio.
Il disegno delle morsettiere riporta la formazione e l'indirizzo dei cavi in partenza.
Per ogni cavo è indicato il numero di individuazione che viene riportato all'inizio e all'arrivo e per cavi molto lunghi a distanze fisse direttamente lungo il cavo.

Se durante il montaggio vengono apportate modifiche alla formazione dei cavi, queste devono essere segnalate al progettista per la modifica dei disegni definitivi di impianto.
Così, ad esempio, nel foglio .11-34 è evidenziata la partenza di due cavi in un unico cavo con numero 9-131 e sezione 7x1,5 e non due cavi con lo stesso numero di riferimento e la stessa formazione.
La partenza di un cavo deve essere eliminata e i due cavi devono essere indicati in un unico elemento.
Il disegno finale delle morsettiere e delle partenze dei cavi deve corrispondere esattamente alla posa realizzata nella formazione finale in modo da disporre in ogni caso di un documento finale corrispondente alla realizzazione effettiva.

Nello studio delle vie cavi viene indicata nel dettaglio ogni modalità di esecuzione dei cablaggi di individuazione dei passaggi di posa, degli accessori e delle attrezzature richiesti per i fissaggi e l'esecuzione dei terminali.

22.3   MORSETTIERE DEI QUADRI DI CONTROLLO

Il disegno delle morsettiere dei quadri di controllo si presenta più complesso e più laborioso di quello dei quadri di potenza per la maggiore quantità e destinazione dei collegamenti fra i quadri e del collegamento ai rilevatori e agli attuatori controllati.
L'esecuzione di questo disegno è facilitata dai simboli dei morsetti della figura 22.21 già raccolti nel disegno 22.11.04 che compaiono sui fili dello schema funzionale e sono applicati come nella figura 22.22.

☐ QUADRO DI MEDIA TENSIONE

◻ QUADRO PC DISTRIBUZIONE BASSA TENSIONE

☒ MCC SERVIZI COMUNI

∅ MC1,2 , n, SERVIZI DI GRUPPO

◖ QUADRO QM1, 2, n, CONTROLLO MOTORE

◪ QUADRO PROTEZIONI QP

○ BANCO CONTROLLO CD

■ QUADRO CORRENTE CONTINUA QCC

▧ QUADRO AUSILIARI COMUNI

● APPARECCHIATURE SUL MOTORE

◉ APPARECCHIATURE SULL'ALTERNATORE

✹ APPARECCHIATURE DI CAMPO ECCITAZIONE

fig. 22.21

Nella figura 22.22, i morsetti 38-39-40-41 della morsettiera XTR1 sono collegati nello stesso ordine ai morsetti 18-19-16-17 della morsettiera X1 del quadro PC di distribuzione della corrente in bassa tensione e delimitano il contatto ausiliario normalmente chiuso e il contatto ausiliario normalmente aperto dell'interruttore 152 TR1.
Faranno parte dello stesso cavo solo conduttori individuati dallo stesso simbolo di morsetto e saranno collegati alla stessa morsettiera.

Anche per i quadri di controllo, il disegno della morsettiera viene normalmente rappresentato di seguito allo schema elettrico ed è costruito da più fogli in base alla estensione dello schema funzionale.
Il disegno della morsettiera di un quadro di controllo può anche costituire un disegno successivo separato ad esempio con numero di individuazione 22.23
.

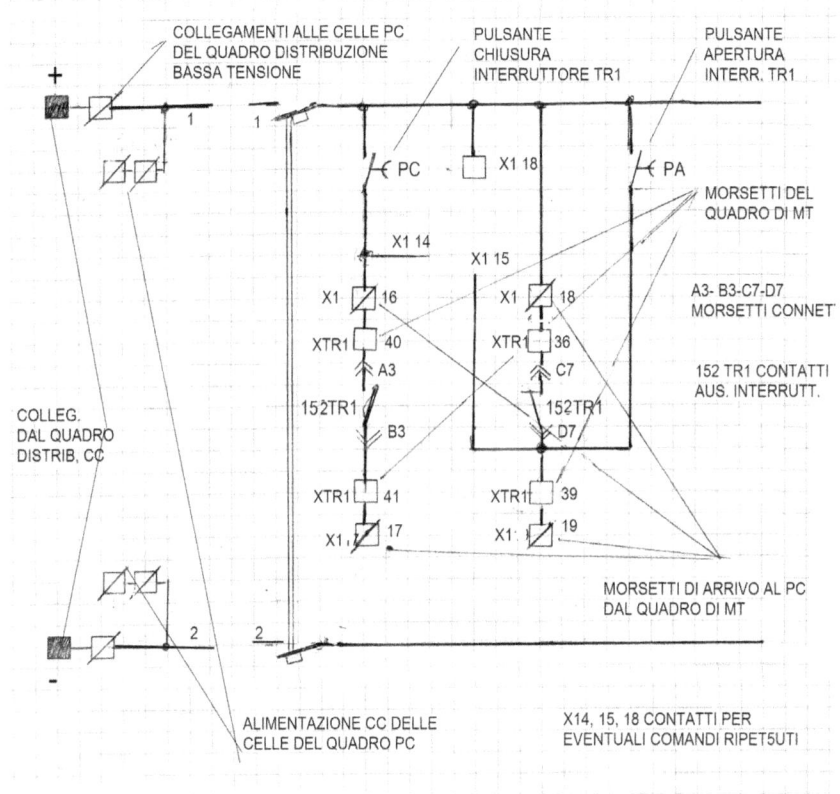

fig.22.22

La prima pagina del documento inizia con il numero successivo allo schema della figura 22.23- 01 riporta il nome e riferimenti dell'impianto al quale il disegno si riferisce e il titolo del disegno.

Con il numero 10 dopo la barra nel primo foglio si indicano il numero di fogli che costituiscono l'intero documento.

Se il disegno della morsettiera è compreso nello schema funzionale i numeri di foglio della morsettiera sono successivi a quelli dello schema funzionale.

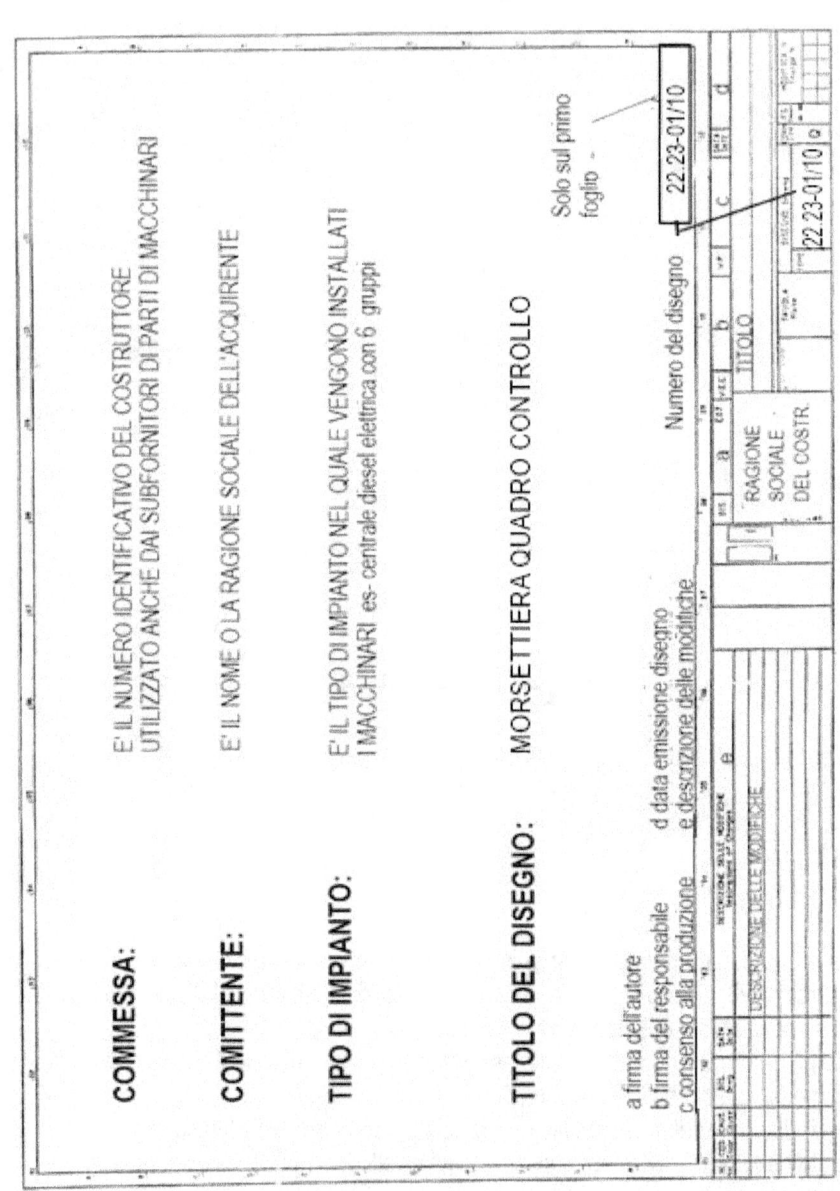

fig. 22.23-01

164

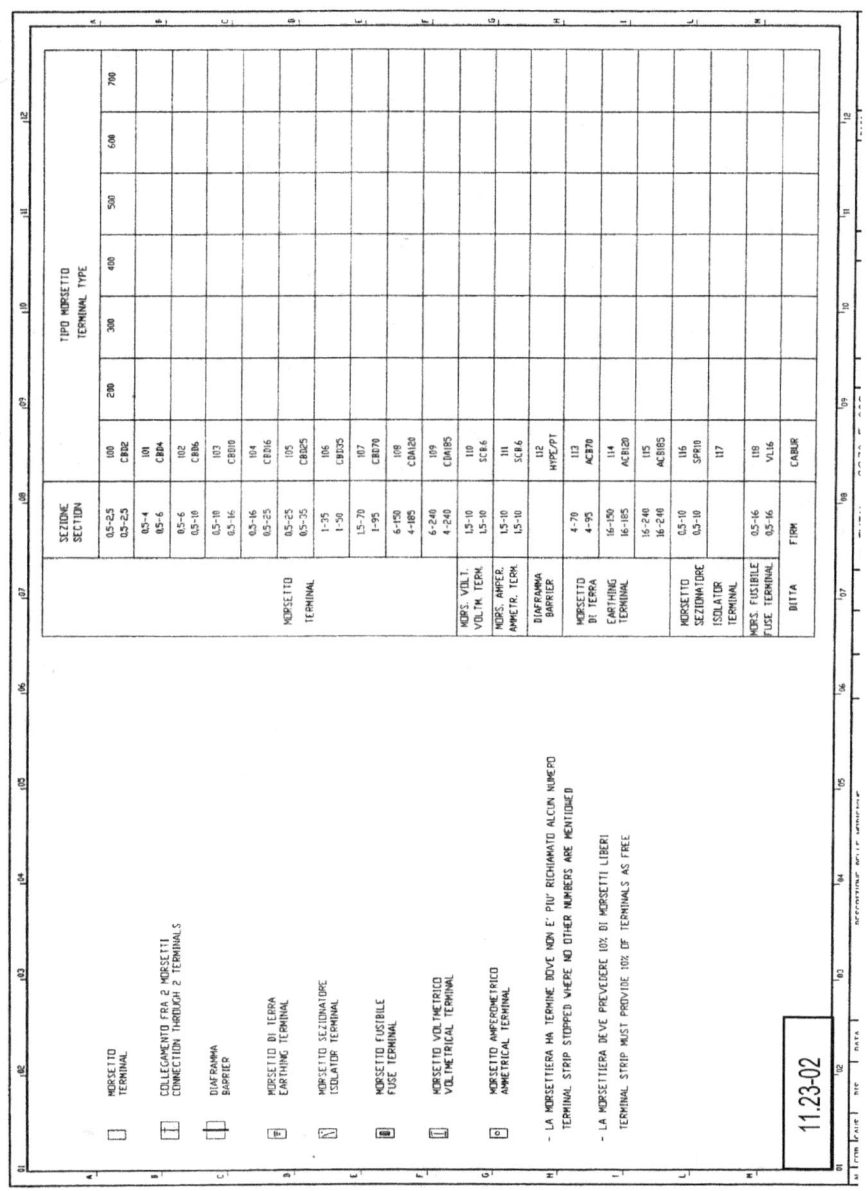

fig. 22.23-02

Il secondo foglio con numero 22.23- 02 riporta i simboli non previsti dalle norme CEI, che nello schema funzionale indicano la partenza e l'arrivo di in filo conduttore del quadro collegato all'esterno del quadro in oggetto attraverso la morsettiera. L'esempio delle morsettiere della figura 22.23-03 e 21.23-04 è anche uno schema di cablaggio parziale dell'impianto relativo al solo quadro interessato.

Il disegno delle morsettiere è suddiviso in tre sezioni distinte e fra loro interconnesse.

La prima sezione (1) è riferita al quadro in esame e comprende tutte le informazioni e i riferimenti relativi ai collegamenti verso l'esterno.

La seconda sezione (2) è riferita al cavo di collegamento del quadro con l'apparecchiatura esterna o con altri quadri.

La terza sezione (3) si riferisce alla morsettiera di arrivo e può indicare la morsettiera di un quadro, di una cassetta di derivazione, di una apparecchiatura o di un qualsiasi componente.

Tutti i segnali prelevati all'esterno si riferiscono ad apparecchiature in stato di riposo e senza alimentazione a meno che non venga diversamente specificato vicino al contatto nello schema di utilizzazione del contatto.

A   è la numerazione dei fili interni alla cella di alimentazione del   trasformatore dei   servizi ausiliari nel quadro QMT

B   è il tipo di morsetto in base alla grandezza e alla funzione stabilito nella tabella del foglio 21.23-02.

C   è la numerazione dei morsetti della cella corrispondenti alla numerazione dei numeri dei fili

D   è la rappresentazione dei collegamenti fra i morsetti della morsettiera

E   è la formazione fisica della morsettiera con i simboli del figlio 11.23-02

F   è la rappresentazione di eventuali intercollegamenti di uscita

G   è la rappresentazione dei cavi di partenza e della numerazione in arrivo

H   è il numero di identificazione del cavo che comparirà nell'elenco dei cavi di cablaggio e l'indicazione della formazione e della sezione dei conduttori

L   è la rappresentazione del cavo in arrivo con la numerazione del cavo in partenza

M   è la numerazione dei morsetti in arrivo

N   è la denominazione del quadro o dell'apparecchio in arrivo

APPARECCHIATURA COLLEGATA (3)			CAVO (2)				QUADRO QMT (1)			
SIGLA APPARECCH. COMPONENT REF. ITEM	MORSETTO N. TERMINAL	LUNGHEZZA LENGHT	GRADO ISOL. INOL. DEGRE	N. IDENTIFICAZ. FORMAZIONE IDENTIF NUMBER DIMENSIONS	IDENTIF MORSETT TERMINAL IDENTIF		MORSETTO TERMINAL N.	TIPO TYPE	NUMERO NUMBER	
M.V. BOARD 12KV (220V 50Hz SUPPLY) QMT	X1-3	1		8-500	3		1		38.01	
	X1-4	2		4x6	4		2		39.02	
M.V. BOARD 12KV (220V 50Hz SUPPLY) QMT	XG1-1	3		8-501	1		3			
	XG1-2	4		4x6	2		4	102		
110V D.C BOARD (110V DC SUPPLY) QCC	B2-1	5		8-451	1		5		36.01	
	B2-2	6		4x6	2		6		36.02	
							7			
							8			
CONTROL DESK (5A CURRENT CIRCUIT)	XTR1-1	9			1		9		20.05	
	XTR1-2	10		8-110	2		10		20.02	
	XTR1-3	11		4x6	3		11		20.06	
BC	XTR1-4	12			4		12		20.04	
PROTECTION BOARD (5A CURRENT CIRCUIT)	XTR1-3	13			3		13	111	20.11	
	XTR1-4	14		8-113	4		14		20.12	
	XTR1-5	15		4x6	5		15		20.13	
	XTR1-6	16			6		16		20.14	
	XTR1-7	17		8-114	7		17		22.61	
QPR	XTR1-8	18		4x6	8		18		20.62	
M.V. BOARD 12KV (100V 50Hz POT. CIRCUIT)	X1-11	19			10		19		20.21	
	X1-12	20		8-112	12		20	110	20.22	
	X1-13	21		4x6	13		21		20.23	
QMT	X1-14	22			14		22			
							23			
							24			
							25			
							26			
CONTROL DESK (110V DC CONTROL)	XTR1-5	27			5		27		36.03	
	XTR1-6	28			6		28		36.05	
	XTR1-7	29			7		29		36.08	
							30			
	XTR1-9	31		8-200	9		31		37.05	
	XTR1-10	32		14x1.5	10		32		37.06	
	XTR1-11	33			11		33		37.07	
	XTR1-12	34			12		34		37.17	
	XTR1-13	35			13		35		37.18	
BC	XTR1-14	36			14		36		37.21	
							37			
L.V. DISTRIBUTION BOARD	X1-18	38			18		38		37.01	
(110V DC CONTROL)	X1-19	39		8-201	19		39		37.02	
	X1-16	40		7x1.5	16		40		37.03	
QCC	X1-17	41			17		41		37.04	
							42			
							43	101		
							44			
							45			
PROTECTION BOARD (110V DC CONTROL) QPR	XTR1-9	46		8-202	9		46		36.03	
	XTR1-10	47		4x2.5	10		47		36.05	
FROM COMMON STATION AUX (PLC DIGITAL INPUT)	66	48			66		48		37.08	
	67	49			67		49		37.09	
	68	50			68		50		37.10	
	69	51			69		51		37.15	
	70	52			70		52		37.16	
							53		37.11	
					8-203			54		37.12	
					14x1.5			55		37.13	
							56		37.14	
							57		37.19	
	71	58			71		58		37.20	
	64	59			64		59		20.71	
QC1	65	60			65		60		20.72	
COMMON STATION AUX (4 20mA)	9	61		8-100	9		61		20.73	
QC1	10	62		7x1.5	10		62		20.74	

CELLA TRASFORMATORE SERVIZI AUSILIARI

N   M   L   H   G   F   E   D   C   B   A

foglio 11-38   fig.22.23-03

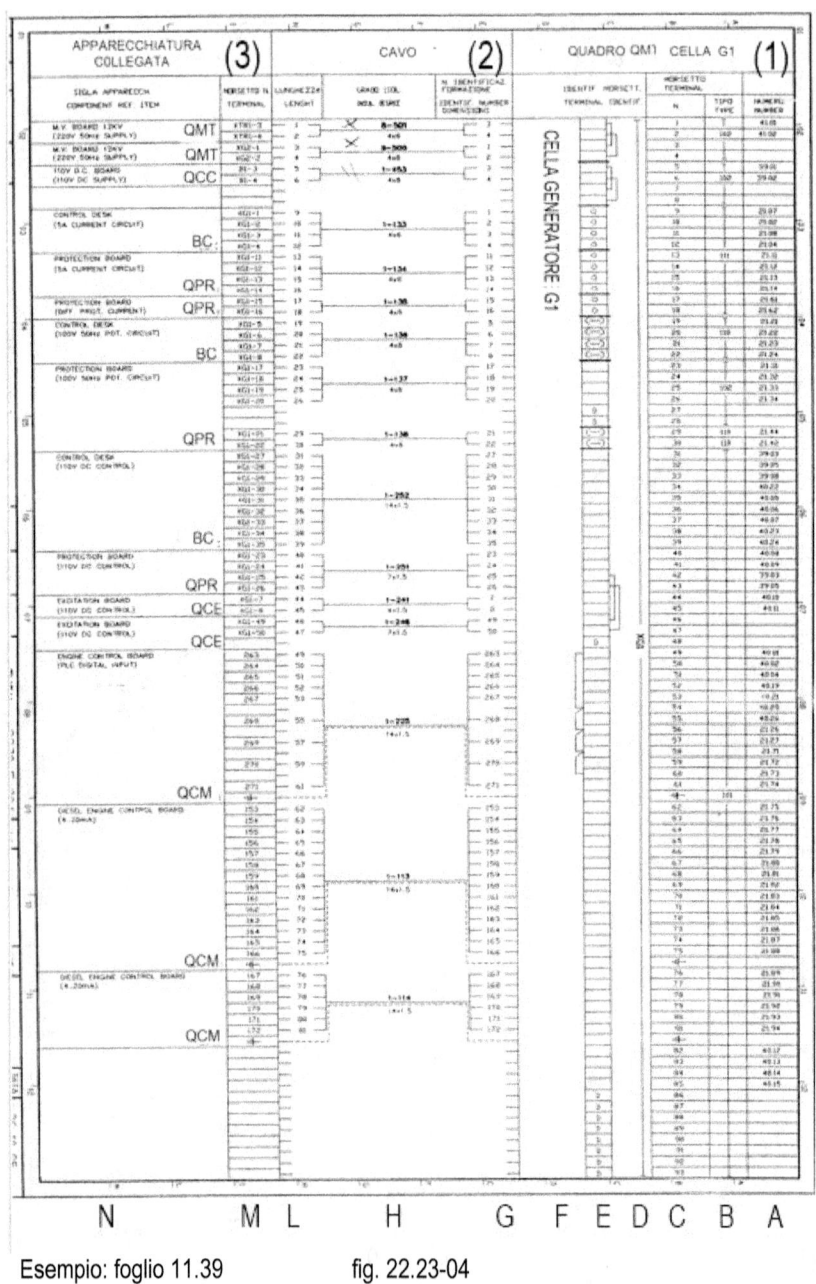

Esempio: foglio 11.39   fig. 22.23-04

Così ad esempio il disegno 22.23-03 della morsettiera può essere letto come segue partendo dalla morsettiera del quadro di media tensione QMT (1) (supposto e non rappresentato negli schemi che precedono):

I fili 01 e 02 del foglio 38 dello schema del quadro di media tensione identificati con i numeri 38.01 e 38.02 nella colonna A sono collegati alla morsettiera di uscita E del quadro di media tensione QMT (1) nella cella F del trasformatore ai numeri 1 e 2 rispettivamente.

Nella colonna B i morsetti sono identificati di tipo 102 con sezione nominale fino a $4m^2$.

La morsettiera è rappresentata nella composizione fisica E numerata come è indicato nella colonna C.

I fili sono collegati ai morsetti 1 e 2 della morsettiera E sono collegati in parallelo ai morsetti 3 e 4 che vanno ad alimentare la cella 22.23-03 e la cella 22.23-4.

Dalla morsettiera E partono i cavi 8-500 e 8-501 con formazione $4 \cdot 6 \ mm^2$.

I morsetti 1-2-3-4 della morsettiera E diventano 3-4-1-2 nella morsettiera di arrivo M.

La rappresentazione dei cavi di alimentazione di motori elettici, riscaldatori o altre utenze segue lo stesso criterio, ma l'arrivo avviene direttamente nell'ausiliario considerato senza la morsettiera del quadro M.

Lo schema del cablaggio indicato nello sviluppo delle morsettiere a partire dal quadro in esame QMT indica per questo quadro tutti i cavi in partenza esclusi i grossi cavi di potenza in arrivo in media tensione.

Per tutti i quadri indicati nella zona N sarà prevista una morsettiera con i relativi collegamenti in maniera simmetrica rispetto a quelli presi in esame.

22.4   DEFINIZIONE DELLO SCHEMA GENERALE DI CABLAGGIO

Il cablaggio dei cavi rilevato sui disegni delle morsettiere dei quadri e delle apparecchiature non è di immediata utilizzazione perché non permette di avere una visione rapida della quantità di cavi da stendere e della loro destinazione.

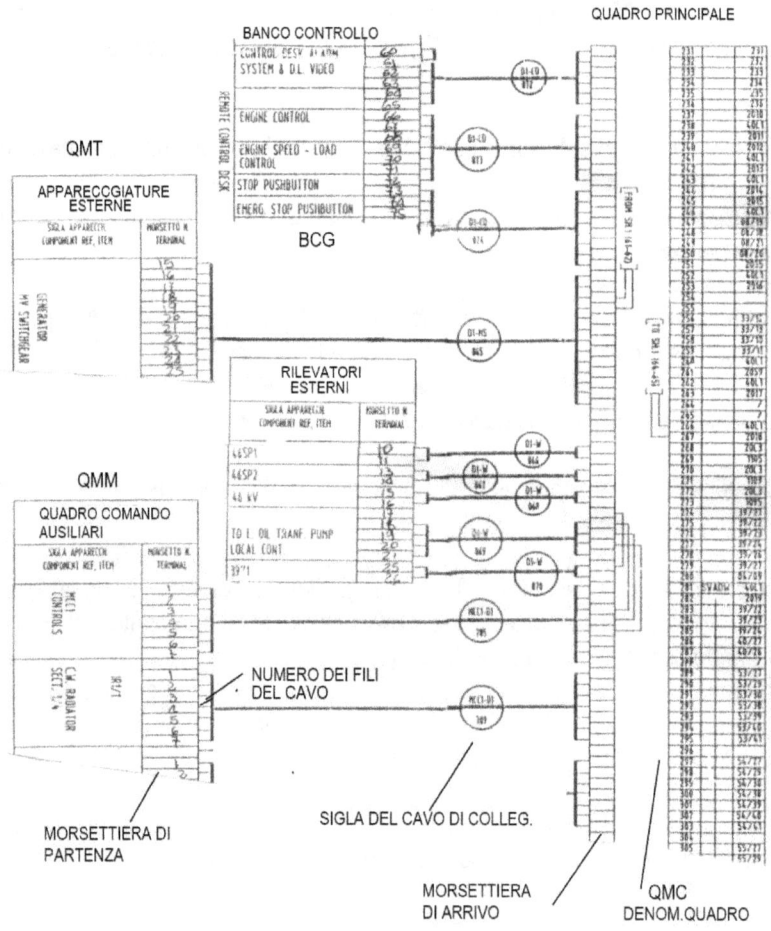

fig.22.31

Non è pertanto utile per una stesura ordinata dei cavi e neppure per una valutazione quantitativa che permetta di valutare grandezza e percorsi dei cavi.
Negli impianti a sviluppo limitato viene realizzato uno schema di cablaggio generale del tipo rappresentato nella figura 22.31
Nei grandi impianti questo tipo di schema diventa troppo laborioso per soddisfare le esigenze di una buona rappresentazione delle vie cavi e non permette una facile individuazione dei cavi da stendere fra i diversi elementi.

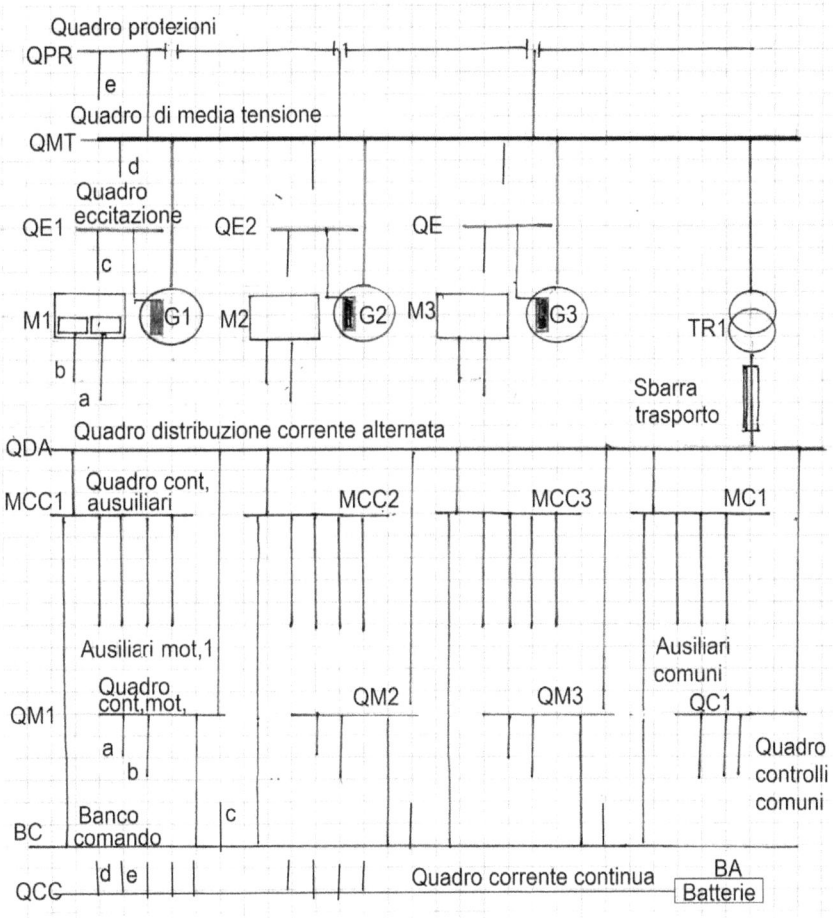

fig. 22.32

Viene allora sviluppato uno schema del tipo di figura 22.32 nel quale ogni quadro e ogni elemento dell'impianto è individuato da una linea spessa dalla quale partono tutti i cavi collegati al punto di arrivo senza indicazione delle morsettiere. Per ogni quadro può essere poi sviluppato un disegno specifico nel quale sono rappresentati tutti i cavi uscenti con indicazione del punto di arrivo, del numero di cavo, della sua formazione e del percorso di posa, Un esempio è fornito dalla figura 22.33.

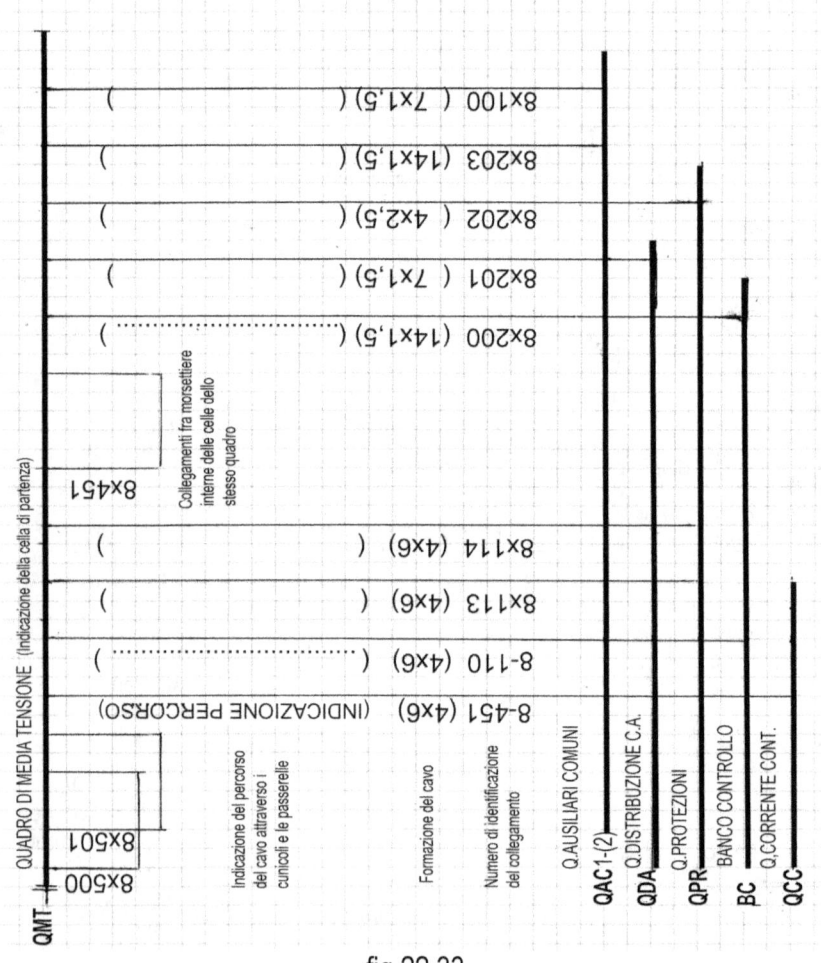

fig.22.33

22.5 ELENCO COMPONENTI DEL QUADRO

La quantificazione dei componenti del quadro indicati nello schema funzionale è eseguita nell'elenco materiali.

Nell'elenco materiali sono indicati tutti i componenti del quadro e sono precisate le sigle che compaiono nello schema e il tipo costruttivo e il fornitore scelto. L'elenco materiali è l'ultimo documento di un quadro e viene sviluppato seguendo uno schema di raccolta del tipo della figura 22.41.

=La posizione indica la successione delle voci in un elenco (1, 2, 3,...n). Il numero di foglio continua nei fogli successivi (22.41-01, 22.41-02...n.)

=La sigla dei componenti uguali del quadro è riportata nella stessa casella con il numero di foglio dello schema. (21PC il pulsante PC è utilizzato nel foglio 21. Lo stesso pulsante è utilizzato nei fogli 23 (23PC) e 24 (24PC). Tutte le sigle dei componenti uguali sono riportate nell'elenco.

=Componenti fisicamente uguali, ma anche con una sola caratteristica o precisazione diversa vanno raccolti in caselle diverse. (Hanno ad esempio caratteristiche diverse i pulsanti PC e PA che si differenziano per il nome e per il solo colore dell'attuatore che è rosso per il pulsante PC e verde per il pulsante PA e risultano pertanto diversi fra loro.

=La denominazione del componente indica la sua funzione assegnata nel quadro. (21PC, 23PC,24PC identifica pulsanti di chiusura o di avviamento.

=La casella della ditta costruttrice identifica il fabbricante del componente. (Nell'esempio il costruttore è la compagnia CGE)

=La casella del tipo individua l'apparecchio di serie del costruttore attraverso la sigla commerciale indicata nel catalogo.

=Il disegno identifica l'apparecchio del costruttore e richiama le caratteristiche di impiego il disegno di ingombro e di montaggio.

Questo disegno è importante per disporre degli elementi fisici del componente per la ricerca di un elemento corrispondente se il costruttore ha smesso quella produzione e permette la ricerca di un elemento sostitutivo con le stesse caratteristiche di installazione e le stesse caratteristiche elettriche per il ripristino.

DOCUMENTO DI IDENTIFICAZIONE

POS. Pos.	SIGLA Item	DENOMINAZIONE Denomination	DITTA Firm	TIPO Type	DIS. Drwg.	TAVOLA Plate	QUANTITA' Quantity	RICAMBI Spare parts
1	23-BC	FUNZIONE E PRINCIPALI CARATTERISTICHE	ELETTROCOND	S282C	CATALOGUE ELETTROCOND		1	
2	21-PC 23-PC 24-PC		C.C.E.	P9WFNVG + P9810WN	CATALOGUE C.C.E.		3	
3	21-PA 23-PA 24-PA		C.C.E.	P9WFNRG + P9810WN	CATALOGUE C.C.E.		3	
4	21-HL1 23-HL1 24-HL1		C.C.E.	P9WLRD + P9FRNVJ	CATALOGUE C.C.E.		3	
5	21-HL2 23-HL2 24-HL2		C.C.E.	P9WLVD + P9PRNVJ	CATALOGUE C.C.E.		3	
6	21-HL3 24-HL3		C.C.E.	P9WLBD + P9FRNVJ	CATALOGUE C.C.E.		2	
7	23-HL3		CABUR	CBD4	CATALOGUE CABUR		13	
8	29-FU3		ELETTROCOND.	E32/32	CATALOGUE ELETTROCOND.		1	
9	29-23		FANCOS	C10a	CATALOGUE FANCOS		1	
10	29-SH..		FER	FER200-220	CATALOGUE FER		1 FOR EACH COLUMN	

QUANTITA' NELLA COLONNA

QUANTITA' RICAMBI

DOCUMENTO DI RIFERIMENTO

TIPO DI COMPONENTE

NOME DEL COSTRUTTORE

SIGLA DEI COMPONENTI DI UNA COLONNA DEL QUADRO

NUMERO PROGRESSIVO DELL'ELENCO MATERIALI (SEGE 20..)

fig. 22.41

174

=Tavola è un numero che individua la categoria del disegno come documento negli archivi del progettista.

=Quantità è il numero di pezzi uguali impiegati in tutto il quadro. In questo caso nella voce sigle devono essere riportate tutte le sigle di quel tipo di componente inserite nel quadro

=Quantità di ricambi è il numero di pezzi forniti all'impianto come ricambi di riserva.

Completa la documentazione il manuale di funzionamento, uso ed eventuale manutenzione.

CAPITOLO 23   Specifica di ordinazione di un pc a cassetti estraibili

23.1   SPECIFICA PER L'ORDINE DEI PC

La specifica per l'ordine di un PC è il documento che raccoglie le informazioni che determinano i rapporti fra committente e costruttore.   Può non essere necessario quando il progetto e le informazioni necessarie sono già raccolte completamente nel progetto del committente.

Nel seguito viene dato un esempio, comunque da completare e da adattare alle necessità di una costruzione specifica,

= Il quadro PC rappresentato nei disegni 22.11 oggetto della fornitura è un quadro a cassetti estraibili e in parte a cassetti fissi per i piccoli interruttori utilizzato per distribuzione di corrente alternata a 380 V-50 Hz per sistemazione all'interno in ambiente industriale, distante dal muro almeno 0,9 m minimi, costituito da 6 scomparti.

Il quadro sarà completamente chiuso sui 4 lati e verrà costruito in lamiera presso piegata dello spessore minimo di 20/10 mm costruito secondo il disegno 22.11-05÷08 e realizzerà lo schema di distribuzione rappresentato nei fogli del disegno 22.11-12÷ 30 con morsettiera di uscita equipaggiata secondo i fogli 22.11-31÷37.

La costruzione sarà eseguita nel rispetto delle norme CEI e delle norme ....(specificate quando diverse)

= I sei scomparti nei quali il quadro è suddiviso prevedono ciascuno:

=Una zona celle anteriore nella quale sono sistemati i cubicoli separati contenenti ciascuno un interruttore con i necessari attuatori e montati sullo sportello incernierato i commutatori, i pulsanti, le lampade e la maniglia di blocco a chiave dello sportello.

I cubicoli chiusi manterranno segregati gli interruttori fra i cubicoli adiacenti e lo sfogo dei gas ionizzanti generato dall'apertura degli interruttori sarà limitato e diretto verso la zona sbarre.

=I cubicoli avranno una robustezza sufficiente a sopportare il peso delle apparecchiature, gli sforzi di manovra in regime normale e le sollecitazioni elettrodinamiche in caso di guasto.

=Una zona sbarre posteriore con le sbarre di distribuzione e quelle di derivazione con i riduttori di corrente, quando sono previsti o richiesti gli amperometri di cella.

Le sbarre saranno comuni e segregate per i sei scomparti, dalla zona cavi di uscita, mediante settori di lamiera asportabili.

=Una zona cavi chiusa per i cavi di potenza e una zona separata per i cavi. di comando e di segnalazione

=Gli interruttori saranno di tipo estraibile equipaggiati con base fissa portante con contatti di innesto e dispositivi di sicurezza che provocano lo scatto in caso di manovra errata di estrazione o inserzione con interruttore chiuso. Gli interruttori saranno equipaggiati con dispositivi di scorrimento e di blocco e con connettori per o circuiti di controllo e comando.

=Con interruttore estratto o sezionato è possibile intervenire sul corrispondente circuito di uscita di potenza collegato anche se il quadro è in tensione. Per intervenire sui circuiti di comando deve essere esclusa l'alimentazione generale dei controlli e l'operazione può essere eseguita con circuiti fuori tensione.

 =Con interruttore sezionato è possibile chiudere la portella anteriore ed è altresì possibile comandare in prova la chiusura e l'apertura dell'interruttore sezionato.

=I quadri saranno provvisti di una sbarra generale di terra con 200 mm^2 di sezione che corre per tutta la lunghezza alla quale devono essere connesse tutte le parti metalliche non attive del quadro, l'intelaiatura, le portelle, i neutri dei trasformatori di corrente e di tensione.

=La sbarra di messa a terra verrà predisposta per il collegamento alla rete generale di terra alle due estremità.

= Le sbarre saranno dimensionate per sopportare in modo continuativo la corrente nominale senza superare la temperatura di progetto nelle condizioni estreme di temperatura ambiente e dovranno sopportare la sollecitazione di corto circuito senza deformazioni permanenti. Le sbarre saranno sistemate nella apposita zona del quadro e dovranno essere predisposte per consentite un possibile ampliamento.

=-La zona delle sbarre dovrà essere completamente segregata dalle altre zone del quadro. L'"accesso alle sbarre sarà possibile dalla zona cavi dopo l'asportazione delle lamiere di divisione.

=I supporti delle sbarre saranno realizzati con materiale isolante, non igroscopico e non propagante la fiamma.

=Un adeguato raffreddamento potrà essere garantito da apposite aperture di ventilazione. Il rapporto fra il carico di rottura della sbarra e la massima sollecitazione elettrodinamica sarà uguale o maggiore di 2,5.

Le sbarre avranno le seguenti caratteristiche:

=Tensione nominale di esercizio	400 V
=Tensione nominale di isolamento	600 V
=Tensione di prova a 50 Hz per 60 sec	2,5 kV
=Frequenza	50 Hz
=Corrente nominale termica per 1 sec.	35 kA
=Corrente limite dinamica	90 kA
=Corrente nominale delle sbarre	2000 A
=Corrente di corto circuito simmetrico	40 kA

23.2 INTERRUTTORI

Gli interruttori in aria di tipo DEION a deionizzazione magnetica ad arco corto saranno estraibili e potranno assumere le posizioni di inserito, prova e sezionato.

- INSERITO è la posizione di normale funzionamento con circuiti principali e ausiliari collegati e possibilità di comando di chiusura e di apertura elettrico e manuale.

- PROVA è la posizione di interruttore nella quale sono sezionati i circuiti di potenza, sono inseriti tutti i circuiti di controllo e si possono comandare la chiusura e l'apertura dell'interruttore per le prove in bianco.

- SEZIONATO è la posizione nella quale sono esclusi sia i comandi principali che quelli ausiliari.

In qualsiasi posizione dell'interruttore è possibile chiudere lo sportello della sua cella. L'interruttore può essere spostato da una posizione ad un'altra di interruttori uguali solo con contatti principali aperti.

Gli interruttori saranno equipaggiati con relè di protezione per massima corrente di tipo a scatto istantaneo se alimentano carichi singoli e saranno equipaggiati con relè a tempo dipendente se alimentano quadri di distribuzione oppure MCC.

Gli interruttori con comando a motore devono essere dotati di comando di emergenza manuale che permette di effettuare apertura e chiusura in mancanza di alimentazione ai comandi.

Gli interruttori prevedono un blocco di sicurezza a chiave che impedisce la chiusura sia locale che a distanza.

La carica delle molle del sistema di comando è attuata con motore elettrico alimentato dal sistema di controllo e in emergenza da una leva per il comando manuale di carica delle molle.

Gli interruttori sono dotati di contatti ausiliari per segnalazione e i comandi.

23.3   TRASFORMATORI DI MISURA

=I trasformatori di tensione saranno isolati in aria e avranno una tensione nominale secondaria di 100V e saranno ubicati nella zona cavi in corrispondenza della cella di misura e saranno installati in modo da essere separati dalla morsettiera di uscita del quadro perché previsti per la sola misura.

= I trasformatori di tensione per le misure fiscali sulle sbarre saranno protetti con fusibili unipolari sul primario e avranno cavi di connessione separati dalla cavetteria ausiliaria protetti da propri tubi metallici flessibili.

=I trasformatori di corrente con corrente nominale di 5 A dovranno poter funzionare per un tempo indefinito con secondario aperto senza l'inserzione di valvole di tensione.

23.4   CIRCUITI DI BASSA TENSIONE

= Gli strumenti di misura di forma quadrata 96x96 saranno di classe 1,5.

= I relè ausiliari e a tempo saranno di tipo sporgente e sistemati nei cubicoli e corrisponderanno ai tipi utilizzati dal committente negli altri quadri I tipi di relè e precisati nel documento 1X....

=Gli interruttori automatici di protezione dei circuiti ausiliari saranno dotati di contatti ausiliari 3NA+3NC.

=L'alimentazione dei circuiti ausiliari dei quadri sarà realizzata con cavi in PVC non propaganti la fiamma unipolari passanti attraverso gli scomparti:

=La tensione di comando dei circuiti in CC sarà 110V+15%-10%

=La sezione dei conduttori amperometrici sarà do 6 mm^2 e per gli altri circuiti 2,5 mm^2. Grado di isolamento 4KV, esecuzione multifilare flessibile.

=I cavi di potenza e controllo saranno segregati fra loro.

=I quadri saranno dotati di scaldiglie in ogni sezione. Saranno alimentati a 220V 50Hz e avranno controllo termostatico

= Ogni scomparto prevedrà morsettiere di potenza e di controllo per i collegamenti esterni.

=I morsetti amperometrici saranno cortocircuitabili, i morsetti voltmetrici saranno sezionabili.

23.5   ALTRE PRECISAZIONI O ALTRE RICHIESTE

Verranno inoltre precisate le caratteristiche ambientali, i trattamenti di verniciatura, le ispezioni e i controlli durante la fabbricazione, gli accessori per il sollevamento e introduzione dei quadri le prove di collaudo e le prove prima della messa in funzione,

Il quadro verrà fornito completo e funzionante pronto per l'installazione dopo l'esecuzione delle prove concordate.

Saranno compresi nella fornitura del costruttore tutti gli accessori di installazione e montaggio necessari anche se non specificati per il completamento del quadro.

CAPITOLO 24 QUADRI MCC

24.1 QUADRI QCM PER ALIMENTAZIONE AUSILIARI ELETTRICI

I quadri controllo motori QCM sono quadri fissi utilizzati per l'alimentazione di un numero limitato di motori elettrici per azionamento di pompe, compressori, ventilatori trascinatori meccanici o per l'alimentazione di riscaldatori o altri ausiliari legati al funzionamento di una macchina o di un impianto asservito a una macchina specifica. La configurazione costruttiva tipica è quella del quadro rappresentato nella figura 24.11.

CAET

fig. 24.11

Un unico cavo di alimentazione arriva al quadro. All'ingresso del quadro può essere installato un sezionatore di manovra o un interruttore automatico con protezione amperometrica.

L'apparecchio installato distribuisce l'alimentazione a tutte le utenze collegate a valle. Si può intervenire all'interno del quadro solo dopo aver intercettato l'alimentazione aprendo l'interruttore o il sezionatore di ingresso.

Questa condizione limita la possibilità di utilizzare questo quadro a meno che la perdita di un ausiliario non comporti la perdita del servizio di una macchina oppure un ausiliario possa essere intercettato o escluso prima di chiudere l'interruttore generale di alimentazione.

Il circuito di ogni utenza è costituito da un sezionatore portafusibili tripolare con azionamento manuale, un contattore di manovra e un relè magnetotermico di protezione. Il sezionatore può essere aperto per isolare l'uscita o può venire aperto per sostituire un fusibile intervenuto.

Queste operazioni possono essere eseguite solo aprendo il quadro e il relè magnetotermico di ogni utenza può essere ricaricato solo a quadro aperto.

fig.24.12

Il quadro della figura 24.12 può essere equipaggiato per servizi diversi da quelli di figura 24.11. Le utenze sono raggruppate in tre diversi scomparti indipendenti dello stesso quadro alimentati dallo stesso interruttore di ingresso che non richiede di essere aperto per accedere ad uno qualsiasi dei tre scomparti.

24.2   QUADRI MCC A CASSETTI FISSI

I quadri MCC sono quadri per il comando di motori e altre utenze per l'installazione di apparecchiature di manovra entro cassetti separati e indipendenti. Ogni cassetto è dotato di un proprio sportello per l'accesso all'apparecchiatura interna che risulta completamente segregata da quella degli altri cassetti.

La funzione di questo tipo di quadro e quella di permettere interventi sicuri su una apparecchiatura lasciando in servizio tutte le altre.   I primi quadri con pannelli separati uno per motore o utenza elettrica corrispondono alla soluzione costruttiva della figura 24.21. È possibile osservare che ogni avviatore è montato

 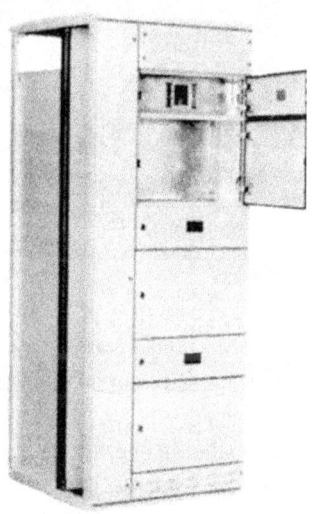

fig. 24.21

su una propria piastra e che le piastre montate sul fondo sono separate fra loro. La pulsantiera di comando, le lampade di segnalazione e i commutatori di predisposizione possono essere montati su ogni sportello oppure possono essere concentrati nello sportello in alto.

Sul tetto del quadro sono installati i ventilatori di aerazione con i relativi filtri.

Il quadro MCC moderno prevede che ogni cella sia completamente segregata dalle altre e che l'accesso all'apparecchiatura interna sia possibile aprendo il portello frontale dopo aver aperto l'interruttore o il sezionatore di alimentazione che è interbloccato con il portello. All'apertura dell'interruttore, il cassetto è fuori tensione fatta eccezione per i morsetti di ingresso dell'alimentazione all'interruttore collegato alle sbarre posteriori di distribuzione.

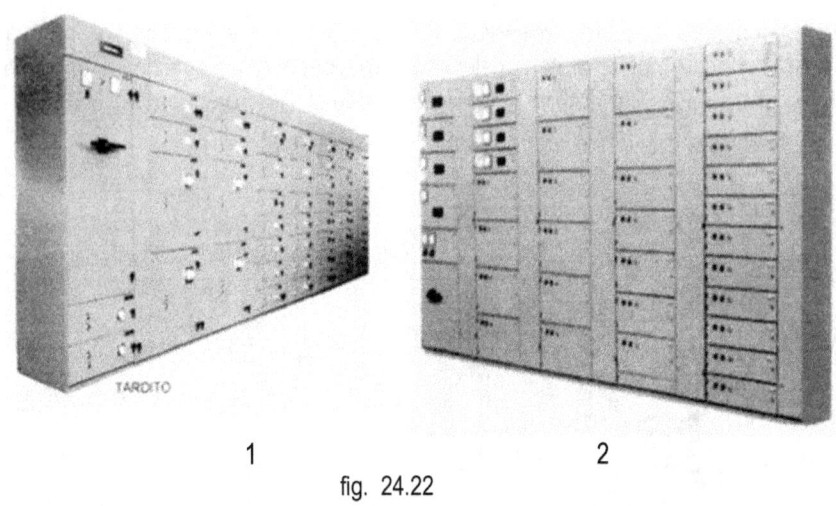

1   2

fig. 24.22

Con interruttore aperto è possibile intervenire sulla rimanente parte del cassetto che risulta essere fuori tensione.

Ogni unità è separata dalle altre e si può intervenire in ciascuna di esse aprendo il corrispondente interruttore.

Il pannello apparecchiature di uno scomparto può essere asportato dopo averlo sbullonato con quadro completamente fuori tensione.

L'esclusione dell'alimentazione del quadro è necessaria solo per scollegare i collegamenti del cassetto dalle sbarre di alimentazione. I circuiti di controllo fanno capo a un connettore che viene aperto per isolare i comandi e le segnalazioni.

Dopo l'estrazione meccanica del pannello e aver chiuso il portello del cassetto smontato, il quadro può essere rimesso in tensione. Il risparmio economico che si consegue con l'acquisto di questo tipo di quadro è sensibile quando il numero di celle è elevato. Non risulta sempre giustificato per un numero limitato di colonne.

Il quadro MCC a cassetti fissi si presenta come nella figura 24.22-1 quando è utilizzato soltanto per il controllo di motori e come nella figura 24,22-2 quando una parte viene utilizzata come quadro di distribuzione con celle interruttori separate in una o più colonne.

Le colonne di cui è composto il quadro risultano facilmente accoppiabili sui due fianchi e il collegamento delle sbarre principali di alimentazione disposte nella parte posteriore orizzontalmente si effettua con semplici sbarre orizzontali imbullonate fra unità successive come nella figura 24.23.

fig. 24.23

Il collegamento delle sbarre verticali ai diversi cassetti è attuato con semplici derivazioni di cavi flessibili imbullonati sul lato sbarre e inseriti nei morsetti di arrivo dalla parte del cassetto.

fig. 24.24

La figura 23.24 rappresenta l'interno di un gruppo di cassetti di partenza con interruttore e di un gruppo di cassetti con apparecchiature.

I cassetti sono muniti tutti di sportello con serratura a chiave asportabile, sono dotati di blocco meccanico con l'interruttore o il sezionatore di ingresso che impedisce l'apertura del cassetto e l'accesso all'apparecchiatura sotto tensione.

Il quadro MCC a cassetti amovibili di figura 24.25 costituisce una variante del quadro a cassetti fissi nel quale il cassetto e il portello sono montati su un apposito telaio e possono essere estratti dal quadro senza sbullonare i collegamenti.

fig. 24.25

Anche per questa versione del quadro, l'estrazione del cassetto con il suo portello deve essere eseguita con quadro fuori tensione e utilizzando appositi attrezzi di estrazione. Dopo questa operazione il quadro può ancora essere alimentato rendendo disponibili le altre utenze.

L'estrazione del cassetto rende accessibili le sbarre posteriori e per questo motivo questi quadri sono sempre dotati di porte frontali con vetro di protezione.

24.3 QUADRI MCC A CASSETTI ESTRAIBILI

I quadri MCC (MOTOR CONTROL CENTER) in esecuzione a cassetti estraibili derivano dai corrispondenti quadri a cassetti fissi per soddisfare i problemi derivanti dalla necessità di sostituzione rapida di un avviatore non funzionante con uno di riserva a magazzino di uguali caratteristiche in modo da minimizzare le interruzioni dei cicli produttivi.

In molte industrie infatti, le taglie unificate dei motori rendono conveniente creare scorte di avviatori disponibili a magazzino pronte per la sostituzione rapida.

MAGRINI

fig. 24.31

La riduzione delle scorte è ottenuta con la unificazione oculata del numero delle taglie di motori utilizzati nell'impianto.

I quadri MCC sono economicamente convenienti quando le utenze sono molte, ma l'aumento di costo dei quadri a cassetti estraibili rispetto a quelli fissi è quasi completamente compensato dalla riduzione dei tempi morti ottenuta con la sostituzione di un cassetto. Il cassetto smontato può essere successivamente riparato e conservato a magazzino come scorta.

Il quadro MCC a cassetti estraibili è usato per il controllo di motori in bassa tensione, di linee e altre utenze con una elevata concentrazione del numero di ausiliari e conseguentemente di una grande potenza complessiva.   L'aspetto esterno del quadro MCC a cassetti estraibili e simile a quello degli MCC a cassetti fissi. La figura 24.31 rappresenta un quadro a un solo fronte con interruttore generale sul fianco e sbarre di distribuzione posteriori.

Le colonne sono normalmente assiemate una di seguito all'altra. Quando il numero di motori è molto elevato i quadri MCC possono essere a due fronti contrapposti come nella figura 24.32

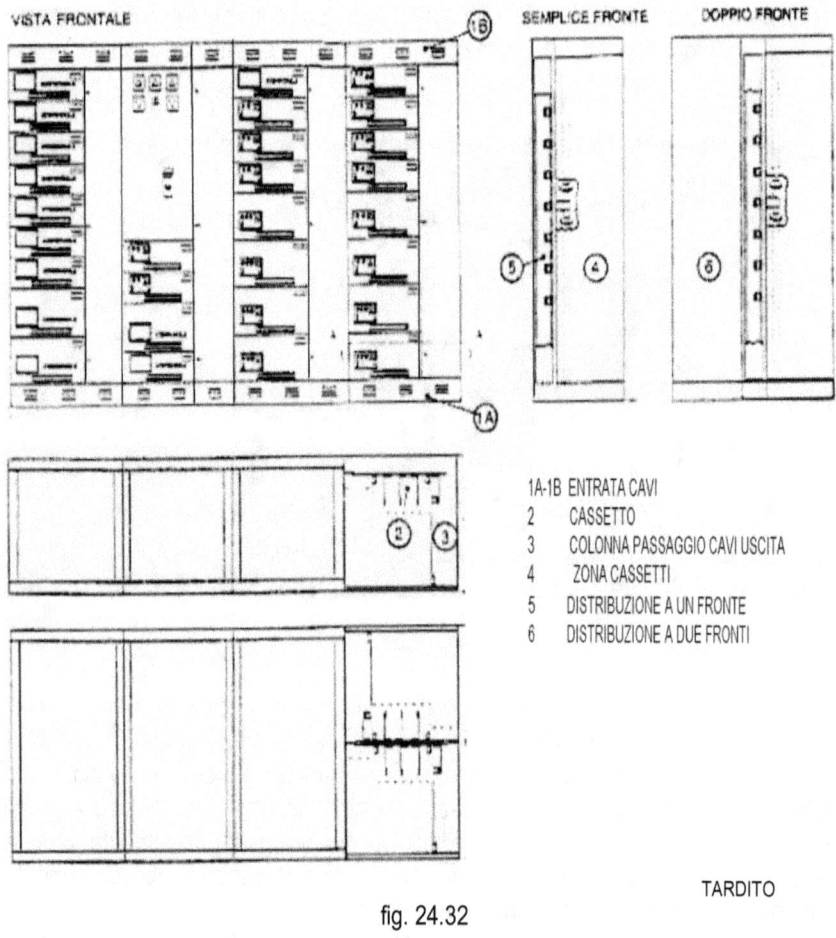

1A-1B ENTRATA CAVI
2   CASSETTO
3   COLONNA PASSAGGIO CAVI USCITA
4   ZONA CASSETTI
5   DISTRIBUZIONE A UN FRONTE
6   DISTRIBUZIONE A DUE FRONTI

TARDITO

fig. 24.32

Il quadro a doppio fronte permette di dimezzare la lunghezza, ma la sua profondità diventa un poco inferiore al doppio di quella di un quadro a un solo fronte. Nel quadro bifronte il sistema di sbarre rimane comune. L'uso di questo tipo di quadro permette di ridurre lo spazio e le opere civili di installazione e diventa estremamente pratico nel controllo di macchinari identici in aree contigue. La potenza controllabile diventa elevata perché le sbarre possono essere dimensionate per portate nominali di 600, 1200, 1600 Ampere e oltre.

Nei quadri a semplice e doppio fronte i cassetti uguali sono intercambiabili. L'uscita dei cavi delle utenze avviene sempre attraverso la colonna di passaggio dei cavi equipaggiata lateralmente come in figura 23.33 con mezzi di fissaggio dei cavi all'uscita di ogni cassetto. Nei quadri a uno o due fronti i cassetti rimangono tutti indipendenti.

fig. 24.33

La figura 23.34 rappresenta un quadro MCC con cassetti piatti realizzata per disporre di un quadro ad elevata concentrazione di ausiliari su un unico fronte.

Il cassetto in questo caso presenta una maggiore larghezza e il quadro una maggiore profondità.

Questo tipo di MCC viene costruito per semplificare il sistema di sbarre rispetto a un quadro a doppio fronte e rendere più facili le operazioni di manutenzione rispetto ai quadri a un solo fronte ma soprattutto per poter controllare tutti gli ausiliari da un unico fronte.

La figura 24.35 rappresenta schematicamente il meccanismo di un cassetto. Le apparecchiature elettriche sono sistemate nel cassetto 1 che si muove sulle guide 2.

Il cassetto è dotato di un sistema di spine di potenza 4 che vanno ad inserirsi sulle prese 3 collegate alla sbarra di alimentazione del quadro.

<

fig. 24.34

La corrente prelevata dalle spine 4 attraverso i dispositivi interni raggiunge la spina di uscita 5 che si innesta sulla presa fissa 6 per alimentare l'ausiliario ad essa collegato. La spina 7 si collega alla presa 8 prima dell'innesto delle spine di potenza al fine di permettere l'azionamento dei comandi e di visualizzare le segnalazioni nella posizione di sezionato.

Con cassetto sezionato la presa di alimentazione del quadro viene coperta dalla tendina 9 che impedisce il contatto con le parti in tensione.

I cassetti sono singolarmente corredati di un sistema meccanico azionato manualmente che consente la loro movimentazione lungo le guide.

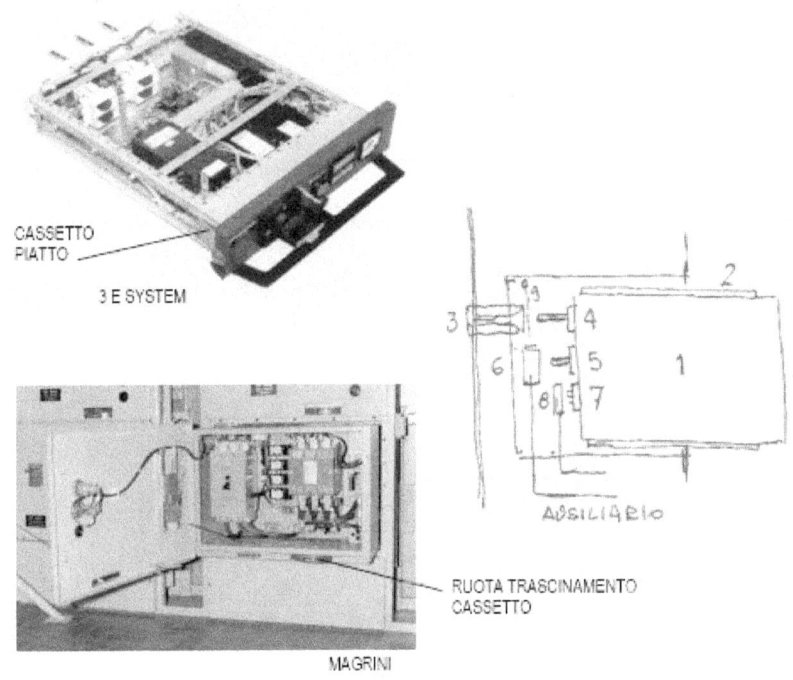

fig. 24.35

Ciascun cassetto potrà assumere le posizioni di :

- *Inserito* e predisposto per il funzionamento
- *Sezionato* con circuiti di potenza disinseriti e circuiti di controllo manovrabili in prova
- *Escluso* con tutti i circuiti di potenza e controllo disinseriti e pronto per l'estrazione
- *Estratto dal cubicolo*

Lo spostamento del cassetto porta apparecchiature è ottenuto con un sistema di trascinamento che muove il meccanismo di movimentazione soltanto dopo che l'interruttore corrispondente, interbloccato con il meccanismo, è stato aperto.   Il cassetto può avere il pannello porta apparecchiature fisso ed in questo caso l'accessibilità interna è ottenuta solo estraendo il cassetto dalla propria sede.

Può anche essere dotato di sportello frontale apribile dopo l'apertura dell'interruttore o del sezionatore del cassetto, sia a cassetto inserito che a cassetto escluso.

La manutenzione può essere eseguita solo con cassetto estratto. Quando il cassetto viene asportato il vano del cassetto rimane vuoto come indicato in figura 24.36

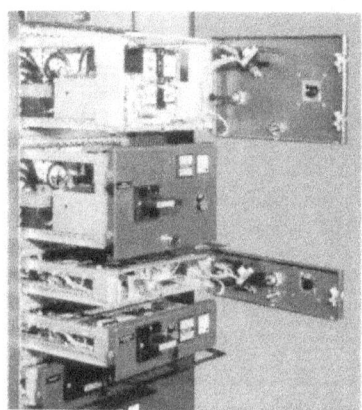 

3 E SYSTEM

fig. 24.36

Con cassetto estratto i terminali di uscita dal quadro sono senza tensione mentre le aperture di innesto della spina di potenza di ingresso al cassetto rimangono in tensione e vengono isolate con la caduta di una tendina   o un diaframma isolante azionato in chiusura quando il cassetto viene sezionato.

La tendina si riapre per l'innesto delle spine quando il cassetto viene inserito.   Con cassetto estratto risultano visibili gli elementi interi e il fronte con le pinze di innesto sulla presa di alimentazione collegata alle sbarre.

I cavi di ciascun cassetto escono dal cunicolo laterale del quadro. L'alimentazione in ingresso arriva attraverso lo stesso cunicolo direttamente al sistema di sbarre collettrici o quando previsto all'interruttore di sezionamento.

L'ingresso dei cavi può essere riportato all'esterno mediante connettori installati sul fianco come nella figura 24.37 adatta a impianti mobili che devono essere frequentemente smontati.

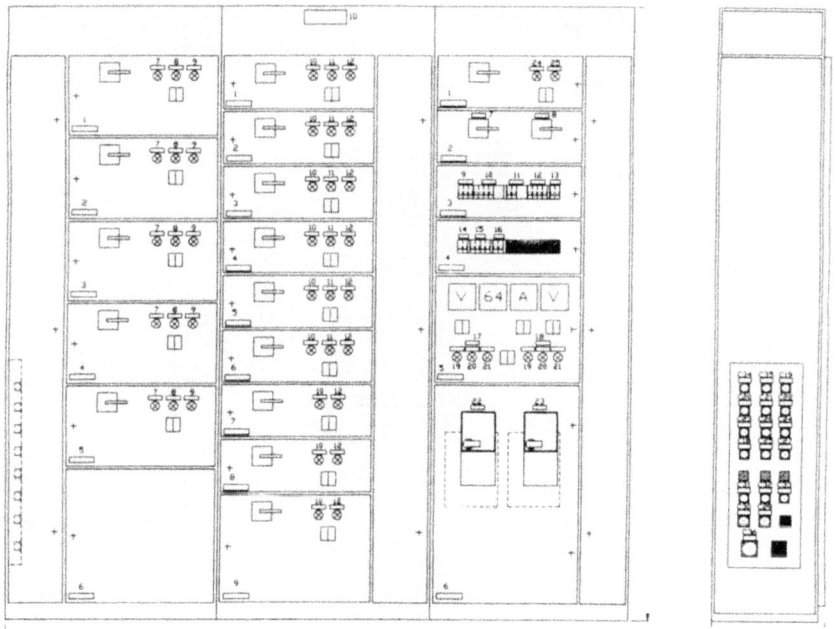

fig.24.37

I quadri MCC hanno strutture robuste, sono facilmente adattabili a qualsiasi combinazione di distribuzione, hanno un ingombro ridotto, si prestano ad essere ampliati, hanno cassetti intercambiabili fra unità corrispondenti, sono facilmente manovrabili e hanno un'alta tenuta alle correnti di corto circuito.

24.4   MCC A DOPPIO FRONTE

Vengono costruiti per ridurre l'ingombro del quadro quando si debbano comandare un numero elevato di utenze. La figura 24.41 rappresenta la sezione di un MCC a fronte unico e di un MCC a doppio fronte con unico sistema di sbarre.

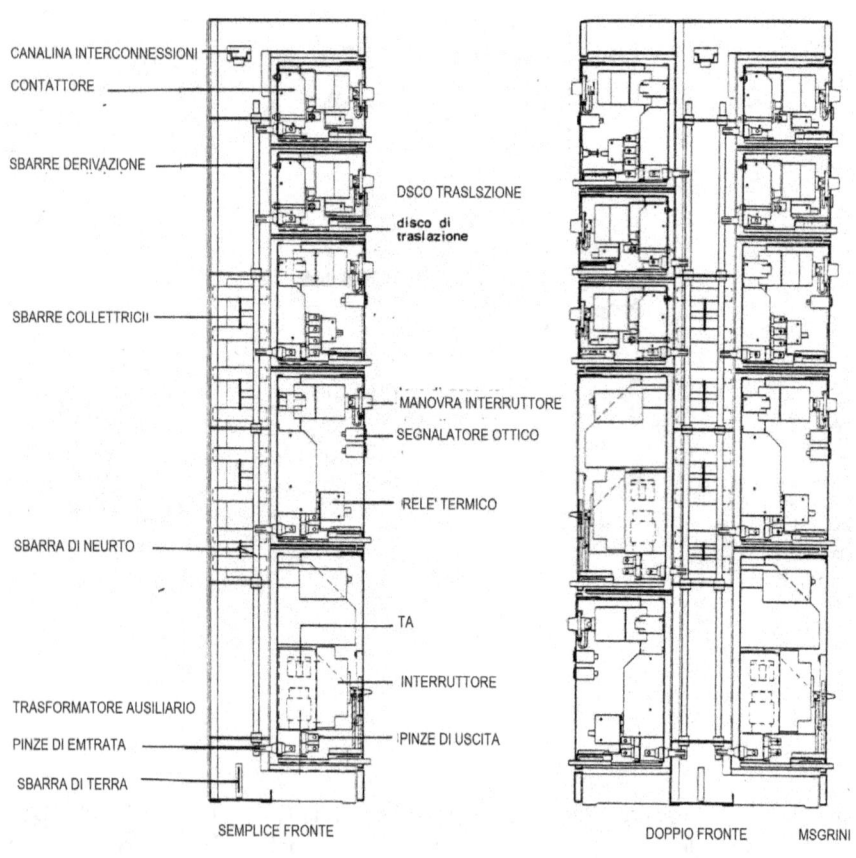

fig.24.41

La profondità si riduce della zona sbarre di un quadro a semplice fronte.

CAPITOLO 25 Schema di MCC

25.1   SCHEMA ALIMENTAZIONE DA PC A CASSETTI ESTRAIBILI

I fogli 01, 02.03.04 riportano le stesse informazioni già riportate nel paragrafo 22.1.
I fogli 05, 06,07,08 riportano l'ingombro e la composizione del quadro.
I fogli 09,10,11 riportano lo schema unifilare

L'entrata dell'alimentazione al quadro è prevista dalla cella B6 del disegno 25.11-05. Il quadro riceve l'alimentazione dal quadro di distribuzione della corrente alternata 22.11-14.
Il quadro viene alimentato chiudendo il sezionatore sotto carico tripolare più terra 89G.
Lo schema di inserzione del sezionatore nel quadro è rappresentato nel foglio 25.11-27.
Chiudendo il sezionatore 89G l'alimentazione raggiunge la sbarra di distribuzione attraversando la cella di misura B1. Nella cella di misura B1 sono inseriti i trasformatori di corrente CT1, CT2, CT3 che alimentano direttamente gli amperometri A1, A2, A3 e una terna di fusibili sezionabili FU1 con corrente nominale 2A. Il commutatore voltmetrico S1 azionato manualmente dall'operatore inserisce il voltmetro V per la misura delle tensioni di fase e delle tensioni catenate.
Il sezionatore sotto carico quando è chiuso alimenta tutti i cassetti del quadro MCC.
=La lettura di tutti gli schemi è la stessa specificata per il cassetto 89/1 a pagina 206 utilizzata come esempio nella descrizione.
=L'alimentazione a 110 V dei cassetti parte dal trasformatore 22TR
=L'alimentazione delle scaldiglie delle due colonne è regolata dal termointerruttore 23. Il circuito è protetto da una coppia di fusibili sezionabili.
=I cassetti 25.11-23, -24, -25, -15 prevedono soltanto un interruttore per alimentare il quadretto di controllo di ausiliari forniti completi pronti per l'utilizzazione appena collegati all'alimentazione
=Il circuito della figura 25,11-28 serve a segnalare al sistema di automazione a distanza che tutti gli ausiliari sono predisposti per il comando a distanza
=Il circuito della figura 25.11-29 serve a segnalare che tutti gli ausiliari sono inseriti e pronti per l'utilizzazione

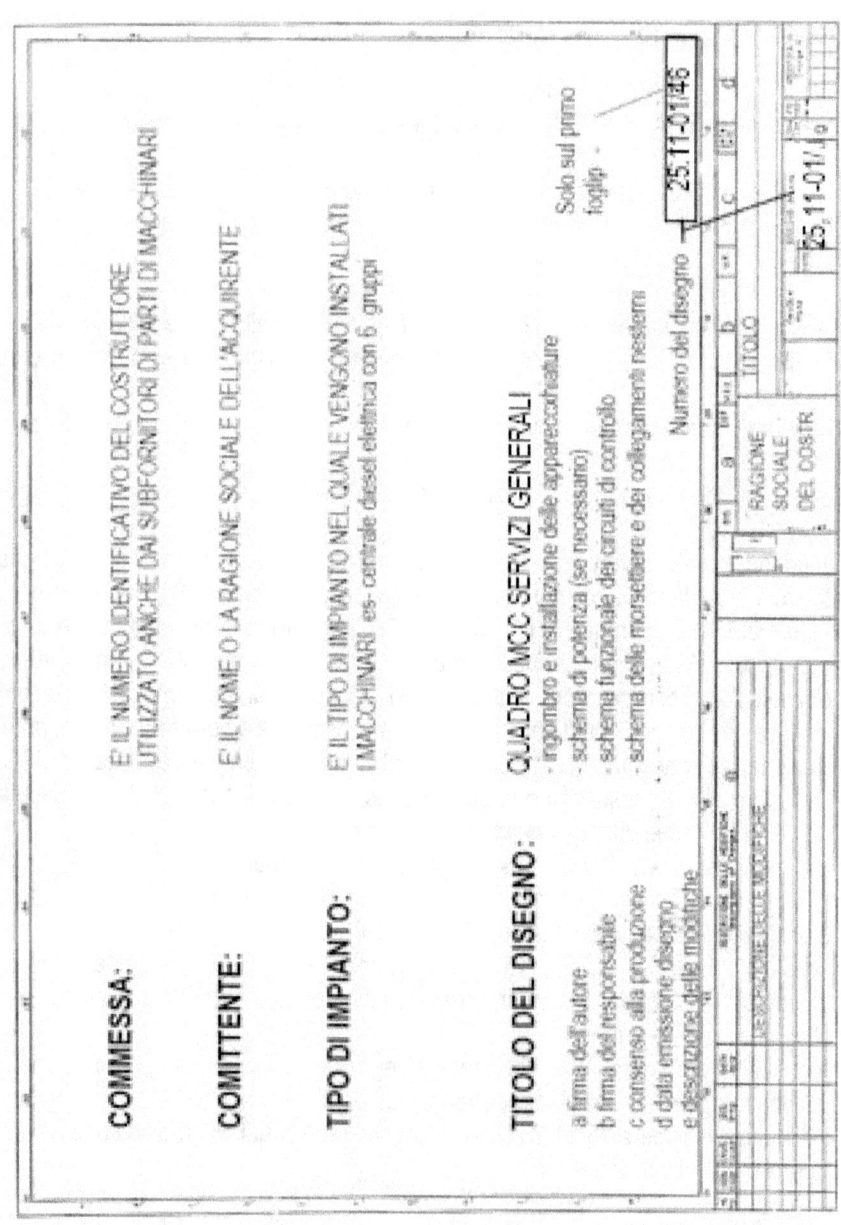

COMMESSA.: E' IL NUMERO IDENTIFICATIVO DEL COSTRUTTORE UTILIZZATO ANCHE DAI SUBFORNITORI DI PARTI DI MACCHINARI

COMITTENTE: E' IL NOME O LA RAGIONE SOCIALE DELL'ACQUIRENTE

TIPO DI IMPIANTO: E' IL TIPO DI IMPIANTO NEL QUALE VENGONO INSTALLATI I MACCHINARI es- centrale diesel elettrica con 6 gruppi

TITOLO DEL DISEGNO: QUADRO MCC SERVIZI GENERALI
- ingombro e installazione delle apparecchiature
- schema di potenza (se necessario)
- schema funzionale dei circuiti di controllo
- schema delle morsettiere e dei collegamenti nesterni

a firma dell'autore
b firma del responsabile
c consenso alla produzione
d data emissione disegno
e descrizione delle modifiche

Numero del disegno

Solo sul primo foglio

25.11-01/46

RAGIONE SOCIALE DEL COSTR

TITOLO

ELENCO DISEGNI — 25.11-02

SHEET N.	DESCRIPTION	REVISIONS
01	TITLE	
02	INDEX AND REVISIONS	
03	CONSTRUCTIVE MODALITY	
04	TERMINAL BLOCKS SYMBOLS	
05	FRONT AND SIDE	
06	FIXING CONTROL BOARD	
07	PLATES TYPE	
08	NAME PLATES LIST	
09	ONE LINE DIAGRAM	
10	ONE LINE DIAGRAM	
11	ONE LINE DIAGRAM	
12	CUBICLE A1 SCHEMATIC DIAGRAM	
13	CUBICLE A2 SCHEMATIC DIAGRAM	
14	CUBICLE A3 SCHEMATIC DIAGRAM	
15	CUBICLE A4 SCHEMATIC DIAGRAM	
16	CUBICLE A5 SCHEMATIC DIAGRAM	
17	CUBICLE A6 SCHEMATIC DIAGRAM	
18	CUBICLE A7 SCHEMATIC DIAGRAM	
19	CUBICLE A8 SCHEMATIC DIAGRAM	
20	CUBICLE A9 SCHEMATIC DIAGRAM	
21	CUBICLE A10 SCHEMATIC DIAGRAM	
22	CUBICLE B1 SCHEMATIC DIAGRAM	
23	CUBICLE B2 SCHEMATIC DIAGRAM	
24	CUBICLE B3 SCHEMATIC DIAGRAM	
25	CUBICLE B4 SCHEMATIC DIAGRAM	
26	AVAILABLE	
27	CUBICLE B6 SCHEMATIC DIAGRAM	
28	SELECTOR SWITCHES CONTACTS FOR AUTOM. STARTER ENABLE	
29	DRAWERS READY	
30	TERMINAL BLOCKS TYPE DIAGRAM	
31	TERMINAL BOARDS COLUMN A	
32	TERMINAL BOARDS COLUMN A	
33	TERMINAL BOARDS COLUMN A	

SHEET N.	DESCRIPTION	REVISIONS
34	TERMINAL BOARDS COLUMN A	
35	TERMINAL BOARDS COLUMN A	
36	TERMINAL BOARDS COLUMN B	
37	CUBICLES A1-A3-A4-A5-A6 EQUIPMENT LIST	
38	CUBICLE A2 EQUIPMENT LIST	
39	CUBICLE A7 EQUIPMENT LIST	
40	CUBICLE A8 EQUIPMENT LIST	
41	CUBICLE A10 EQUIPMENT LIST	
42	CUBICLE B1 EQUIPMENT LIST	
43	CUBICLES B2-B3-B4 EQUIPMENT LIST	
44	CUBICLE B6 EQUIPMENT LIST	
45	CUBICLE A9 EQUIPMENT LIST	

CONSTRUCTIVE MODALITY

- REFERENCE CODE STANDARD	CEI 17-13/1	- TOTAL WEIGHT	800 KG
- FREQUENCY	50Hz	- MINIMUM DISTANCE TO REAR WALL	100mm
- OPERATING VOLTAGE	380V	- MINIMUM DISTANCE TO FRONT	1000mm
- INSULATING VOLTAGE	660V	- EXTERNAL PAINTING	RAL 7032
- CONTROL CIRCUIT VOLTAGE	110V 50Hz	- INTERNAL PAINTING	RAL 7032
- MAIN BUS BAR CURRENT	400A		
- SHORT TIME CURRENT PEAK VALUE	63KA		
- SHORT TIME CURRENT FOR I SECOND	30KA		
- PROTECTION DEGREE	EXTERNAL : IP30 WITH GASKETS INTERNAL : IP20		
- MAX. AMBIENT TEMPERATURE	35°C		

PRECISAZIONI PER LA COSTRUZIONE

25.11-03

TERMINAL BLOCKS SYMBOLS

□ M.V. BOARD 12KV

▨ L.V. DISTRIBUTION BOARD

⊠ M.C.C. COMMOM AUXILIARY CONTROL BOARD

⊘ M.C.C. ENGINE AUXILIARY CONTROL BOARD

◖ ENGINE CONTROL BOARD

◩ PROTECTION BOARD

○ MEASURING & CONTROL DESK

■ D.C. BOARD (110Vd.c.)

⊠ COMMON STATION AUXILIARY

● DEVICES ON ENGINE

◉ DEVICES ON ALTERNATOR

✦ DEVICES ON FIELD

SIMBOLI DI IDENTIFICAZIONE DELLE INTERCONNESSIONI

25.11-04

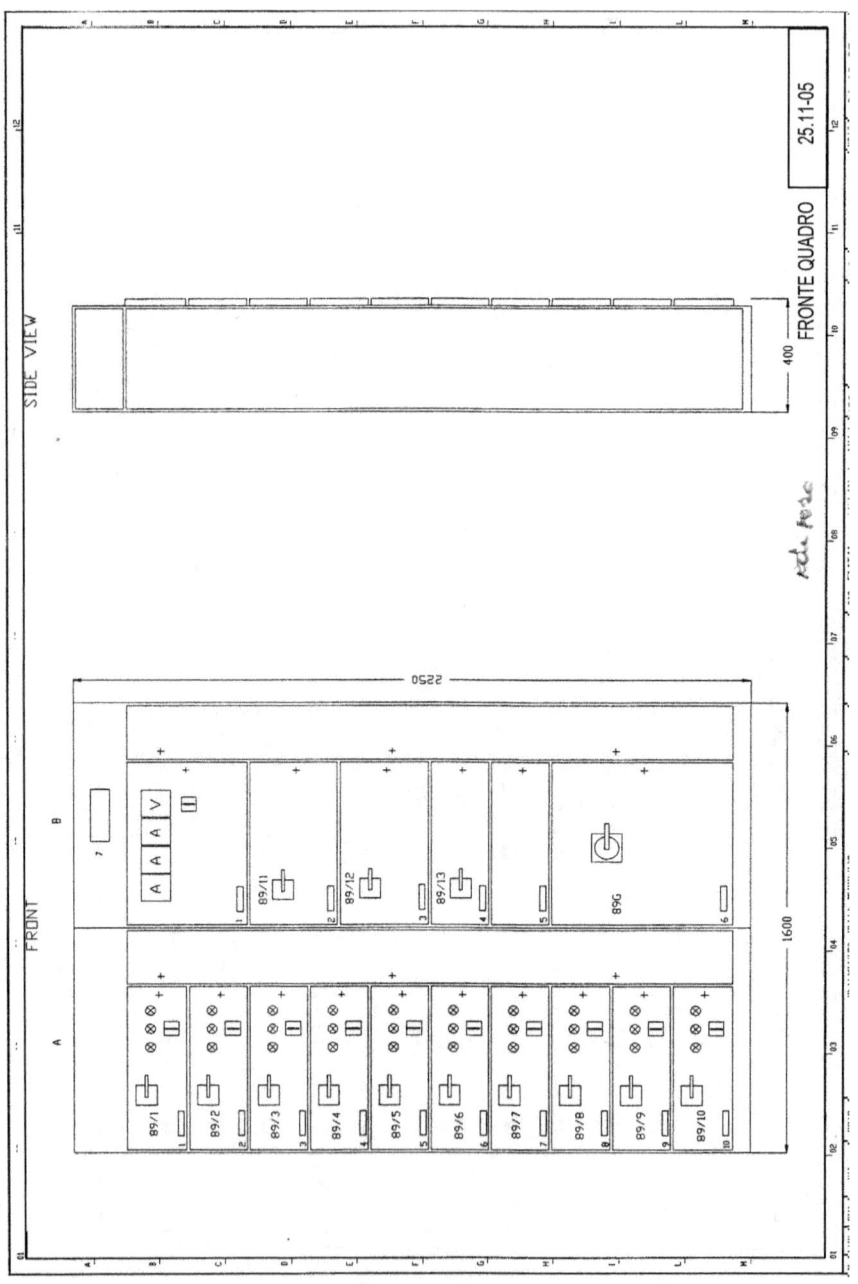

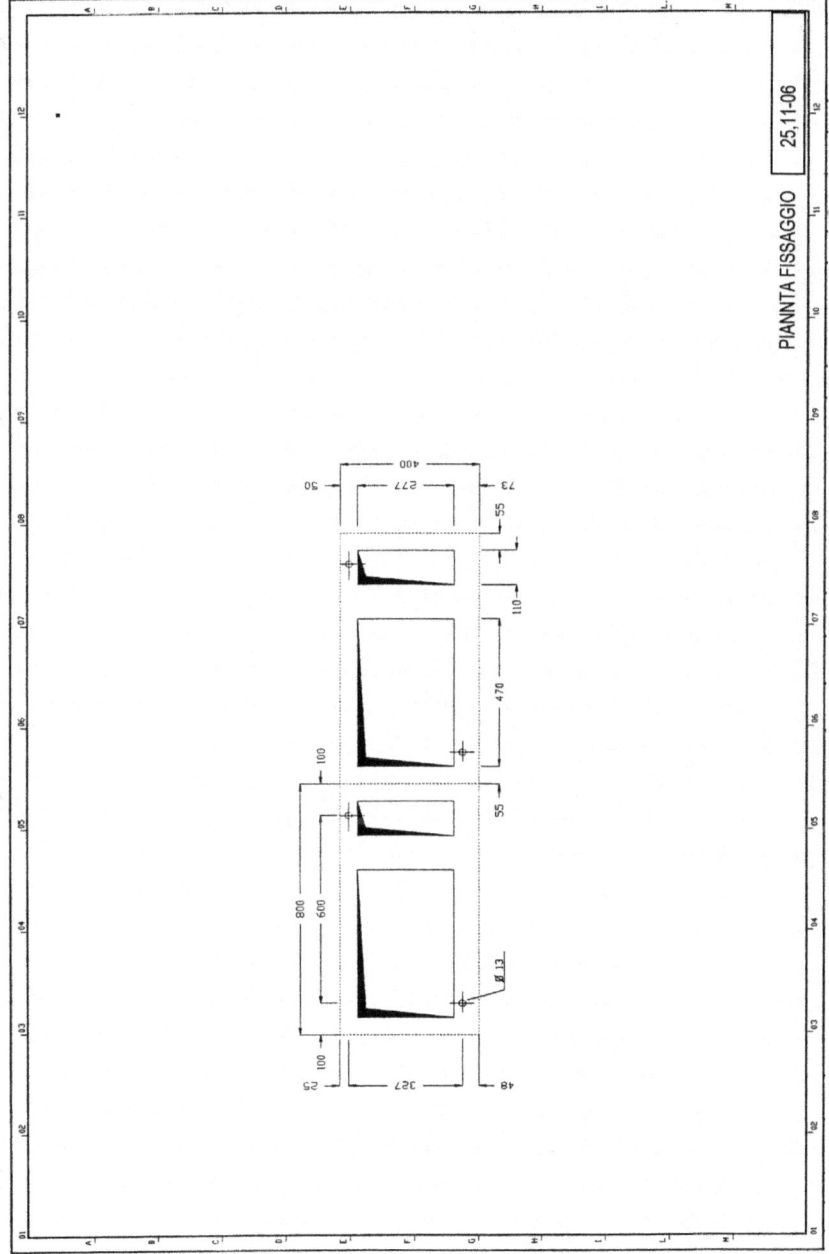

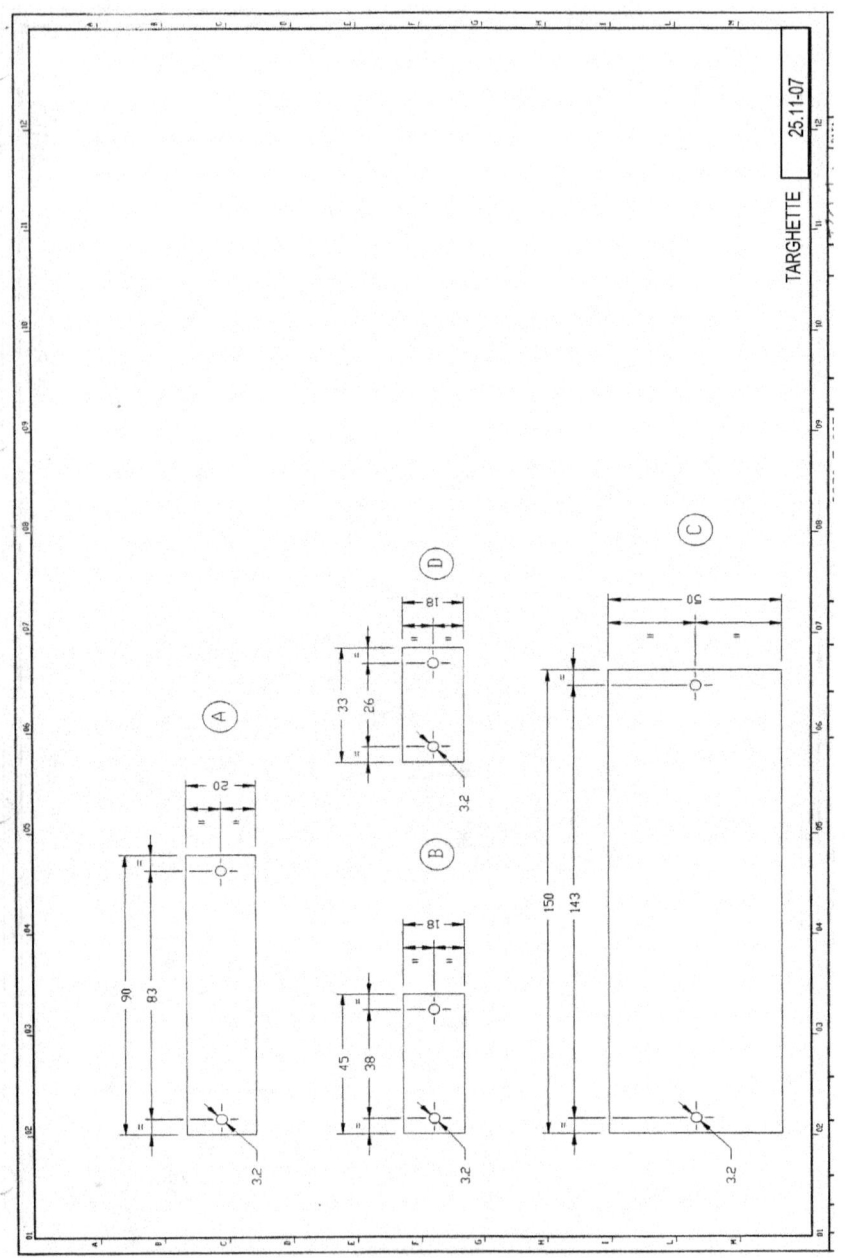

REF.	TYPE	INSCRIPTION	QT.Y	REF.	TYPE	INSCRIPTION	Q.TY
A1	A	DIESEL OIL TRANSFER PUMP "A"	1	B7	C	CATIMCC COMMON AUXILIARY CONTROL BOARD 1	1
A2	A	FUEL OIL TRANSFER PUMP "A"	1				
A3	A	DIESEL OIL FEEDING PUMP "A" (SET 1-2-3)	1				
A4	A	DIESEL OIL FEEDING PUMP "B" (SET 1-2-3)	1				
A5	A	FUEL OIL FEEDING PUMP "A" (SET 1-2-3)	1				
A6	A	FUEL OIL FEEDING PUMP "B" (SET 1-2-3)	1				
A7	A	LUBE OIL TRANSFER PUMP "A"	1				
A8	A	USED OIL CIRCULATING PUMP	1				
A9	A	SPARE	1				
A10	A	LEAKAGE PUMP "A"	1				
B1	A	METERING AND AUXILIARY CUBICLE	1				
B2	A	FUEL OIL PURIFIERS CONTROL BOARD	1				
B3	A	STARTING AIR COMPRESSOR 1 CONTROL BOARD	1				
B4	A	STEAM SYSTEM CONTROL BOARD (SET 1-2-3)	1				
B5	A	(AVAILABLE)	1				
B6	A	INCOMING FEEDER 380/220V 50Hz	1				

NOTE : LABELS WITH INSCRIPTION "(AVAILABLEX" MUST NOT BE ENGRAVED

DICITURE TARGHETTE   25.11-08

380/220V 50Hz Isc=30KA

SCHEMA UNIFILARE 1/1-3 · 25.11-09

DATA SHEET IDENTIFICATION						
USER IDENTIFICATION			X-SP1A-DO	X-SP1A-HF	X-SP2A-DO	X-SP2B-DO
USER OR SERVICE	INCOMING FEEDER 380/220V 50Hz	AUXILIARY SUPPLY 110V 50Hz	DIESEL OIL TRANSFER PUMP "A"	FUEL OIL TRANSFER PUMP "A"	DIESEL OIL FEEDING PUMP (SET 1-2-3)	DIESEL OIL FEEDING PUMP "B" (SET 1-2-3)
RATED POWER KW			2.2	5.5	2.2	2.2
RATED CURRENT A			4.5	11	4.5	4.5
ON LOAD FUSE SWITCH			FUSERBLOC 3x100A	FUSERBLOC 3x100A	FUSERBLOC 3x100A	FUSERBLOC 3x100A
FUSE A			16gL	16gL	16gL	16gL
ON LOAD ISOLATOR SWITCH	SIEMENS - 3KA58 30-1EE00					
RELAY A						
CONTACTOR			3TF30 01-0AF0	3TF32 01-0AF0	3TF30 01-0AF0	3TF30 01-0AF0
THERMAL RELAY			3UA50 00-1F - 3.2-5A	3UA52 00-1K - 8-12.5A	3UA50 00-1F - 3.2-5A	3UA50 00-1F - 3.2-5A
CURRENT TRANSFORMER	250/5A					
AMMETER	0-250A					
VOLTMETER	0-500V					
TERMINAL BLOCKS			CBD10	CBD10	CBD10	CBD10

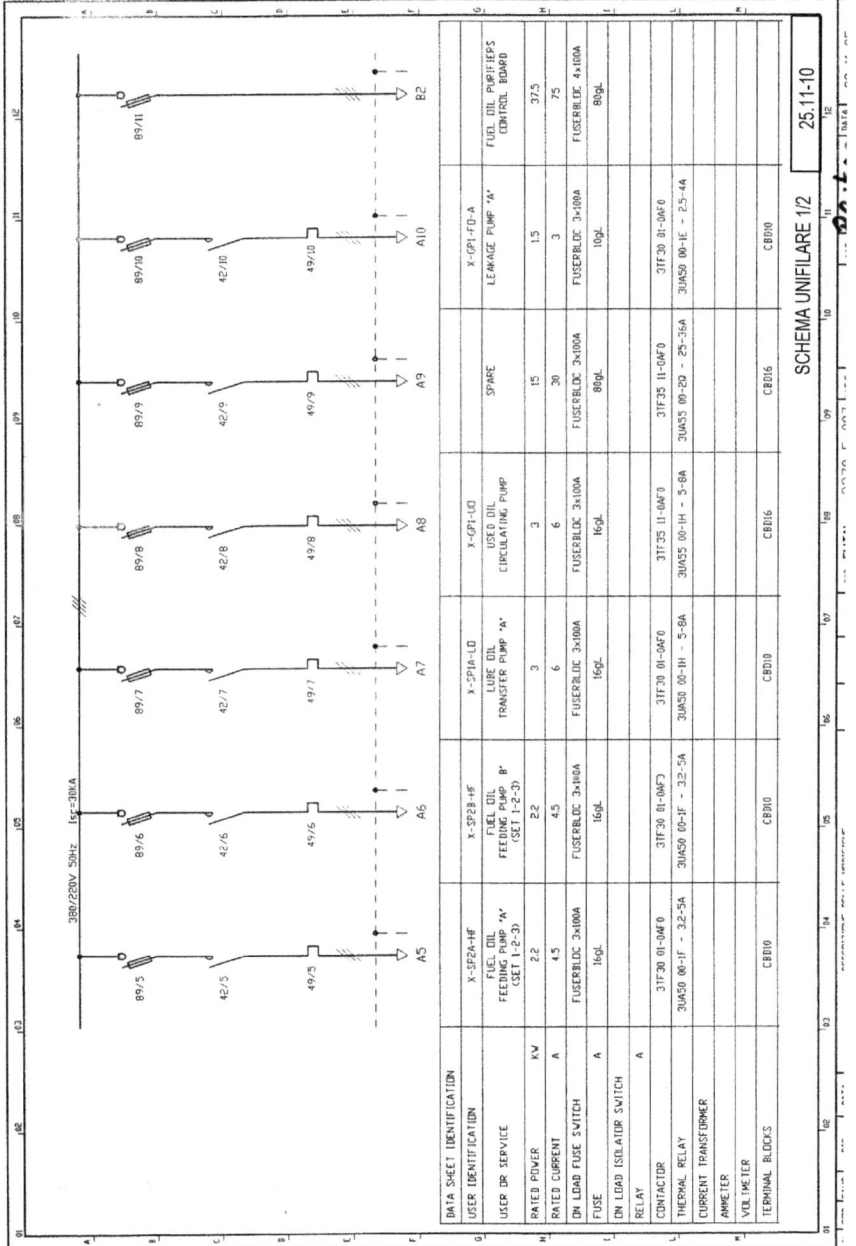

SCHEMA UNIFILARE 1/2

25.11-10

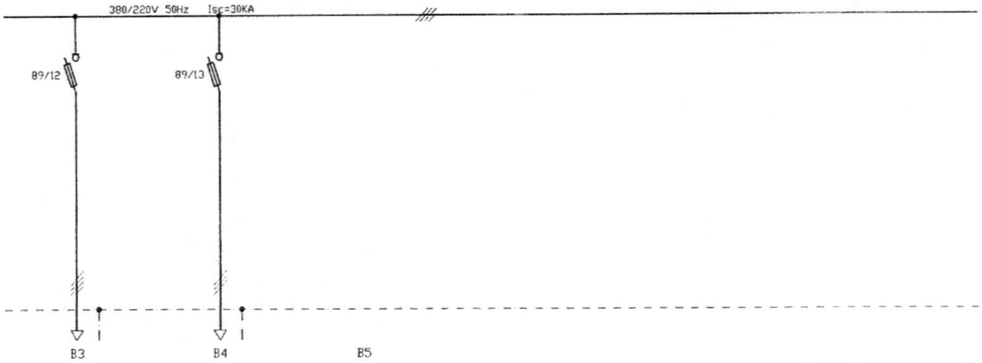

380/220V 50Hz Ik=30KA

89/12   89/13

B3   B4   B5

DATA SHEET IDENTIFICATION		STARTING AIR COMPRESSOR 1 CONTROL BOARD	STEAM SYSTEM CONTROL BOARD (SET 1-2-3)	AVAILABLE SPACE
USER IDENTIFICATION				
USER OR SERVICE				
RATED POWER	KV	25	35	
RATED CURRENT	A	50	70	
ON LOAD FUSE SWITCH	A	FUSERBLOC 4x100A	FUSERBLOC 3x100A	
FUSE	A	63gL	80gL	
ON LOAD ISOLATER SWITCH	A			
RELAY	A			
CONTACTOR				
THERMAL RELAY				
CURRENT TRANSFORMER				
AMMETER				
VOLTMETER				
TERMINAL BLOCKS				

SCHEMA UNIFILARE 3/3   25.11-11

208

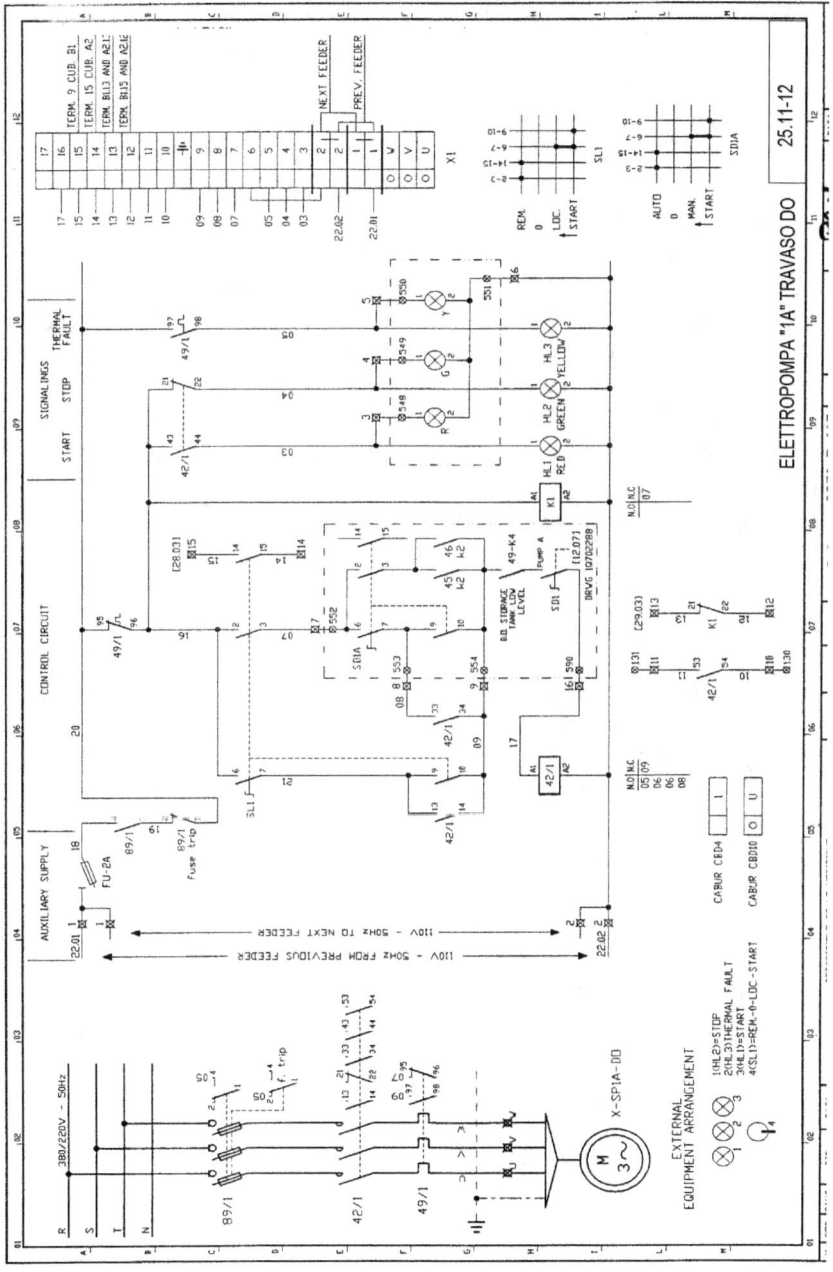

ELETTROPOMPA "1A" TRAVASO DO

25.11-12

209

Gli schemi dell'MCC vengono letti per ogni utilizzatore alimentato indipendente dagli altri. Per ogni utilizzatore si considerano una parte di potenza e protezione, una parte di comando e una parte di segnalazione.

Il foglio 25.11-12 si riferisce al comando di un motore elettrico M che trascina la elettropompa SP1A per servizi comuni (X) di travaso di nafta leggera DO (diesel oli) da un serbatoio dal quale prelevano alimentazione più motori.

Il circuito di potenza per il comando del motore M prevede un sezionatore a vuoto 89/1 con fusibili di protezione contro il corto circuito sulle tre fasi del circuito a valle.

L'intervento di un fusibile oppure l'inizio della operazione manuale di apertura, provocano l'apertura di un contatto ausiliario di cui è dotato il sezionatore 89/1 il quale fa aprire il contattore di manovra 42/1 in modo di comandare il sezionatore a vuoto per completamento del comando manuale di apertura.

Un contattore di potenza 42/1 per la manovra a carico del motore M in qualsiasi condizione. Il contattore è comandato da un elettromagnete che chiude il contattore quando viene alimentato (alimentato con tensione di comando).

Un relè termico 49/1 per la protezione contro sovraccarico. Se i fusibili di potenza 89/1 sono integri e il relè termico 49/1 non è intervenuto, il motore M può essere avviato chiudendo il contattore 42/1 e può essere arrestato aprendolo.

=Se il circuito di comando è alimentato a 110Vca al passo 03 del disegno, il fusibile F2A di protezione del circuito di comando è sano.

=Se il sezionatore di potenza è chiuso è chiuso il contatto di 89/1 di controllo di sezionatore di potenza chiuso.

=Se non è intervenuto nessun fusibile di protezione è chiuso il secondo contatto di 89/1 di controllo di intervento dei fusibili.

=Se il relè termico 49/1 non è intervenuto o è stato ripristinato.

=Se sono presenti i consensi esterni 4974 e SD1.

Portando il commutatore di manovra SL1 in posizione di comando locale fino alla posizione si avviamento si chiudono i contatti fra i morsetti 6-7 e per un istante fra 7-10.Si eccita la bobina 42/1 che fa chiudere il teleruttore il quale si autoalimenta con il contatto ai morsetti 13-14 in parallelo a SLI ai morsetti 9-10 del contatto instabile, Il comando può essere trasferito a distanza da SL1 che in questa posizione rende inattivo il comando locale permettendo la predisposizione al comando automatico. Le lampade permettono la segnalazione locale di motore in marcia, motore fermo è di intervento protezioni,

Nello schema è rappresentato il collegamento del connettoreX1 che permette di collegare i circuiti alla morsettiera esterna e di isolarli alla estrazione del cassetto.

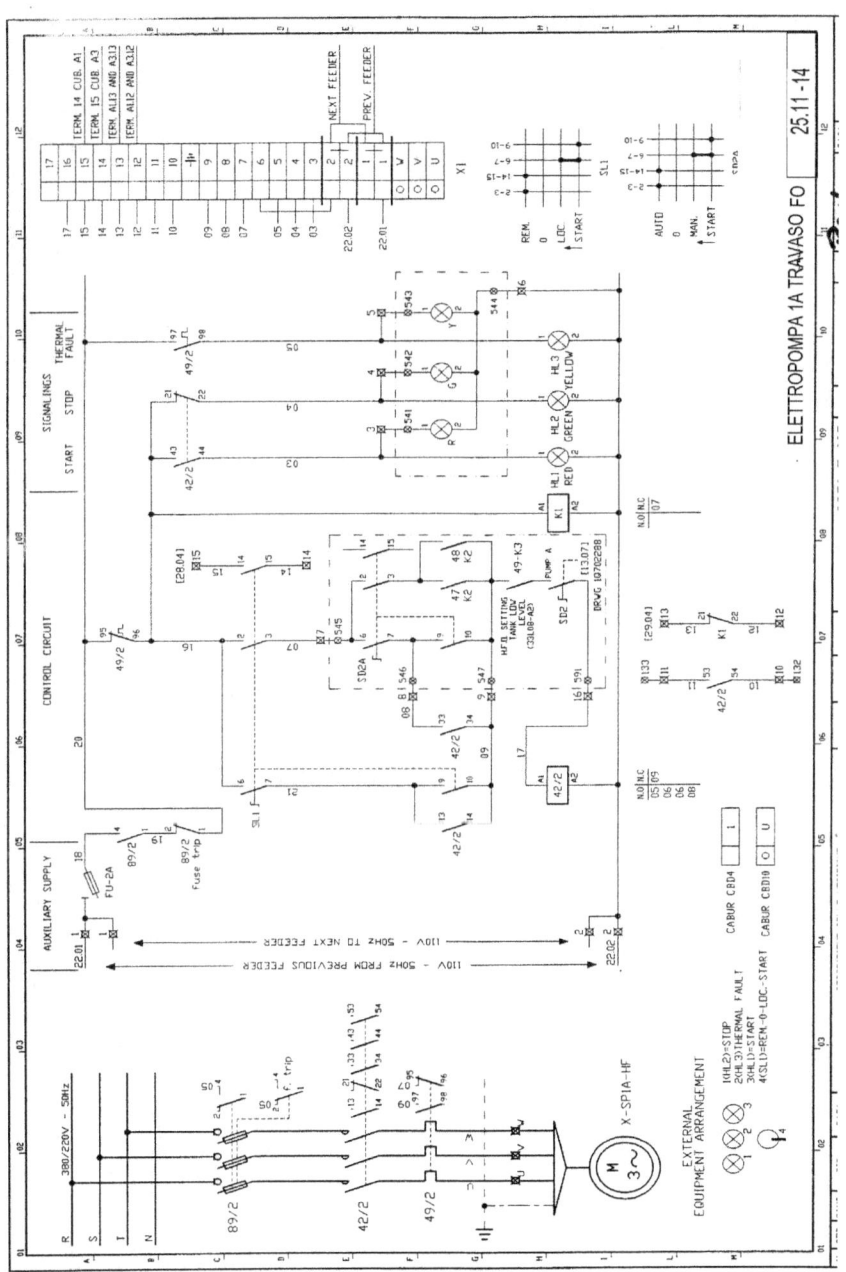

ELETTROPOMPA 1A TRAVASO FO   25.11-14

211

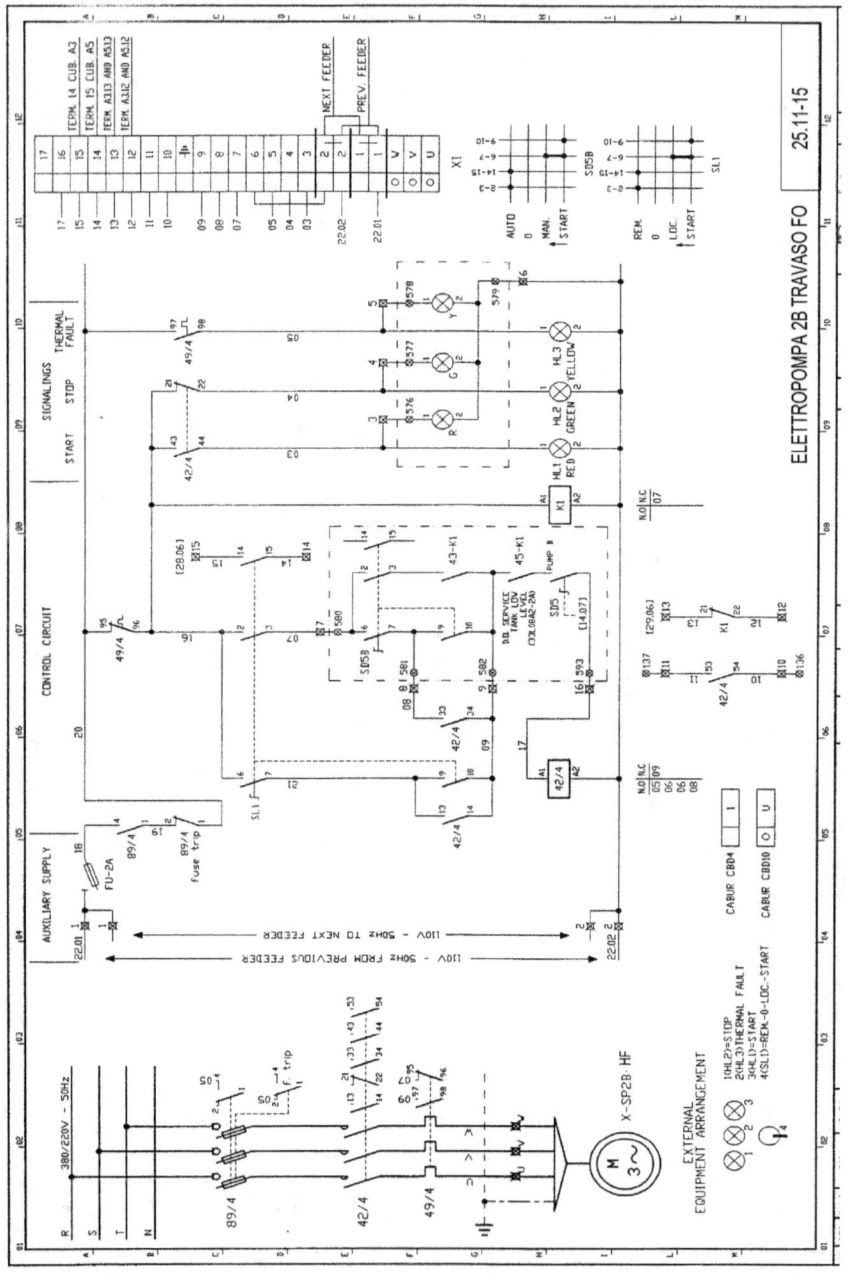

ELETTROPOMPA 2B TRAVASO FO

25.11-15

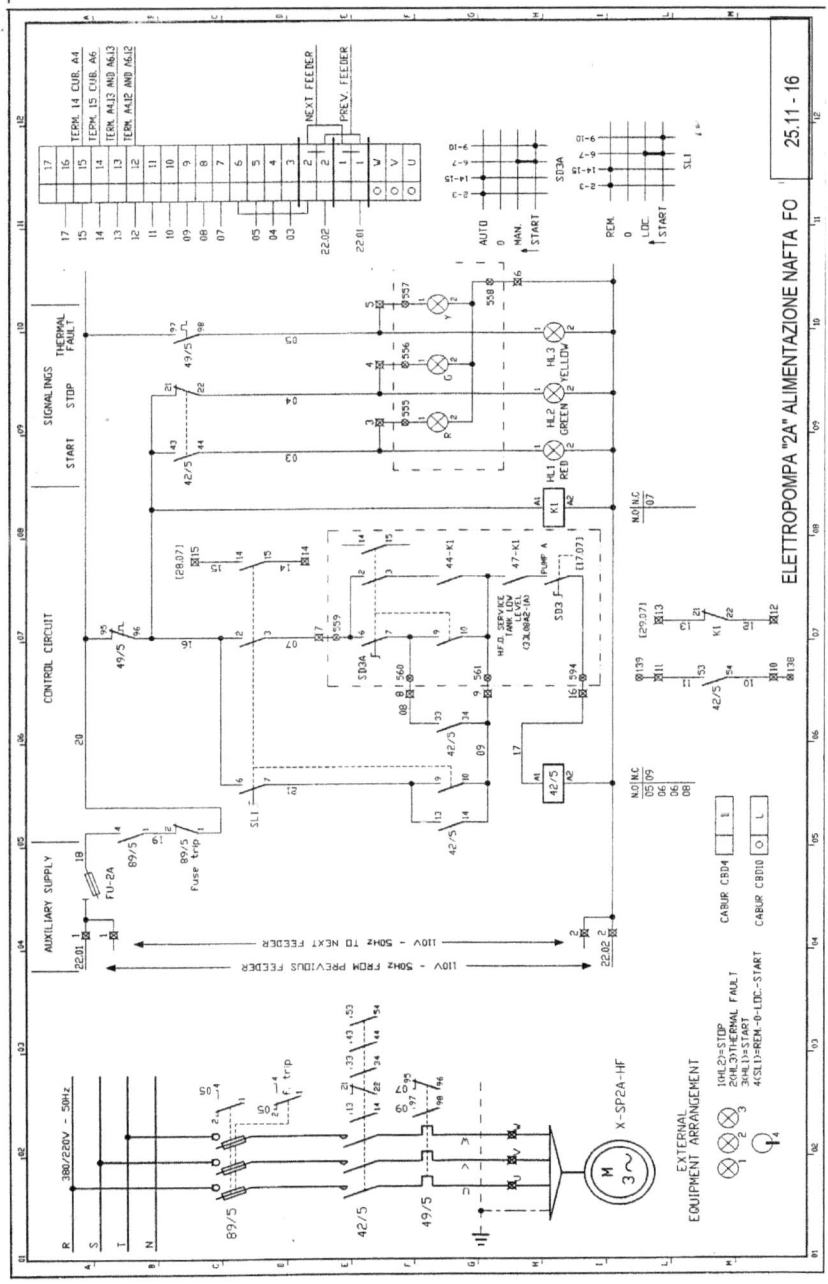

ELETTROPOMPA "2A" ALIMENTAZIONE NAFTA FO

25.11 - 16

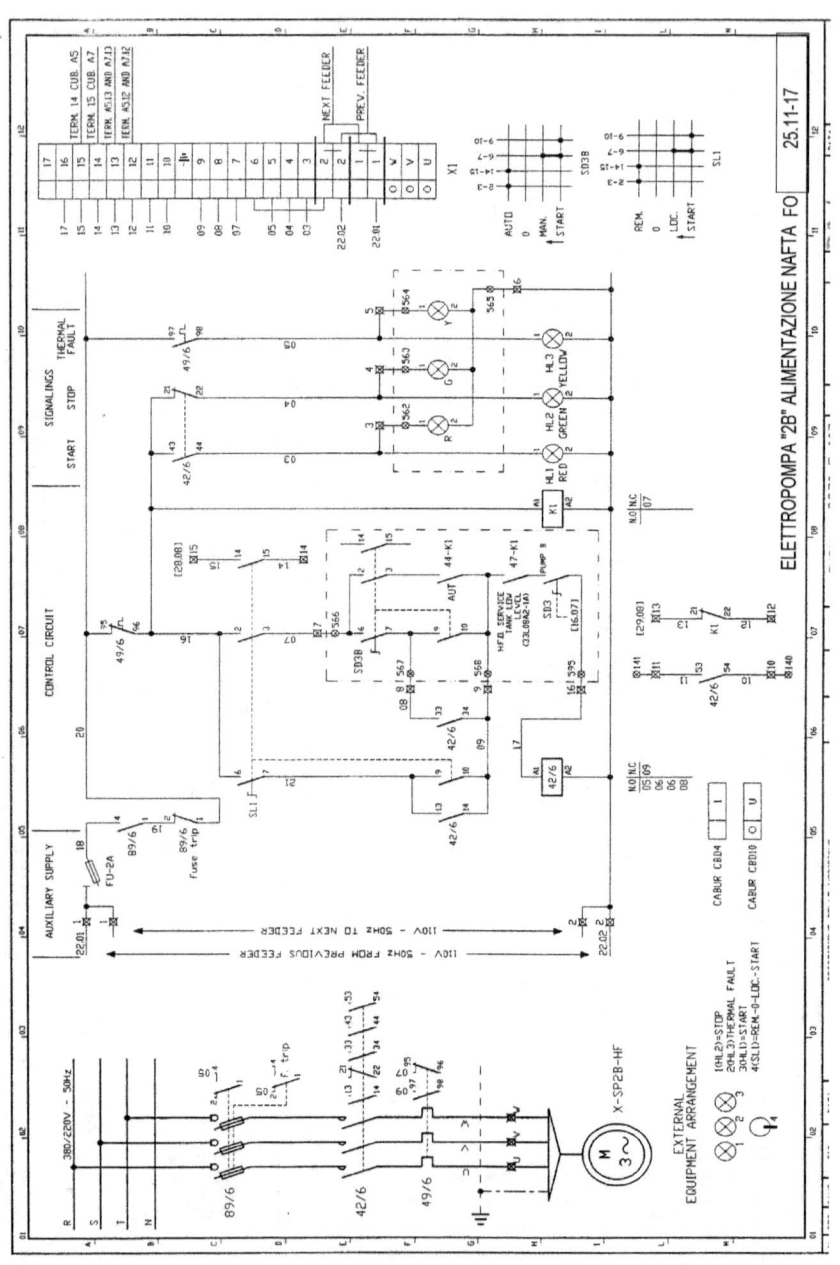

ELETTROPOMPA "2B" ALIMENTAZIONE NAFTA FO   25.11-17

214

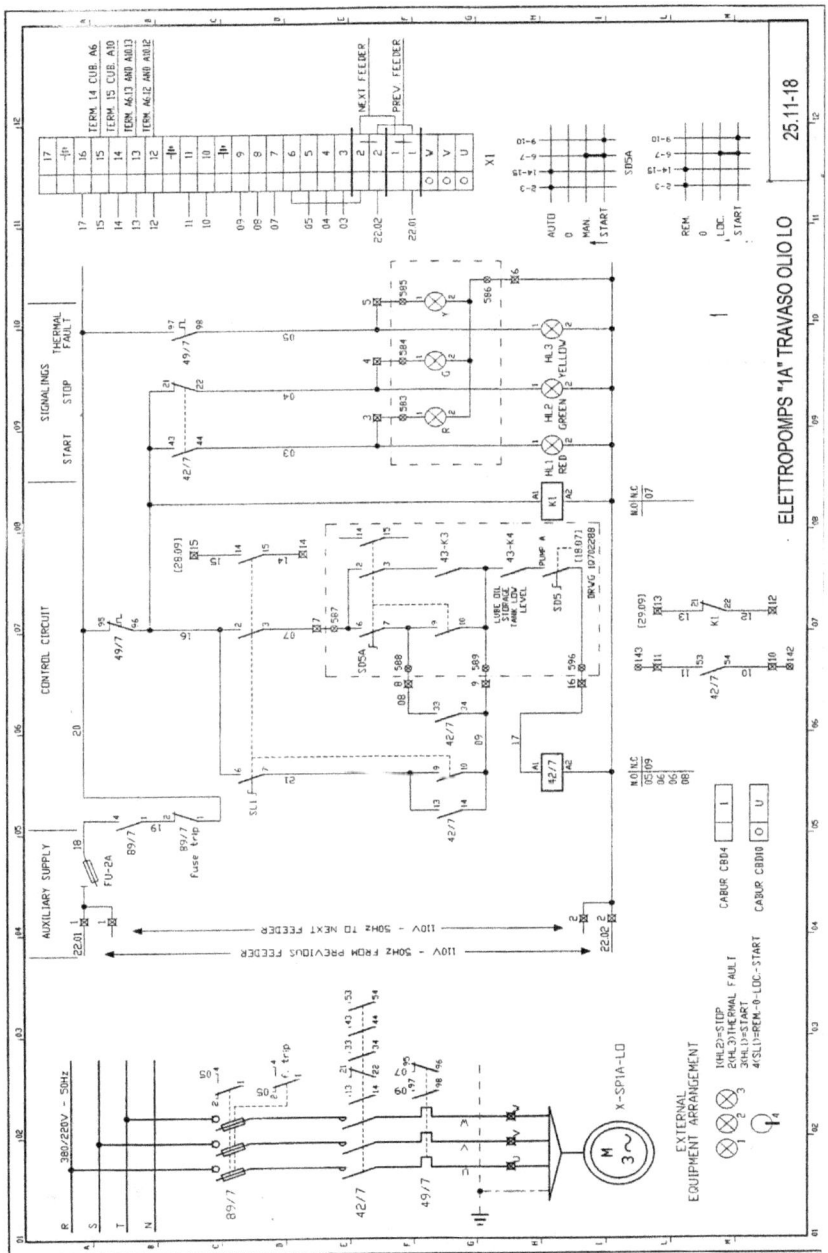

ELETTROPOMPS "1A" TRAVASO OLIO LO

25.11-18

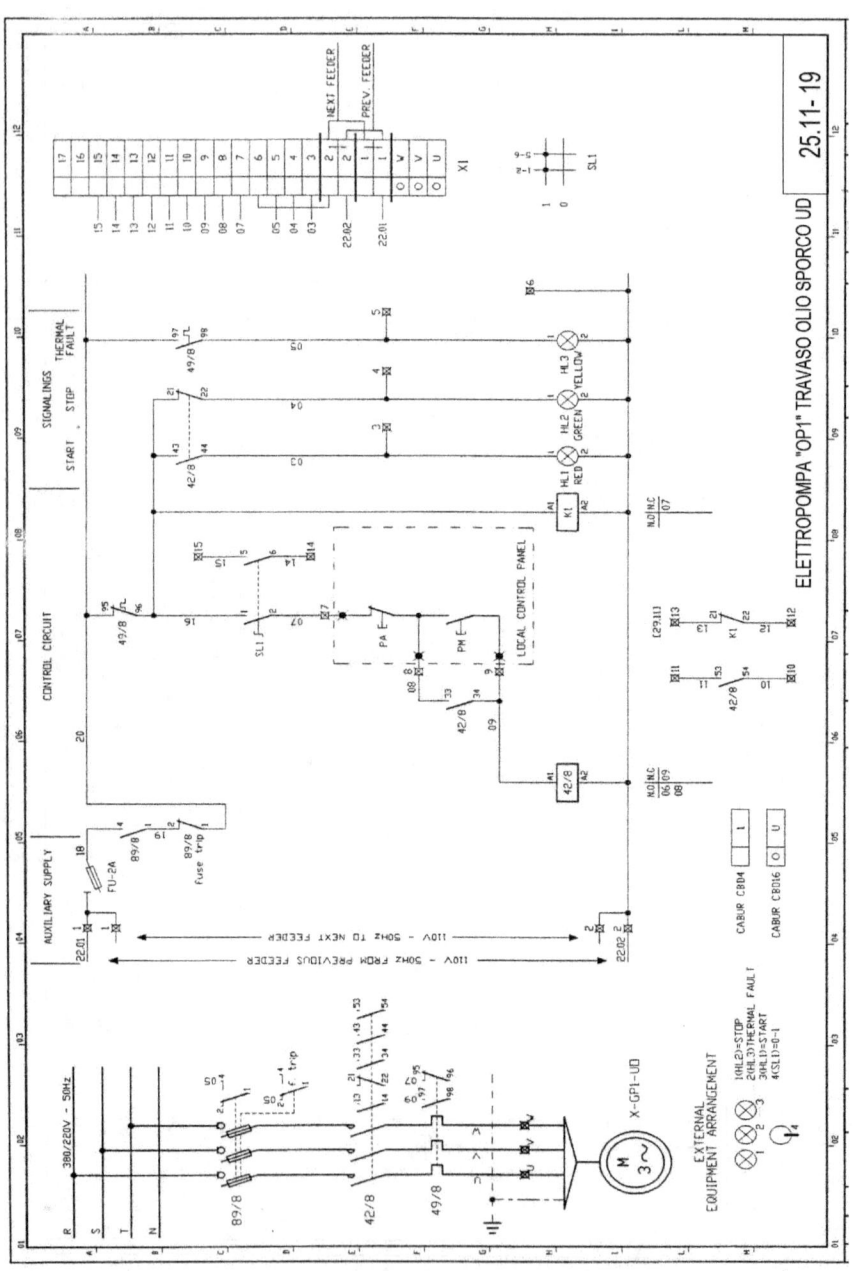

ELETTROPOMPA "OP1" TRAVASO OLIO SPORCO UD

25.11-19

216

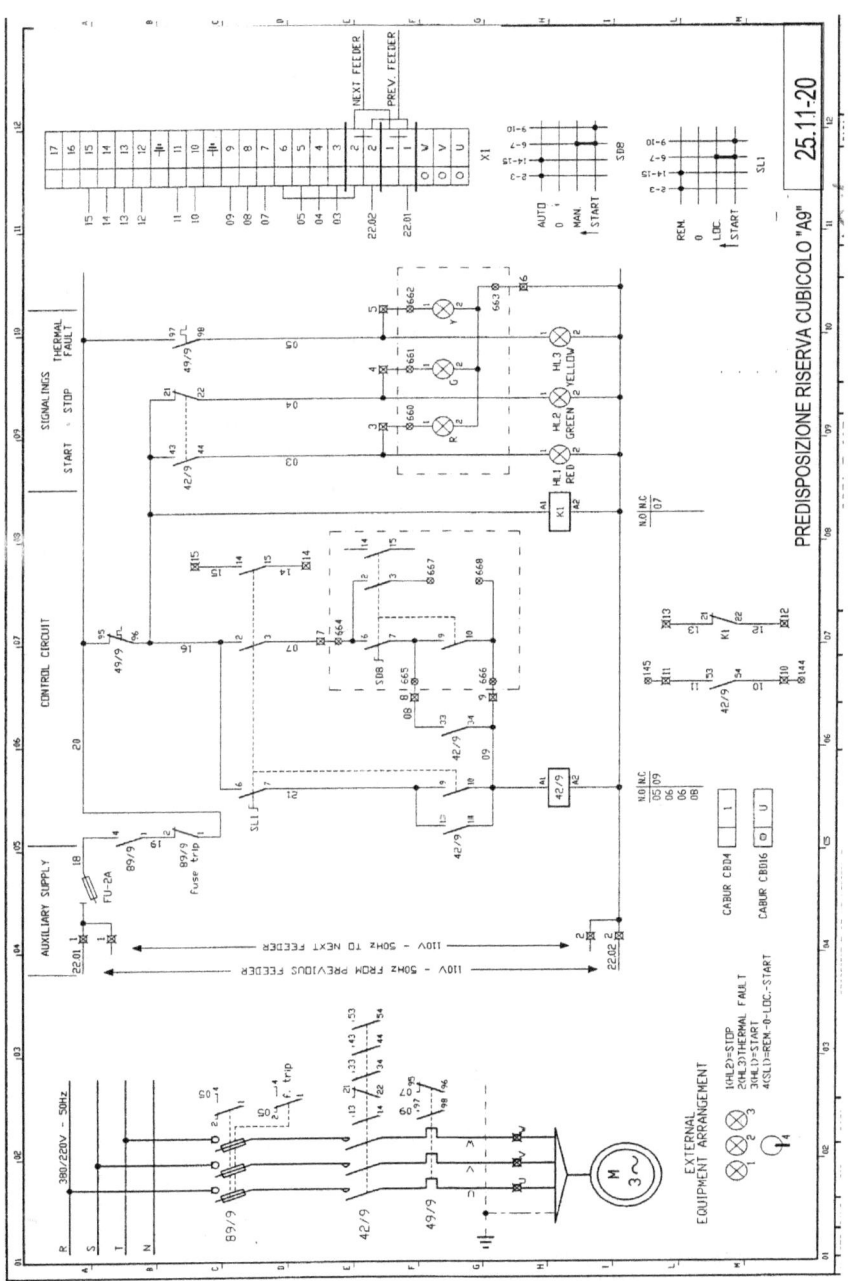

PREDISPOSIZIONE RISERVA CUBICOLO "A9"

25.11-20

217

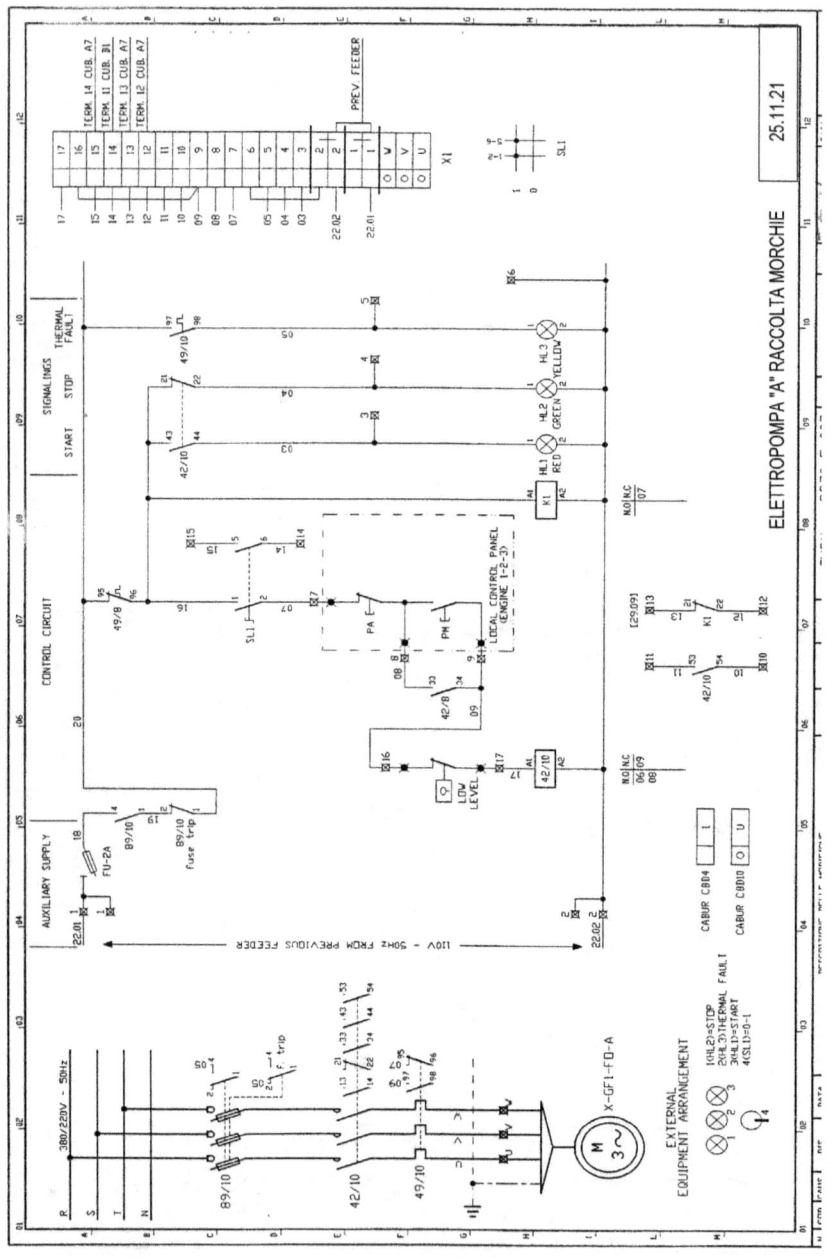

ELETTROPOMPA "A" RACCOLTA MORCHIE

25.11.21

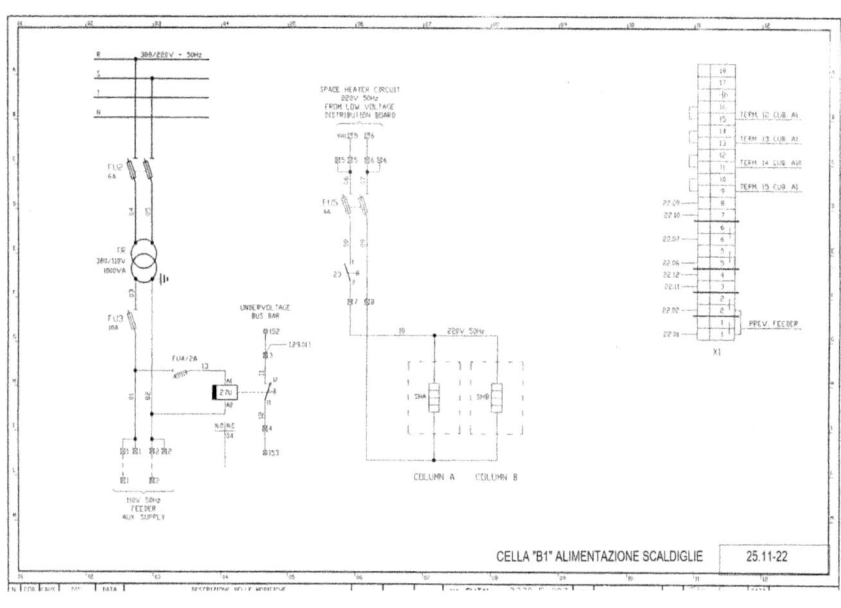

CELLA "B1" ALIMENTAZIONE SCALDIGLIE | 25.11-22

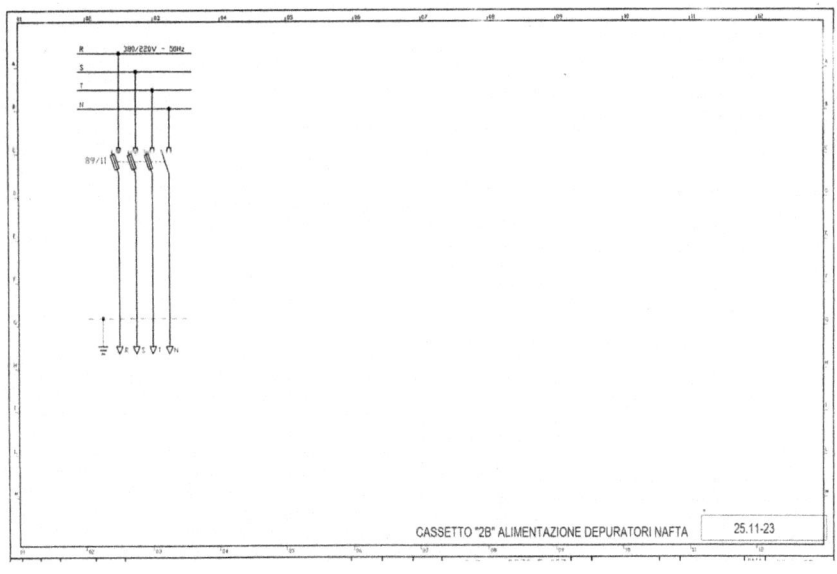

CASSETTO "2B" ALIMENTAZIONE DEPURATORI NAFTA | 25.11-23

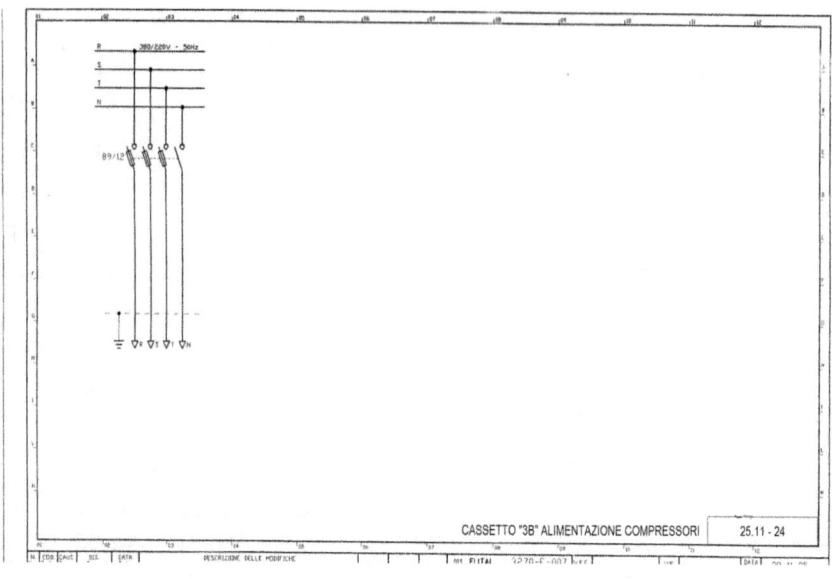

CASSETTO "3B" ALIMENTAZIONE COMPRESSORI | 25.11 - 24

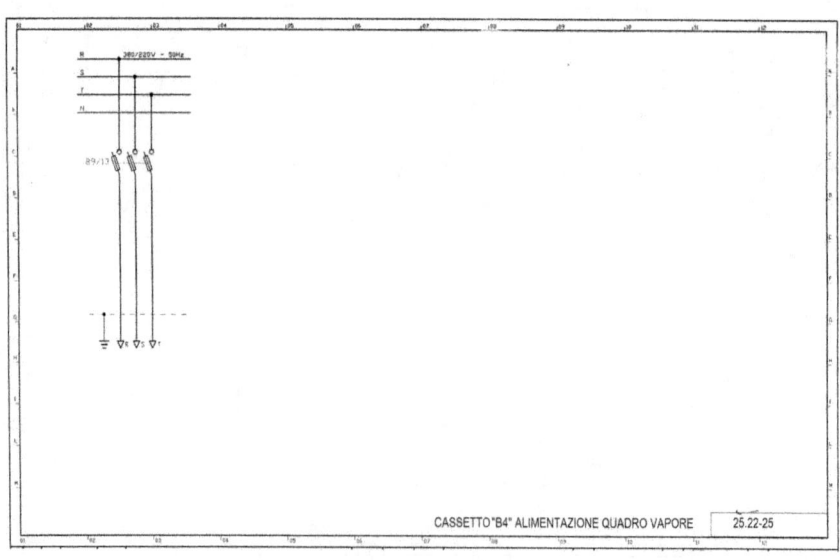

CASSETTO "B4" ALIMENTAZIONE QUADRO VAPORE | 25.22-25

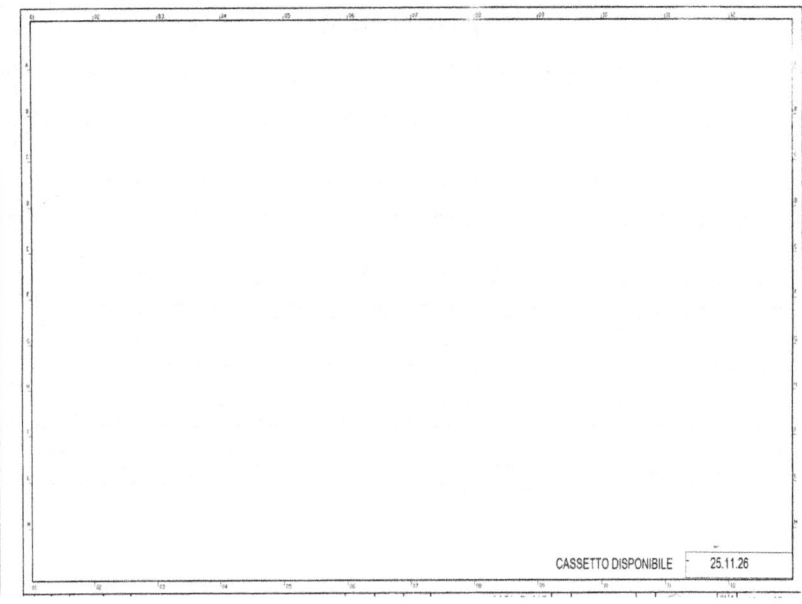

CASSETTO DISPONIBILE — 25.11.26

221

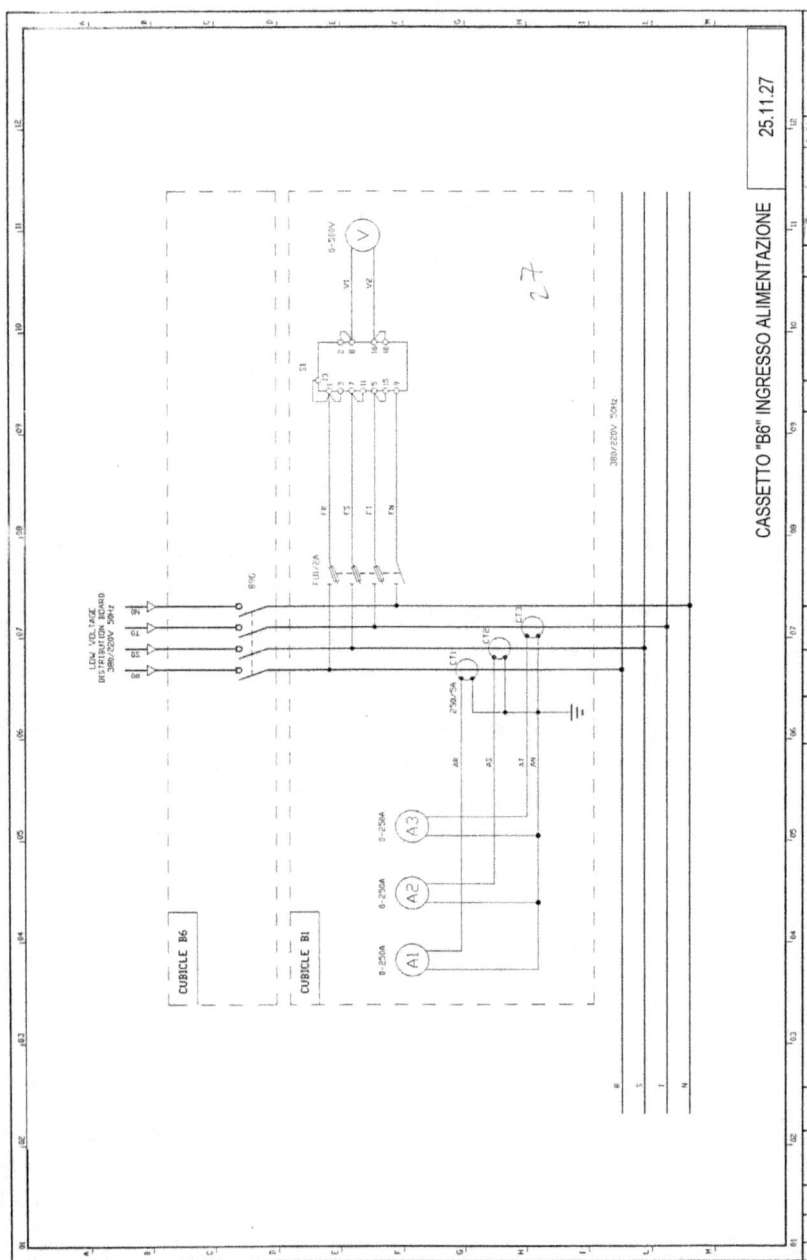

CASSETTO "B6" INGRESSO ALIMENTAZIONE   25.11.27

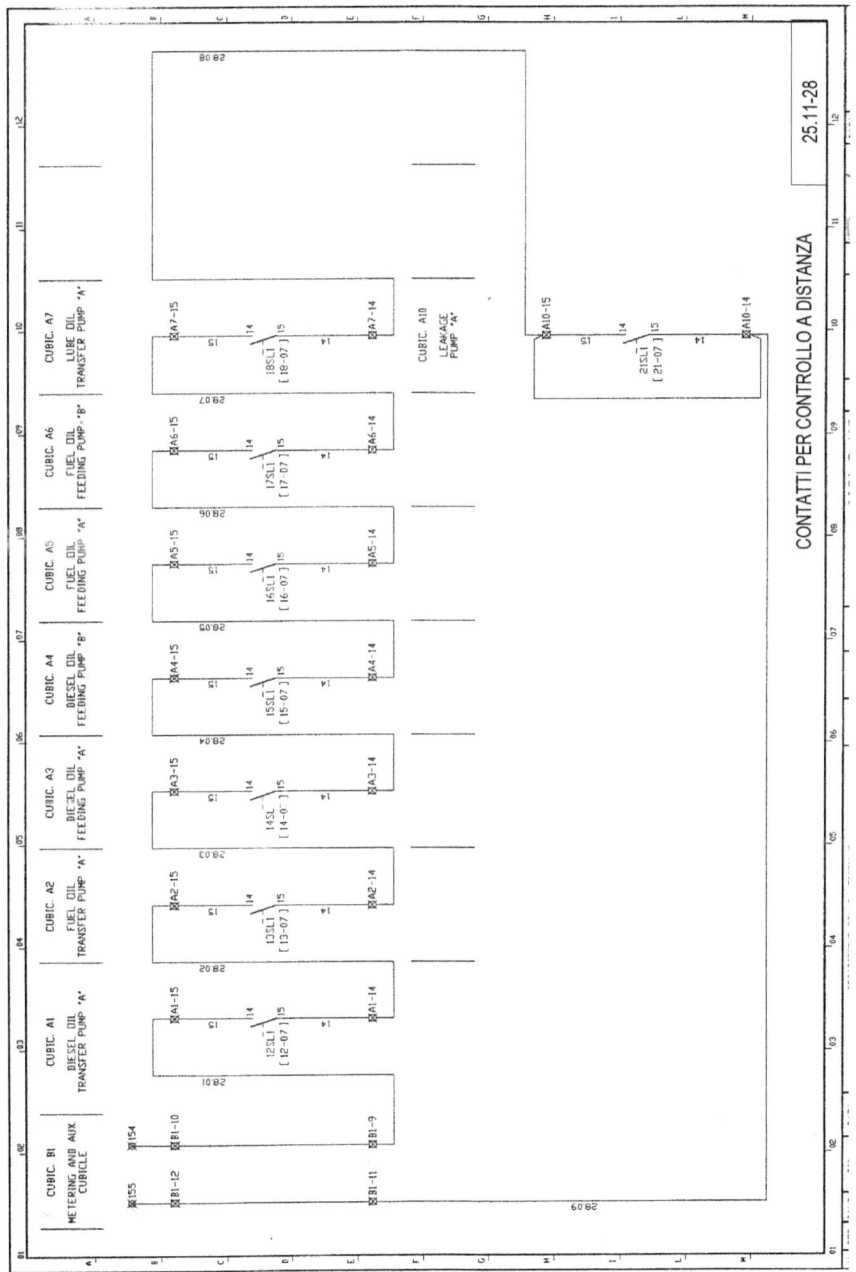

CONTATTI PER CONTROLLO A DISTANZA

25.11-28

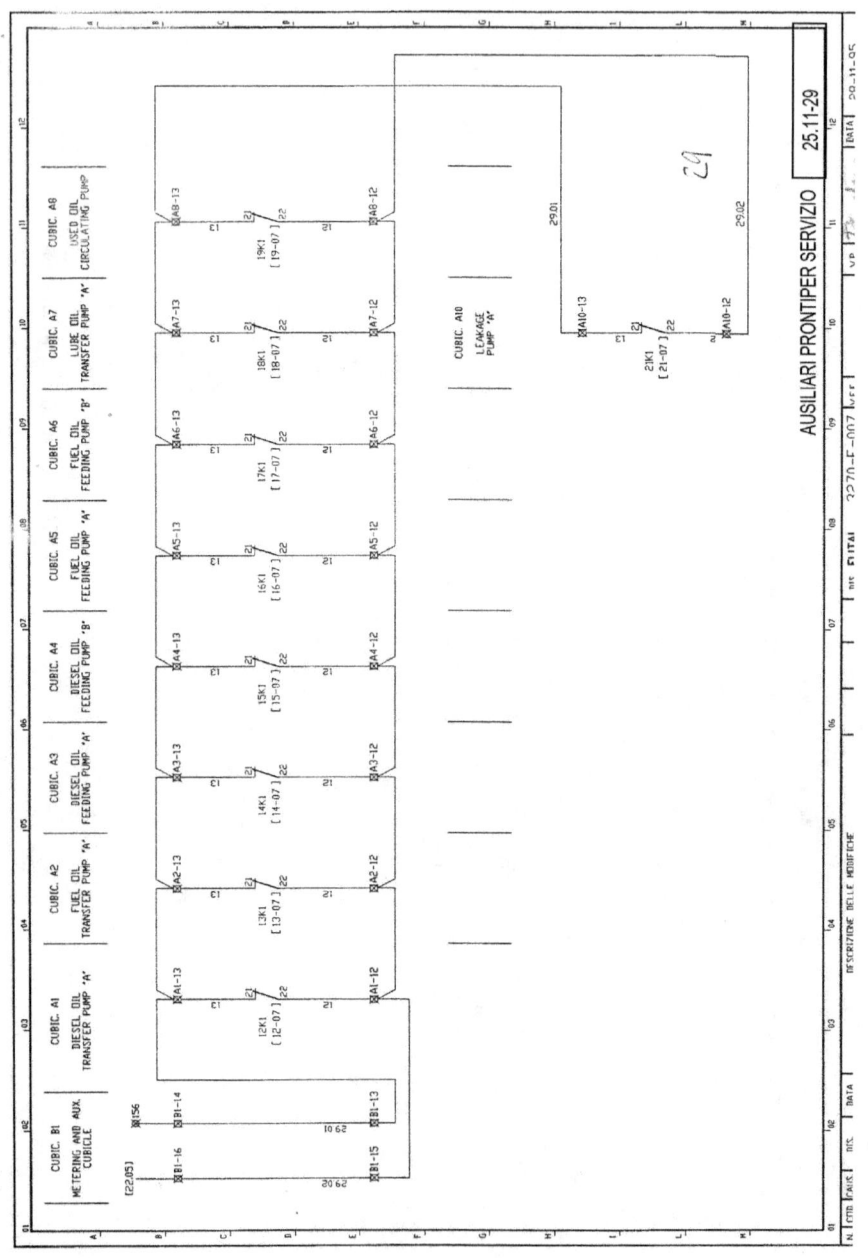

AUSILIARI PRONTIPER SERVIZIO | 25.11-29

25.2   SCHEMI DI QCM (MCC) A CASSETTI FISSI

I quadri QCM di comando di motori elettrici e di altre unità di potenza hanno lo scopo di separare i circuiti di potenza dai circuiti di controllo alimentati in bassa tensione o in corrente continua e di concentrare la loro alimentazione sotto un unico interruttore generale di manovra.

Il quadro di comando motori costruito inizialmente come centro di controllo motori per un numero limitato di utenze, aveva la forma del quadro della figura 24.11 che si è successivamente sviluppato nel quadro a cassetti fissi della figura 23.21.

Lo schema elettrico del quadro di azionamento e comando è sostanzialmente simile a quello di un quadro a cassetti fissi e a cassetti estraibili e risulta semplificato per l'assenza di spinotti o coltelli di sezionamento sui circuiti di controllo e potenza sezionabili.

La figura 25.21 rappresenta lo schema unifilare del quadro di figura 24.11.

Il sezionatore (o l'interruttore) di alimentazione 89-G può essere chiuso e aperto solo se la porta del quadro è chiusa e la porta non può venire aperta se il sezionatore non è aperto.

In manutenzione è possibile superare i blocchi e chiudere il sezionatore a porte aperte, ma la successiva chiusura richiede che venga aperto il sezionatore di ingresso al quadro.

La sostituzione di un fusibile intervenuto o la ricarica di un relè termico scattato richiede l'apertura delle porte attuabile aprendo il sezionatore (o l'Interruttore) generale di alimentazione e l'arresto dell'impianto.

Nei quadri MCC a cassetti fissi e a cassetti estraibili tutte queste operazioni possono essere eseguite per un singolo cassetto senza intervenire su tutti i circuiti alimentati dal quadro.

Il trasformatore di alimentazione dei circuiti di comando può essere unico per tutto il quadro come nella figura 25.21, ma in alcune costruzioni viene previsto per uniformità e indipendenza un trasformatore indipendente per ogni cassetto derivato dal circuito di potenza.

Il trasformatore comune dei circuiti ausiliari viene previsto con un terminale a prese multiple con possibilità di variazione della tensione di uscita del ±1,5 - 2,5- 5% per compensare le perdite in funzione del carico applicato.

225

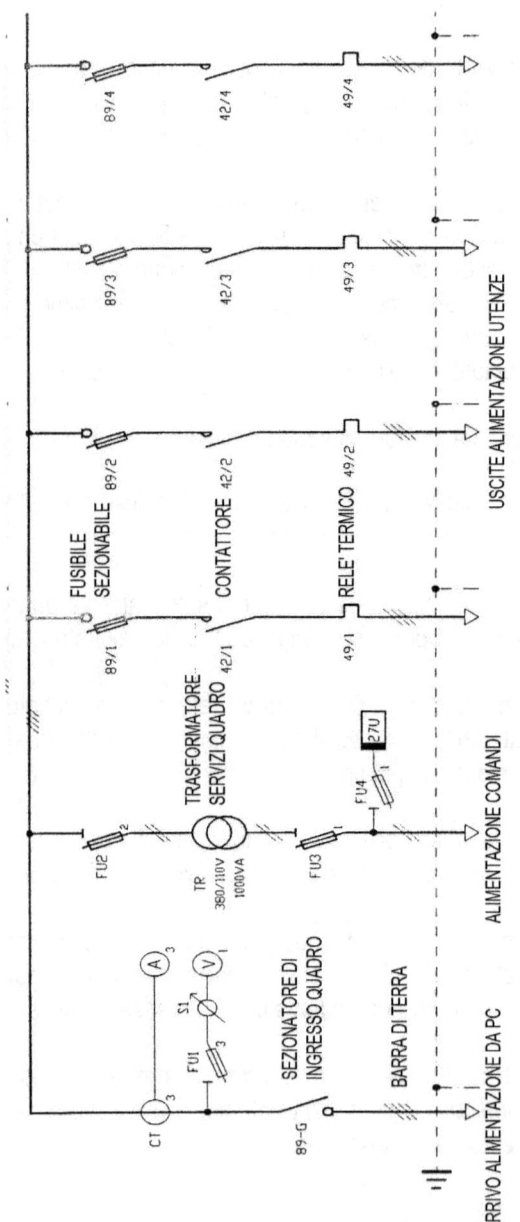

fig.25.21

Nel caso di reti ballerine che influenzano il funzionamento dei contattori provocando anche la loro apertura indesiderata, il trasformatore di alimentazione dei circuiti di controllo viene sostituito con uno stabilizzatore.

Lo schema elettrico dei quadri a cassetti fissi è analogo a quello dell'MCC a cassetti estraibili con la differenza che nel quadro a cassetti fissi non esistono microinterruttori di controllo della posizione dei cassetti e connettori di isolamento delle connessioni.

Nel quadro QCM il sezionatore (o l'interruttore) di alimentazione 89-G può essere chiuso solo se la porta del quadro è chiusa e la porta non può venire aperta se il sezionatore non è aperto.

Ogni cassetto tratta i collegamenti di una singola utenza. L'alimentazione dei circuiti di controllo arriva ai doppi morsetti 1 e 2, alimenta il circuito di comando del contattore 42/2 e passa ad alimentare il contattore del circuito successivo.

Il circuito di comando è alimentato se è chiuso il sezionatore valvola del fusibile FU-2A e il fusibile 2A non è intervenuto e se è chiuso il sezionatore valvola 89/2.

Se il sezionatore valvola 89/2 è chiuso, risulta chiuso il contatto fra i morsetti 3 e 4. Se sul sezionatore sono inseriti i tre fusibili di potenza e i fusibili non sono intervenuti il contatto fra i morsetti 1 e 2 è chiuso, In queste condizioni il circuito di comando risulta alimentato.

Il circuito di alimentazione si apre se il sezionatore viene aperto o se interviene un fusibile il cui percussore fa aprire il microinterruttore 89/2 fra i morsetti 1 e 2 anche se il sezionatore è nella posizione di chiuso, il sezionatore è chiuso.

I comandi possono essere locali o a distanza. Il comando locale SL1 ha la preminenza sul comando a distanza.

Con SL1 chiuso fra i morsetti 6 e7 sono attivi i comandi locali. Contemporaneamente è aperto il contatto fra i morsetti 7 e 8 e disattivato il comando a distanza con il commutatore SL2A.

Portando il commutatore per un istante in posizione avviamento, si chiude il contatto fra i morsetti 9 e 10, si eccita la bobina del contattore 42/2 se sono presenti i consensi esterni.

Il contattore si autoalimenta con un contatto in chiusura fra i morsetti 13 e 14 e rimane eccitato fino all'apertura de contatto 6 - 7 del commutatore SL1 oppure per intervento del relè termico 49/2 che richiede una ricarica manuale.

Il comando e identico con il commutatore SL2A inserito dal contatto fra i morsetti 2 e 3 di SL1.

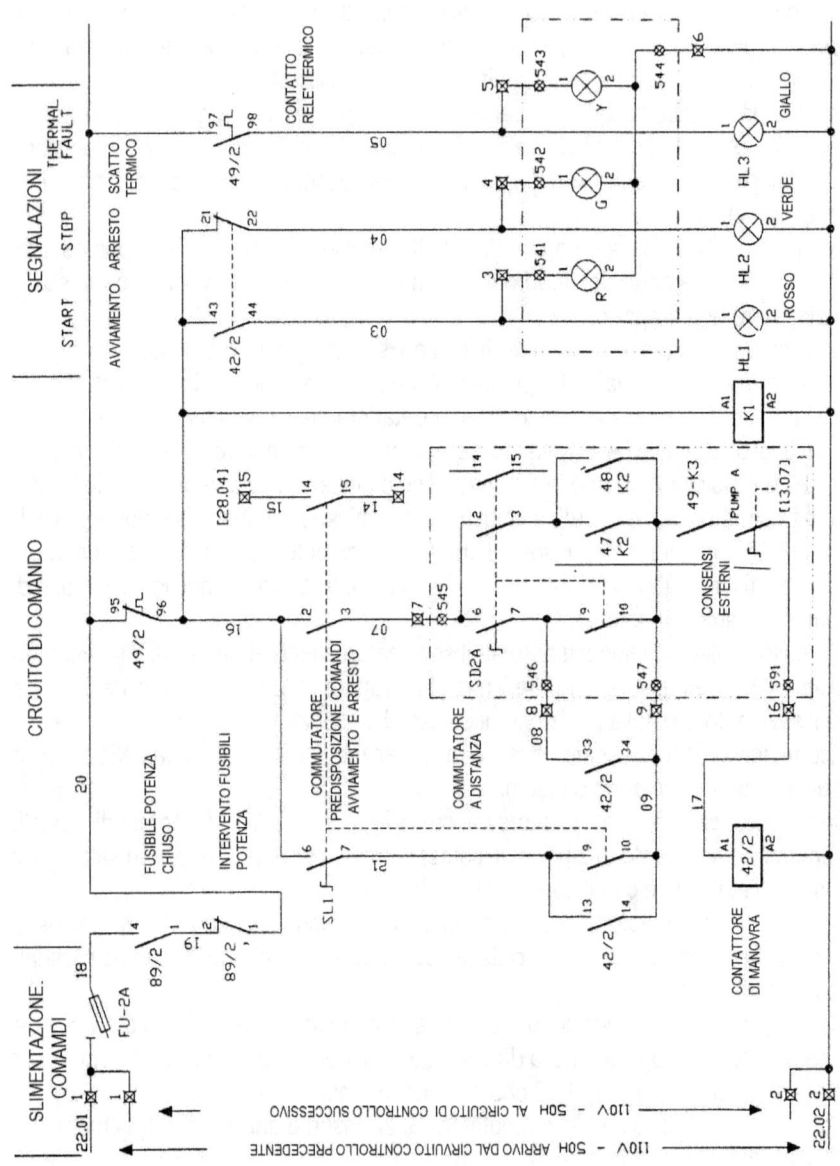

fig. 25.22

CAPITOLO 26 Quadri componibili per piccola distribuzione

26.1 CASSETTE COMPONIBILI

Le cassette di derivazione componibili per gli impianti elettrici costituiscono un complesso di elementi modulari che permette di realizzare rapidamente quadretti elettrici di forma e dimensioni diverse con funzione di quadretti di distribuzione e protezione o semplicemente di quadretti di connessione. La figura 26.11 mostra un esempio di cassette accoppiabili fra loro.

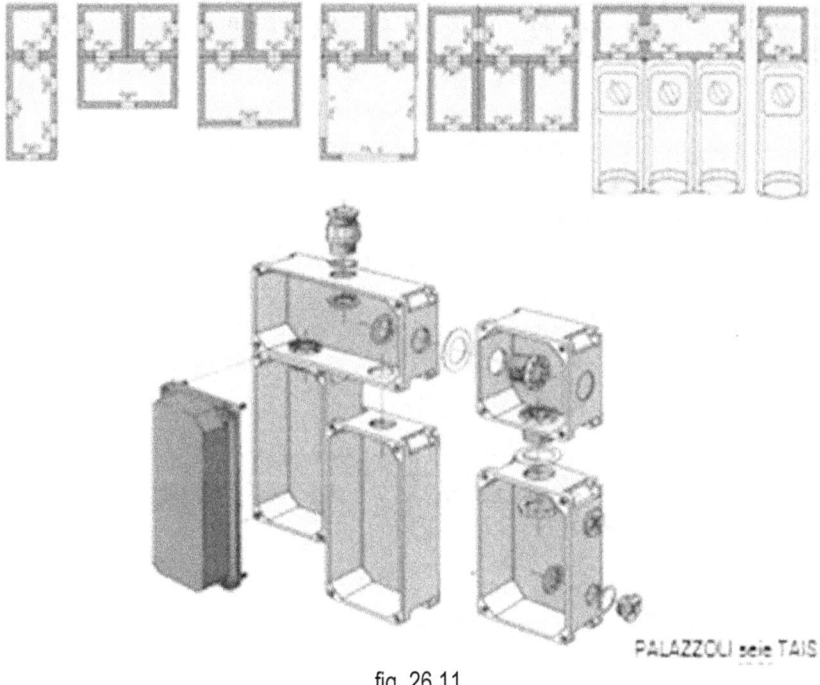

fig. 26.11

Utilizzate come cassette di derivazione diventano cassette di connessione e realizzano la stessa funzione dei quadri morsettiere intermedie della figura 13.61. Le cassette di derivazione possono essere costruite in materiale termoplastico oppure materiale metallico normalmente in alluminio o acciaio usato solo per applicazioni speciali.

Le cassette componibili in materiale termoplastico permettono l'installazione di sbarre di distribuzione, morsettiere, interruttori automatici, fusibili e commutatori utilizzati come sezionatori di manovra. Possono inoltre e possono accogliere altre apparecchiature per la realizzazione di circuiti con logiche di controllo.

Le cassette in plastica pesante sono impermeabili, resistono a temperature elevate sono autoestinguenti, sopportano atmosfere corrosive, resistono agli urti agli agenti chimici all'umidità ai vapori corrosivi.

Si prestano all'installazione in ambienti meccanicamente protetti all'interno e all'esterno.

I cavi entrano nelle cassette attraverso bocchettoni a tenuta sagna che non modificano le caratteristiche di tenuta.

Le cassette installate a seconda della utilizzazione possono essere equipaggiate con morsettiere o con sistemi di sbarre per ottenere l'equipaggio voluto.

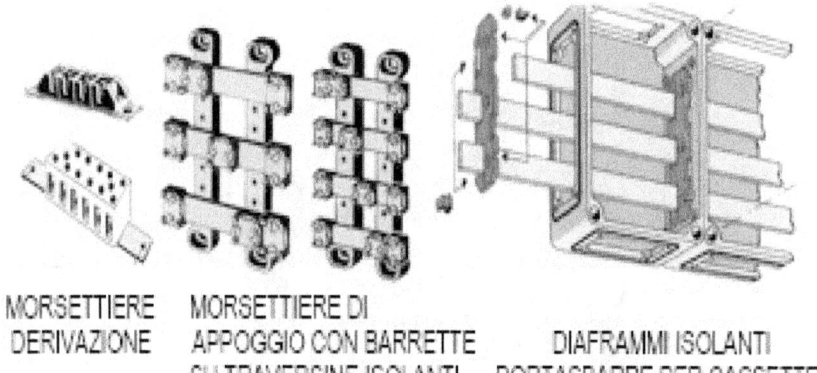

MORSETTIERE
DERIVAZIONE

MORSETTIERE DI
APPOGGIO CON BARRETTE
SU TRAVERSINE ISOLANTI

DIAFRAMMI ISOLANTI
PORTASBARRE PER CASSETTE
CON FINESTRE

fig. 26.12

La figura 26.12 mostra gli equipaggiamenti tipici di morsettiere di derivazione, di morsettiere di appoggio di circuiti di potenza a tre fasi o tre fasi con neutro e il sistema di sbarre per un quadro di potenza componibile.

Le sbarre nude sono ricoperte quando necessario da involucri tubolari isolanti. Sono sostenute all'ingresso di ogni cassetta in resina da diaframmi in poliestere rinforzato con fibre di vetro.

In modo analogo si costruiscono i quadri componibili in alluminio.

La figura 24.13 rappresenta la composizione di cassette in alluminio per la combinazione di sistemi morsettiere e per la suddivisione di cavi.

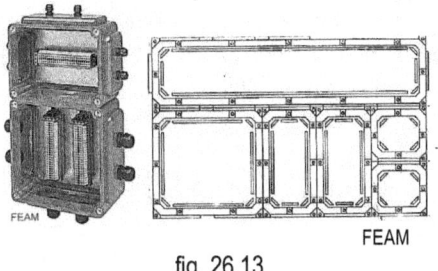

fig. 26.13

Per la costruzione dei quadri le cassette hanno le pareti laterali aperte per permettere il passaggio di sbarre e di cavi di interconnessione, sono collegate fra loro con apposite guarnizioni e sono lateralmente chiuse con piastre amovibili per il montaggio degli elementi di uscita. La figura 26.14 rappresenta un quadretto di

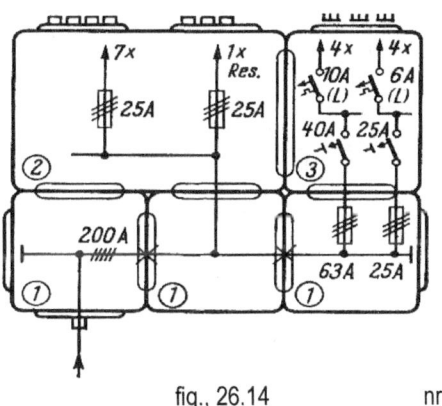

fig., 26.14   nr

distribuzione con alimentazione che arriva alla cassetta 1 di sinistra e passa alle altre cassette 1 per mezzo di un sistema di sbarre da 200A. La cassetta 1 di centro alimenta direttamente la sbarra della cassetta 2 alla quale sono collegate due terne di fusibili da 25A. L'ultima cassetta alimenta attraverso una terna di fusibili da 63A un interruttore da 40 A collegato a una serie di quattro interruttori da 10A e attraverso un interruttore da 25A quattro interruttori da 6A.
Gli ingressi e le uscite sono realizzati attraverso bocchettoni.

La figura 26.15 rappresenta un quadro di distribuzione più esteso per sistemazione a parete o sopra un telaio di supporto. L'ingresso dell'alimentazione 1 attraverso i fusibili da 630A della cassetta 3 alimenta con l'interruttore da 400A della cassetta 4 le sbarre nelle cassette 17 e 18 dalle quali **si** alimenta la cella 6 con trasformatore di misura della corrente letta dal dispositivo Z nella cella 19 e l'uscita 2 attraverso il fusibile da 250A della cella 5. Sono inoltre alimentate le

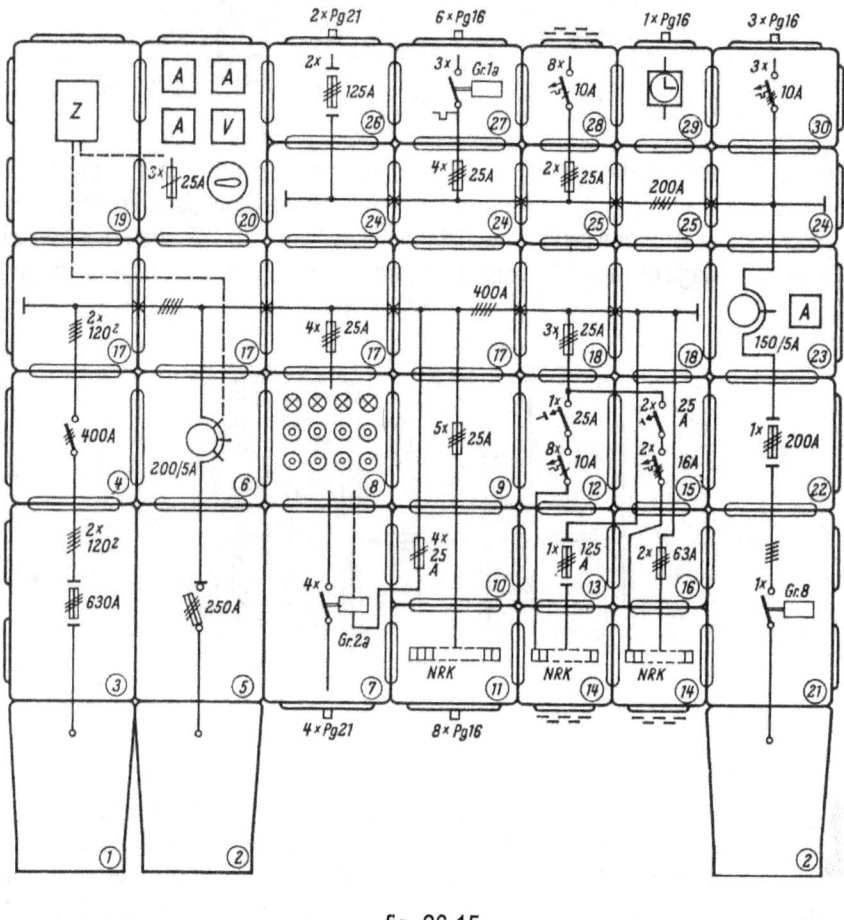

fig. 26.15 nr

cassette 17 e 18 che alimentano le partenze di alimentazione dalle cassette 11, 14, 19 con uscita verso il basso.

La cassetta 2 di destra alimenta la sbarra delle cassette 24 e 25 con uscita dall'alto attraverso il fusibile 26 da 125A, e gli interruttori con uscite verso l'alto.

fig. 26.16   nr

La figura 26.16 mostra un esempio di quadro componibile nel quale sono visibili le sbarre di alimentazione alimentate dall'interruttore di ingresso e collegate con conduttore rigido alle partenze. Il conduttore impiegato deve essere di tipo flessibile in presenza di forti vibrazioni e per l'alimentazione di utenze capaci di generare forti vibrazioni.
La copertura delle cassette può essere trasparente o opaca secondo le necessità.

26.2 QUADRI A CASSETTE COMPONIBILI

Le cassette porta apparecchiature in acciaio possono essere composte fra loro per realizzare quadretti locali di controllo comando e distribuzione adatti all'installazione in qualsiasi ambiente all'interno, all'esterno in presenza di atmosfere saline o inquinanti e in formazioni diverse per installazione in ambienti con pericolo di incendio e di esplosione.

fig. 26.21

La sistemazione può essere eseguita a parete o su telaio metallico se necessario protetto da una tettoia.
La figura 26.21 rappresenta una cassa antideflagrante in acciaio equipaggiata per un avviatore di motore elettrico. La costruzione dei quadri antideflagranti segue una normativa specifica molto rigida.

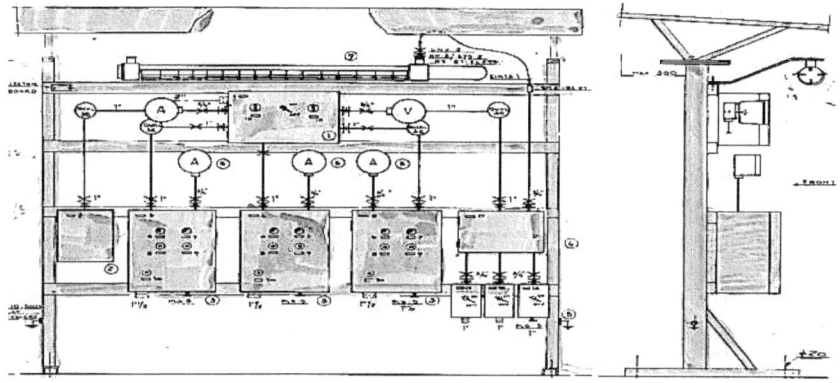

fig. 26.22

La figura 26.22 rappresenta un sistema per installazione all'aperto in un quadretto in alluminio per ambienti con pericolo di incendio.

Il sistema comprende tre casse di distribuzione che alimentano tre motori elettrici separati completamente fra loro e due casse strumenti separate disposte sotto tettoia adatta per installazione all'esterno.

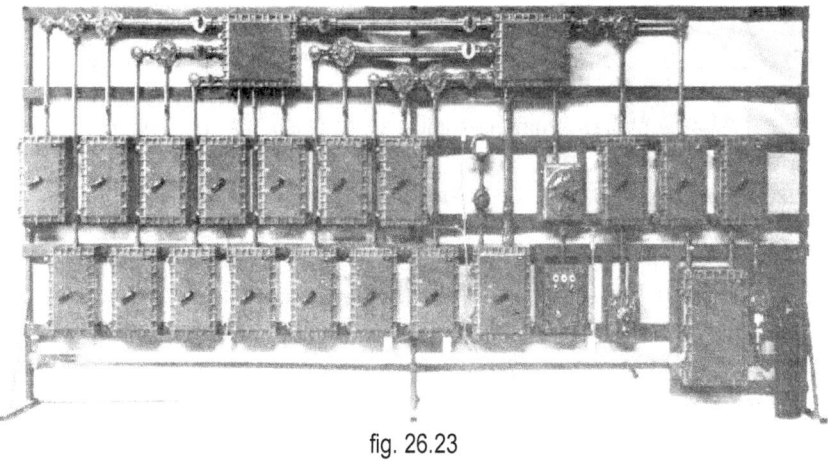

fig. 26.23

La figura 26.23 rappresenta un quadro di distribuzione antideflagrante montato su telaio per installazione a parete.

Nella esecuzione per l'installazione all'interno, i quadri componibili stagni realizzati con cassette componibili in resina pesante si presentano come nella figura 26.24. I quadri sono attrezzati con sistema di sbarre alle quali sono collegati i sezionatori di manovra, i fusibili di protezione e gli equipaggiamenti adatti al collegamento dei cavi in partenza.

fig. 26.24

I quadri di questo tipo hanno un ingombro e un peso ridotti, vengono installati a muro e se utilizzati correttamente hanno una durata illimitata anche se installati all'esterno.

Possono essere dotati di strumenti sugli arrivi dell'alimentazione e possono avere coperchi opachi o trasparenti.

Se necessario i coperchi possono essere profondi per rendere possibile disporre di maggiori spazi in altezza.

I quadri trovano impiego nel settore privato e in quello pubblico, Vengono impiegati nelle officine industriali e nelle centrali elettriche di produzione e distribuzione.

Le cassette costruite con rapporto fra larghezza e lunghezza standardizzato dal costruttore consentono di essere composte in modo da realizzare diversi disegni di distribuzione.

Le cassette vengono assiemate fra loro interponendo guarnizioni di gomma unite con viti a testa isolata.

La figura 26.24 rappresenta un quadro per installazione sospesa a parete per sistemi di distribuzione a elementi componibili per bassa tensione.

26.3 QUADRETTI APPARECCHIATURE IN LAMIERA

Le casse e le cassette in lamiera assiemabili per comporre apparecchiature ad armadio sono elementi di piccole dimensioni con porta frontale piena o trasparente come in figura 26.31 e sono costruite per sistemazione a parete.
L'entrata dei cavi può avvenire dalla testata superiore o inferiore che normalmente sono dotate di sportelli asportabili facilmente attrezzabili con bocchettoni o muffole di uscita dei cavi e possono essere dotate di passaggi laterali per la realizzazione di quadri

1 CASSA CON PORTA PIENA - 2 CASSA CON PORTA TRASPARENTE - 3 CASSA CON PORTA INTERNA PIENA E PORTA TRASPSRENTE - 4 CASSA CON TELAIO INTERNO, PORTA PER APPARECCHIATURE E PORTA DI PROTEZIONE TRASPARENTE

fig. 26.31

Le casse sono costruite in lamiera metallica con guarnizioni di tenuta sulle porte e sugli sportelli. La piastra interna di fondo è ribordata sui quattro lati per il fissaggio delle apparecchiature interne.
Lo sportello di chiusura frontale quando è trasparente permette di vedere le apparecchiature interne senza consentire l'accesso che risulta riservato al personale qualificato che dispone dei necessari mezzi di apertura.
Le casse con doppia porta permettono la disposizione di apparecchiature di manovra e segnalazione sul pannello frontale metallico e di chiudere il quadro con

la porta a vetro per renderla non direttamente accessibile isolando le parti delicate e in tensione.

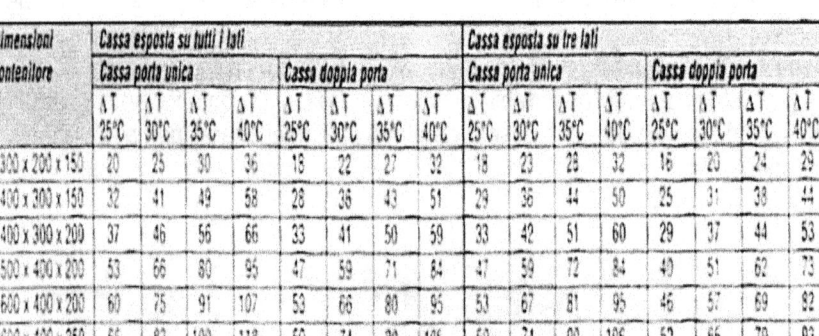

Dimensioni contenitore	Cassa esposta su tutti i lati								Cassa esposta su tre lati							
	Cassa porta unica				Cassa doppia porta				Cassa porta unica				Cassa doppia porta			
	ΔT 25°C	ΔT 30°C	ΔT 35°C	ΔT 40°C	ΔT 25°C	ΔT 30°C	ΔT 35°C	ΔT 40°C	ΔT 25°C	ΔT 30°C	ΔT 35°C	ΔT 40°C	ΔT 25°C	ΔT 30°C	ΔT 35°C	ΔT 40°C
300 x 200 x 150	20	25	30	36	18	22	27	32	18	23	28	32	16	20	24	29
400 x 300 x 150	32	41	49	58	28	36	43	51	29	36	44	50	25	31	38	44
400 x 300 x 200	37	46	56	66	33	41	50	59	33	42	51	60	29	37	44	53
500 x 400 x 200	53	66	80	95	47	59	71	84	47	59	72	84	40	51	62	73
600 x 400 x 200	60	75	91	107	53	66	80	95	53	67	81	95	46	57	69	82
600 x 400 x 250	66	82	100	118	59	74	89	105	59	74	90	106	52	65	79	93
600 x 600 x 250	90	113	137	162	79	99	121	142	80	100	122	143	68	86	104	123
700 x 500 x 200	79	99	120	142	69	86	105	124	69	87	106	125	59	74	89	105
700 x 500 x 250	86	108	131	154	78	95	115	136	77	96	116	137	66	83	100	118
800 x 600 x 250	88	111	135	159	95	119	145	171	96	120	146	172	81	102	124	146
800 x 600 x 300	99	125	151	179	85	107	130	154	89	112	135	163	89	112	136	161
1000 x 600 x 250	103	130	157	186	89	111	135	160	103	129	156	184	75	94	114	134
1000 x 600 x 300	162	204	247	292	135	170	206	243	140	175	212	250	111	139	168	199
1200 x 600 x 300	138	173	210	248	115	145	175	207	119	149	181	213	97	122	148	174
1200 x 800 x 400	233	293	355	419	197	247	299	353	203	255	310	364	164	205	249	294
1400 x 800 x 400	262	329	399	471	224	282	341	403	231	290	351	416	189	237	287	339

tab. 26.32

Le cassette di questo tipo hanno dimensioni normalizzate con larghezza di 400 ÷ 800 mm, profondità di 150 ÷ 400 mm e altezza di 500 ÷ 1400 mm, possono essere corredate di equipaggiamenti di blocco porta, di squadrette che permettono di regolare la profondità di installazione del pannello interno e di staffe di fissaggio a parete.
Le tabelle 26.32 e 26.33 riportano secondo le norme CEI (17-43) i valori di dissipazione in watt in funzione della sovratemperatura e del sistema di posa.

Così ad esempio una cassa con dimensioni 500 x 400 x 200 con uno sportello unico posizionata a parete in un ambiente con temperatura massima di 30° C che raggiunge una temperatura interna di 65°C (sovratemperatura di 35°C rispetto all'ambiente) dissipa verso l'esterno una potenza di 72 W.

Dimensioni contenitore	Cassa esposta su due lati								Cassa esposta su un lato							
	Cassa porta unica				Cassa doppia porta				Cassa porta unica				Cassa doppia porta			
	ΔT 25°C	ΔT 30°C	ΔT 35°C	ΔT 40°C	ΔT 25°C	ΔT 30°C	ΔT 35°C	ΔT 40°C	ΔT 25°C	ΔT 30°C	ΔT 35°C	ΔT 40°C	ΔT 25°C	ΔT 30°C	ΔT 35°C	ΔT 40°C
300 x 200 x 150	16	21	25	29	14	18	22	26	15	19	23	27	13	16	20	23
400 x 300 x 150	27	33	41	48	23	29	35	41	25	31	38	45	21	26	32	38
400 x 300 x 200	30	38	46	55	27	33	41	48	28	35	43	50	24	30	37	43
500 x 400 x 200	44	55	67	75	37	47	57	67	41	51	62	73	34	43	52	62
600 x 400 x 200	49	62	75	88	42	53	64	75	46	57	69	82	38	48	58	69
600 x 400 x 250	54	68	83	98	47	59	72	85	50	63	76	90	43	54	65	77
600 x 600 x 250	75	94	114	133	64	80	97	115	70	88	107	126	59	74	90	107
700 x 500 x 200	66	82	97	117	54	68	83	98	61	76	92	109	50	63	77	91
700 x 500 x 250	71	89	108	128	61	76	92	109	66	83	100	118	55	70	85	100
800 x 600 x 250	89	113	136	161	76	95	115	136	84	105	127	150	70	88	106	125
800 x 600 x 300	84	105	127	150	83	104	126	149	89	112	136	161	76	95	115	136
1000 x 600 x 250	97	122	147	174	88	110	133	157	81	102	124	146	80	101	123	145
1000 x 600 x 300	130	163	198	233	104	131	159	188	124	155	188	222	99	125	151	178
1200 x 600 x 300	109	137	196	226	90	113	137	161	102	129	156	184	82	103	125	148
1200 x 800 x 400	190	238	288	340	149	188	227	269	174	218	264	312	137	171	208	245
1400 x 800 x 450	213	267	323	381	169	212	257	304	200	250	303	358	154	193	234	276

tab. 26.33

Per valori non contemplati in tabella si può determinare la dissipazione con una interpolazione grafica sui valori indicati nelle tabelle.

Così ad esempio in un diagramma come nella figura 26.34 si riportano in ascisse una scala lineare di temperature e in ordinate una scala lineare della potenza dissipata.
Si traccia la retta delle perdite per due valori noti con una sovratemperatura ad esempio di 25°C – 53W e 35°C - 80. Si traccia la retta passante per i punti di incrocio delle due coppie di valori.
Per i valori cercati di 20°C si legge sull'ordinata il valore di 20W o per 80W di dissipazione si legge una temperatura di 40°C sull'ambiente la

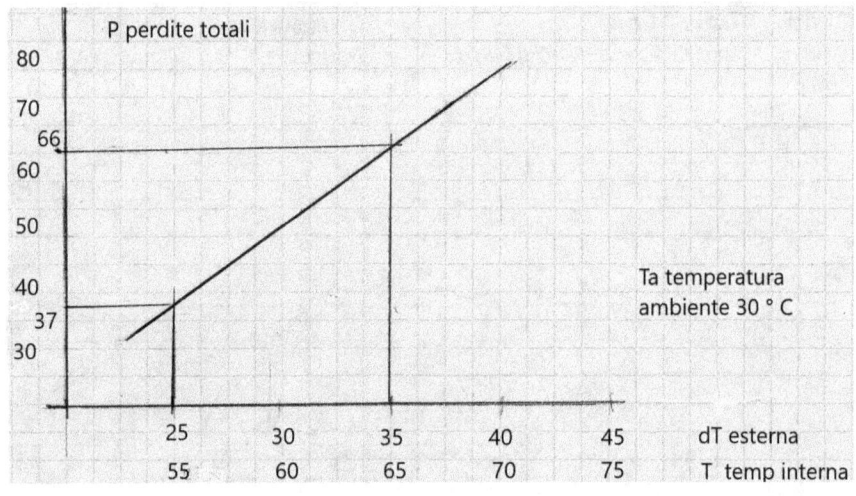

fig. 26.34

Le cassette per impiego marino possono avere un rivestimento (60 μ) in poliestere che ne aumenta la resistenza agli agenti atmosferici e agli ambienti caldo umidi salini. Queste cassette trovano impiego nelle industrie agroalimentari, distillerie, cucine, caseifici e nelle industrie chimiche farmaceutiche cartarie.

La composizione dei quadretti in lamiera si ottiene assiemando fra loro cassette di dimensioni normalizzate aperte sulle quattro pareti laterali per ottenere un passaggio libero dei collegamenti elettrici fra le diverse cassette che sono assiemate con apposite guarnizioni che consentono di ottenere fra loro la tenuta stagna.

Le cassette hanno fondo chiuso con piastra. La chiusura di ogni cassetta può prevedere un portello pieno o un portello portastrumenti chiuso protetto esternamente da un portello trasparente.

Il pannello esterno può anche essere metà chiuso e metà trasparente adatto per ottenere una chiusura stagna e un fissaggio sicuro dei componenti di comando.

I quadri costruiti con cassette stagne in lamiera sono assiemati secondo la figura 26.35.

fig. 26.35   nr

Vengono costruiti ad esempio secondo moduli con base di 600x380 e altezze di 332,500,752,1004 mm.

26.4 QUADRI DI DISTRIBUZIONE A CASSETTE DI FUSIONE

I quadri di distribuzione costruiti assiemando cassette componibili di fusione attrezzate per ottenere sistemi di piccola distribuzione per installazione all'interno o all'esterno possono essere utilizzati per impianti fissi o per servizio provvisorio. Il quadro della figura 26.41 rappresenta un quadro componibile costruito con cassette in fusione di alluminio. L'alimentazione in cavo arriva alla

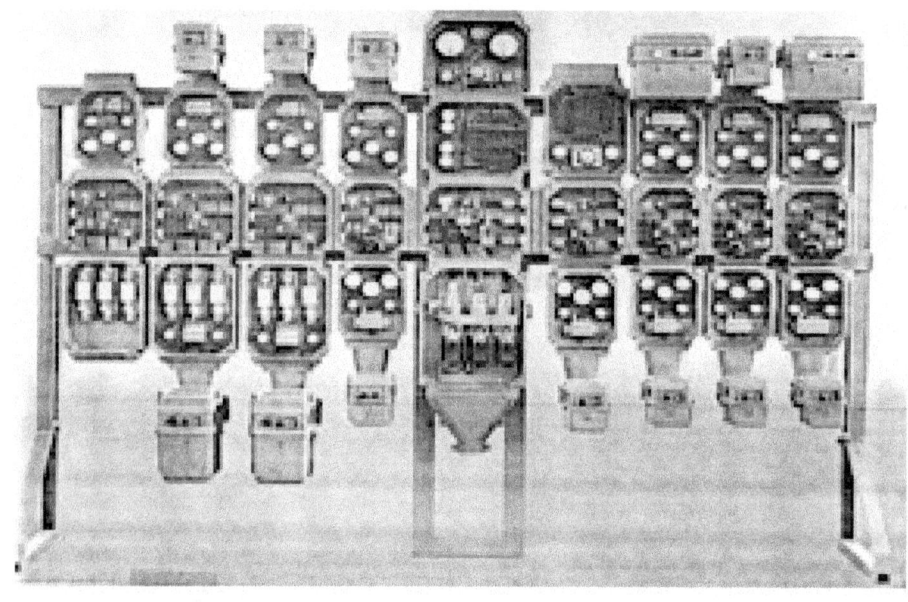

fig. 26.41

muffola centrale dal basso e alimenta direttamente un sistema di sbarre inserite nelle cassette di distribuzione, alle quali sono collegate le cassette con i fusibili di protezione delle linee in partenza. Le linee in partenza possono alimentare un avviatore per il comando di un motore elettrico o una linea di uscita. Il contattore può essere comandato da una pulsantiera locale o da un comando a distanza. Il quadretto completamente chiuso è stagno all'acqua cadente sotto forma di pioggia o spruzzi provenienti da ogni direzione.

26.5   QUADRETTI DI DISTRIBUZIONE PER CANTIERE

L'energia elettrica nei cantieri viene distribuita per alimentare, durante la costruzione delle opere civili, i servizi generali rappresentati dagli uffici, dai magazzini e dagli eventuali alloggiamenti del personale e le utenze specifiche di cantiere come le betoniere, i macchinari di sollevamento, le pompe di esaurimento e in generale tutte quelle attrezzature con alimentazione elettrica che possono essere impiegate per l'esecuzione della costruzione.

L'alimentazione di queste utenze assume una funzione di esercizio provvisorio e non ha nessun collegamento funzionale con la realizzazione degli impianti e delle installazioni finali del manufatto.

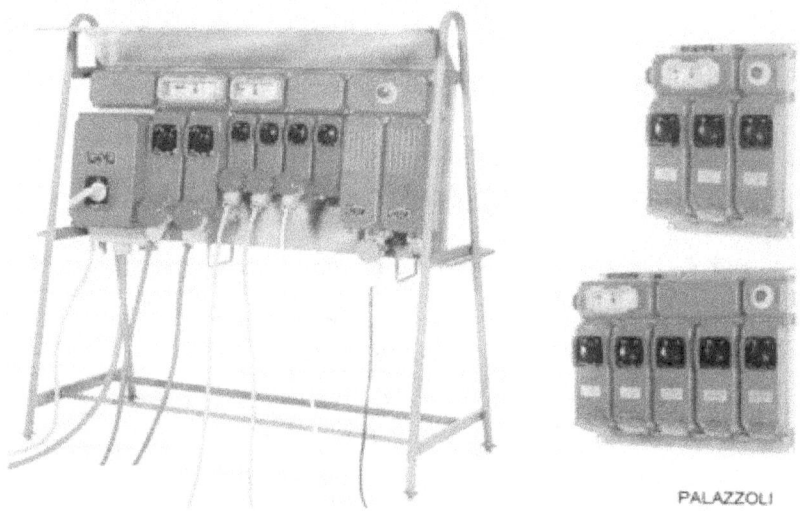

fig.26.51

Per questo tipo di distribuzione possono essere utilizzati diversi tipi di quadro.

Un quadro di distribuzione da cantiere è costituito da un arrivo linea che alimenta un certo numero di partenze. Il cavo di arrivo dell'alimentazione può essere inserito se l'interruttore generale di ingresso è aperto. Con la chiusura dell'interruttore di ingresso si alimentano successivamente gli interruttori di tutte le partenze.

Gli elementi di partenza comprendono ciascuno una presa interbloccata con un sezionatore o un interruttore di alimentazione. Ogni presa di uscita è alimentata a valle dell'interruttore generale di ingresso.

La protezione della derivazione di entrata può essere realizzata mediante interruttore automatico o mediante fusibili.

La corrente viene prelevata dalla partenza mediante la spina terminale di un cavo. La spina può essere inserita nella relativa presa del quadretto soltanto con sezionatore o l'interruttore aperto e può essere disinserita dalla presa soltanto dopo l'apertura dell'apparecchio di sezionamento.

La partenza viene equipaggiata secondo le esigenze di cantiere con il numero di prese desiderato.

Nella figura 26.51 è rappresentato un quadretto di cantiere costituito da un telaio a cavalletto in tubo di acciaio saldato che costituisce il supporto di una lamiera di fondo sulla quale vengono fissati i componenti del quadro di distribuzione. Il telaio è corredato di un tettuccio per la protezione dagli agenti atmosferici.

Il quadro prevede opportune maniglie laterali per il suo spostamento.

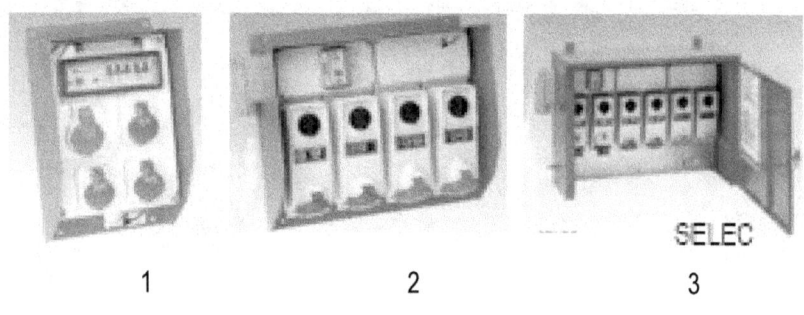

fig. 26.52

Le partenze possono essere utilizzate per alimentare direttamente una propria utenza oppure per alimentare un sottoquadro del tipo di figura 26.52-1-2 o un quadretto finale da parete adatto ad alimentare una o più utenze. Il quadretto finale può essere protetto da un tettuccio e da una carpenteria con sportello chiudibile con lucchetto del tipo di figura 26.52-3.

Le derivazioni verso l'utenza possono essere realizzate con prolunghe portatili, con prolunghe munite di terminale a sospensione, prolunghe avvolgibili, prolunghe con quadretto terminale multiplo con o senza sezionatore di blocco della spina.
Le prolunghe in alcuni tipi sono rappresentate nella figura 26.53

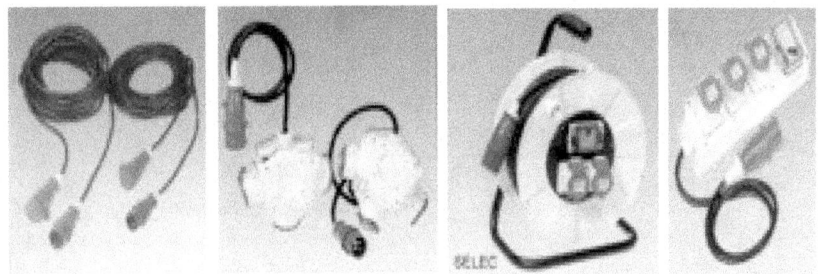

SELEC

fig. 26.53

La figura 26.54-1 rappresenta una prolunga con quadretto terminale di distribuzione portatile con quattro prese di uscita protette singolarmente da un coperchio. Il quadretto può prevedere un interruttore automatico di ingresso per

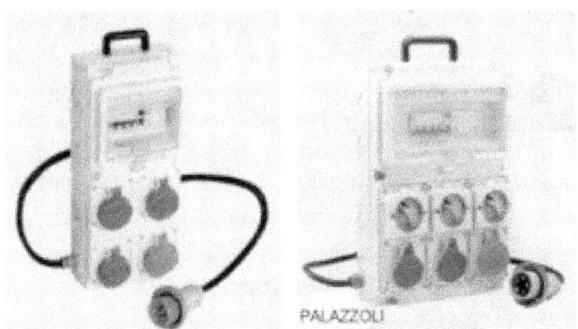

fig. 26 54

la protezione differenziale. La figura 26.54-2 rappresenta un quadretto con un sezionatore di inserzione per ciascuna delle tre prese. Le spine sono previste di blocco all'inserzione e alla estrazione con sezionatore di uscita chiuso.

I quadretti di queste prese possono essere costruiti in alluminio o in resina assiemati come nella figura 26.55-1 con un contenitore delle barre di distribuzione accoppiabile lateralmente con un altro contenitore per moltiplicare il numero delle partenze.

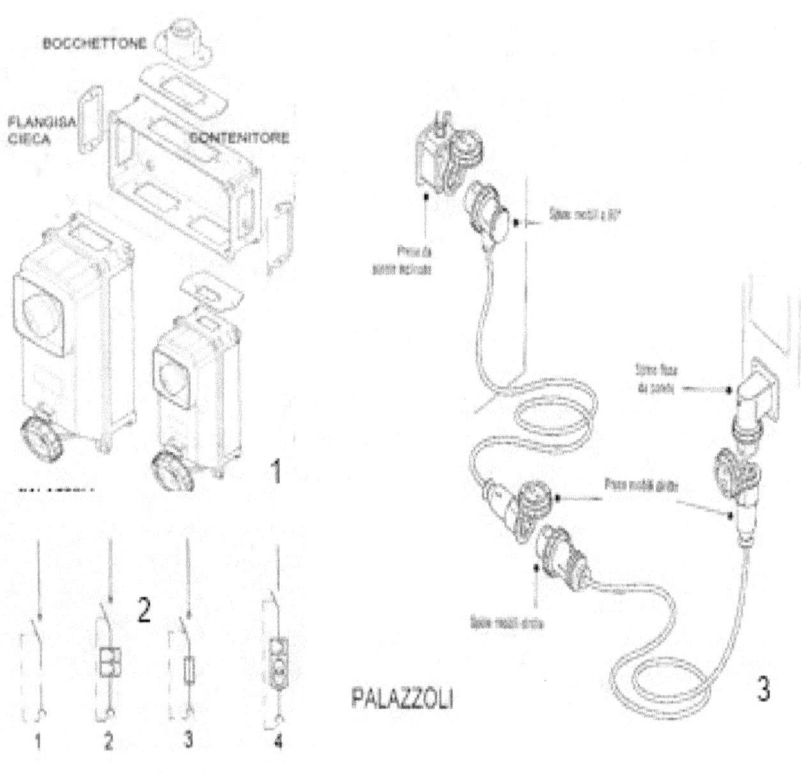

fig. 26.55

La figura 24.55-2 rappresenta i possibili schemi delle partenze che possono essere costituite da interruttore di manovra interbloccato con la presa, interruttore automatico magnetotermico interbloccato con la presa, interruttore interbloccato con la presa e fusibile di protezione sulla derivazione, interruttore interbloccato sulla presa e trasformatore protetto con relè termico diretto.

La figura 24.55-3 rappresenta l'utilizzazione tipica delle prolunghe.

26.6   QUADRETTI FISSI PER PICCOLA DISTRIBUZIONE

La piccola distribuzione è utilizzata negli stabilimenti industriali e nel terziario per alimentare utenze mobili inserite solo saltuariamente ad esempio per operazioni di manutenzione di singole macchine o di sezioni di impianto. La componentistica impiegata per queste distribuzioni è del tutto simile a quella utilizzata per la distribuzione mobile nei cantieri, ma a differenza di questa i quadretti sono montati su piastre che consentono il fissaggio a parete. L'alimentazione dei quadretti locali è fissa e derivata dal quadro di distribuzione generale nel quale è previsto un interruttore per ogni partenza. L'impianto si presenta come nella figura 26.61. I quadretti sono costruiti in materiale termoindurente per applicazioni generali anche gravose.

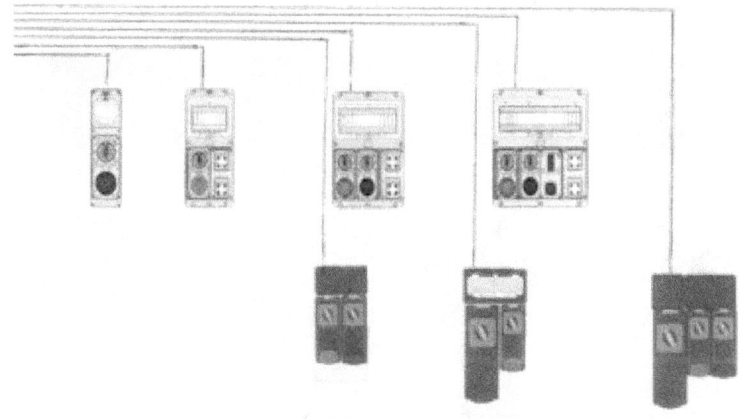

fig. 26.61

Le custodie dei contenitori vengono scelte in alluminio pressofuso per applicazioni dove sono possibili sollecitazioni particolarmente intense. I contenitori in plastica possono rompersi o incrinarsi quando sono sottoposti a urti e possono fessurarsi a causa dell'attacco di agenti chimici.
I contenitori di plastica fessurati possono produrre accumulo di cariche elettrostatiche e generare lo sviluppo di incendi. Se le condizioni di impiego prevedono la possibilità di sollecitazioni meccaniche e chimiche pericolose si deve ricorrere all'uso di contenitori in alluminio sia per i quadretti che per le spine.

L'alluminio non brucia, non propaga la fiamma, non emette gas tossici, non si frattura mantiene inalterate le distanze fra le parti attive e l'involucro eliminando la possibilità di formazione di archi, non accumula cariche elettrostatiche e rallenta la velocità di propagazione degli incendi. Costituisce inoltre una adeguata protezione contro la polvere e la penetrazione di liquidi. I quadretti in resina epossidica si impiegano nelle cantine, distillerie, aree portuali, aeroporti, container, celle frigorifere, depositi di combustibile industrie chimiche, allevamenti zootecnici e stabilimenti industriali. I quadretti in alluminio pressofuso sono adatti per impiego gravoso nelle officine con notevoli movimentazioni di grossi componenti, nelle fonderie, altiforni, impianti per trattamenti termici, laminatoi, gallerie e miniere, officine meccaniche, impianti per sostanze abrasive, impianti di surgelazione, impianti di produzione di carpenterie, industrie conserviere, allevamenti di bovini e suini. Nella figura 24.62 sono rappresentati i tipi di presa che possono essere installati sui quadretti e alcune prese per sistemazione diretta a parete.

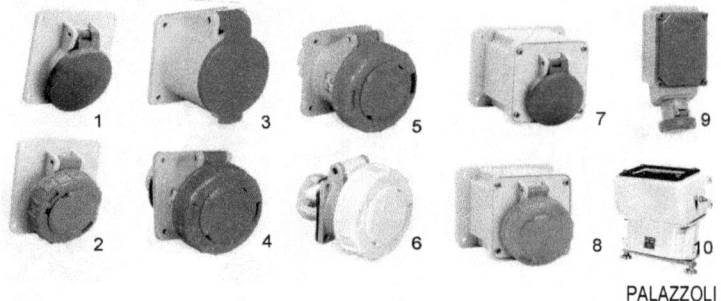

PALAZZOLI

PRESE: 1 CON SPORTELLO INCERNIERATO - 2 CON COPERCHIO AVVITATO - 3 DIRITTA SPORGENTE CON SPORTELLO - 4 SPORGENTE INCLINATA CON COPERCHIO - 5 DIRITTA STAGNA - 6 DIRITTA PER BASSA TENSIONE   7 SPORGENTE PROTETTA - 8 SPORGENTE STAGNA - 9 FISSA DA PARETE - FISSA PIATTA DA PARETE
fig. 26.62

A seconda dei tipi le prese vengono costruite per:

- CORRENTE NOMINALE DI   16A   32A   63A   125A
- COLLEGAMENTO   2P   2P+T   2P+N+T   3P   3P+T   3P+N+T
- TENSIONE NOMINALE   110V (110÷130) - 220V (200÷250) - 380V (380÷415) 500V
                         (480÷500) - >50V CON TRASFORMATORE DI ISOLAMENTO
- FREQUENZA   50÷60HZ - 100÷200HZ - 300÷400HZ - OLTRE 400HZ
- CORRENTE CONTINUA   >50÷250V - >250V

Le prese volanti utilizzate per le prolunghe e per i cavi di alimentazione di macchinari o di apparecchiature mobili sono rappresentate nella figura 24.63.

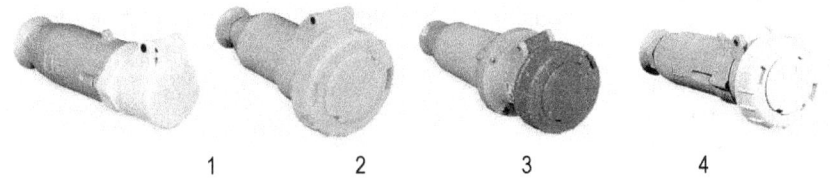

1   2   3   4

PRESE: 1   DIRITTA MOBILE   - 2   DIRITTA PER BASSISSIMA TENSIONE   - 3   DIRITTA
STAGNA   - 4   DIRITTA   STAGNA PER BASSISSIMA TENSIONE

fig. 24.63

Poiché i terminali portano tensione le prese sono sempre protette con opportuni coperchi che devono essere chiusi a spina disinserita. I diversi tipi di spina vengono assiemati per le polarità previste nelle prese alle quali verranno collegati.

SPINE: 1 MOBILE DIRITTA - 2 MOBILE DIRITTA PER BASSISSIMA TENSIONE - 3-4 MOBILE
DIRITTA STAGNA - 5   A POLI ALLINEATI PER CORRENTE FINO A 250 AMPER - 6 AD
ANGOLO - 7 STAGNA AD ANGOLO - 8 FISSA   DA PARETE   9 FISSA DA PARETE PER
BASSISSIMA TENSIONE   - 10 FISSA DA PARETE STAGNA - 11 FISSA DA ARETE

fig. 24.64

26.7 IMPIANTO SUI MODULI PREFABBRICATI

La costruzione modulare di apparati di impianti montati completi e finiti su telai trasportabili e utilizzata per quelle installazioni da trasportare in luoghi lontani dagli stabilimenti di produzione o con ridotte capacità e possibilità di montaggio. I moduli costruiti e collaudati in fabbrica sono subito pronti per l'utilizzazione e la messa in funzione.

fig. 26.71

La costruzione modulare consente di conseguire   economie di montaggio e di disporre rapidamente di sistemi finiti completamente concentrati su un telaio sul quale è possibile ispezionare tutti i componenti. Generalmente è prevista la possibilità di manovra locale di prova.
I dispositivi di controllo sono collegati ad una cassetta di derivazione per la raccolta dei segnali e dei comandi.

Anche le utenze di potenza sono collegate ad una cassa stacchi per la connessione ai sistemi di alimentazione.
Un esempio di questi moduli è rappresentato nella figura 26.71 nella quale sono installate due elettropompe meccanicamente e idraulicamente collegate con valvole di manovra e sono corredate di strumenti locali, trasduttori a distanza e altri apparecchi di controllo accessibili e facilmente ispezionabili.
Il comando locale delle pompe è riportato in un pilastrino attivabile mediante chiave di sicurezza durante le operazioni di messa in servizio o di manutenzione.

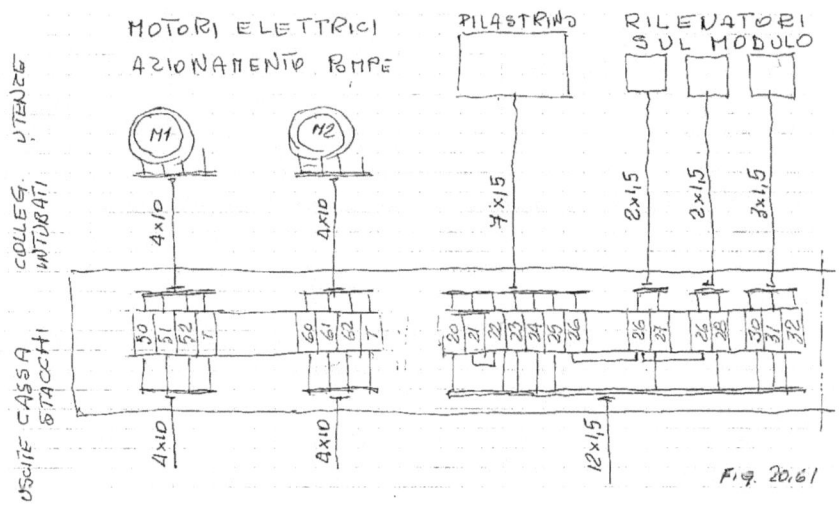

fig. 26.72

Tutti i collegamenti di potenza e di controllo sono riportati fino a una o più casse stacchi per il cablaggio generale.
Lo schema del modulo viene elaborato come nella figura 26.72 e costituisce parte integrante dello schema di cablaggio generale.

26.8 ARMADI E CASSETTE STRADALI

Gli armadi e le cassette stradali sono utilizzati principalmente per l'alimentazione di lampade di illuminazione di strade e di piazze e per alimentare i sistemi semaforici e di guida direzionale nelle strade. Sono inoltre impiegati per derivazioni temporanee dalla rete per l'alimentazione di piccoli cantieri e per gli impianti di segnalazione di lavori stradali e di cantieri.

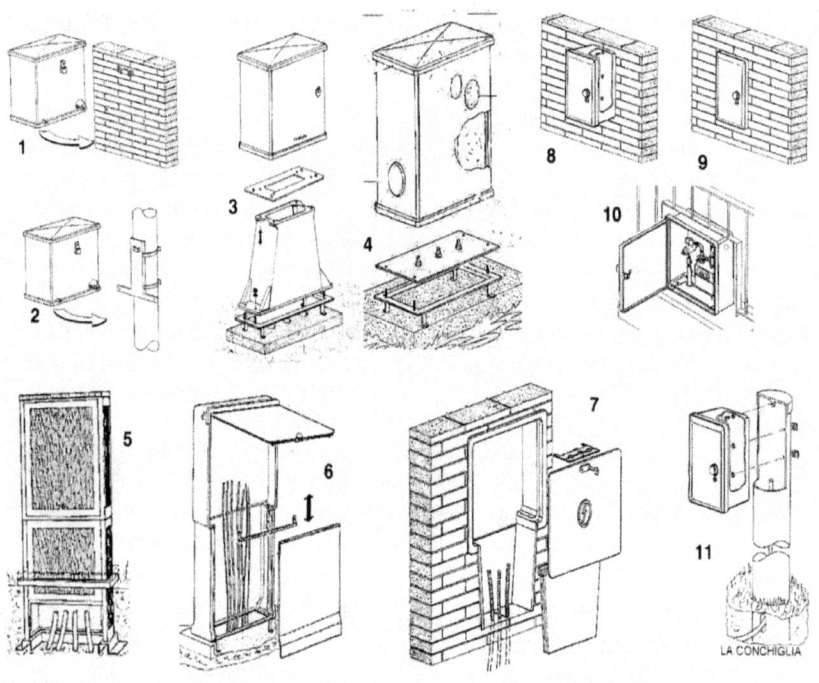

1 ARMADIO PER SOSPENSIONE A MURO · 2 ARMADIO PER SOSPENSIONE A PALO · 3 ARMADIO SU PIEDESTALLO
4 ARMADIO SISTEMATO SOPRA UNA SOLETTA · 5 – 6 ARMADIO A COLONNA · 7 ARMADIO A COLONNA DA INCASSO
8 QUADRETTO DA PARETE · 9 QUADRETTO DA PARETE AD INCASSO · 10 QUADRETTO SU MURETTO LIMITE
DI PROPRIETA' PER CONTATORI DI · 11 QUADRETTO SU SOSTEGNO A PALO

fig.26.81

li armadi o le cassette sono costruiti in resina epossidica o in lamiera di acciaio. A questi componenti viene richiesto di sopportare sollecitazioni meccaniche e ambientali particolarmente severe.

Possono infatti essere soggetti a urti occasionali di mezzi mobili in movimento oppure essere sottoposti durante le diverse stagioni e in diverse condizioni climatiche a irraggiamento solare, pioggia, neve tempeste di sabbia o altro.

Oltre alle condizioni atmosferiche queste apparecchiature devono essere in grado di garantire la tenuta contro la penetrazione di solidi, polveri o liquidi.

Gli armadi costruiti per queste applicazioni sono comunque frutto di una tecnologia specializzata anche per componenti di disegno semplice.

La figura 26-81 rappresenta alcuni armadi stradali a muro e a pavimento e le opere murarie necessarie per il loro fissaggio e il collegamento dei cavi in arrivo e partenza.

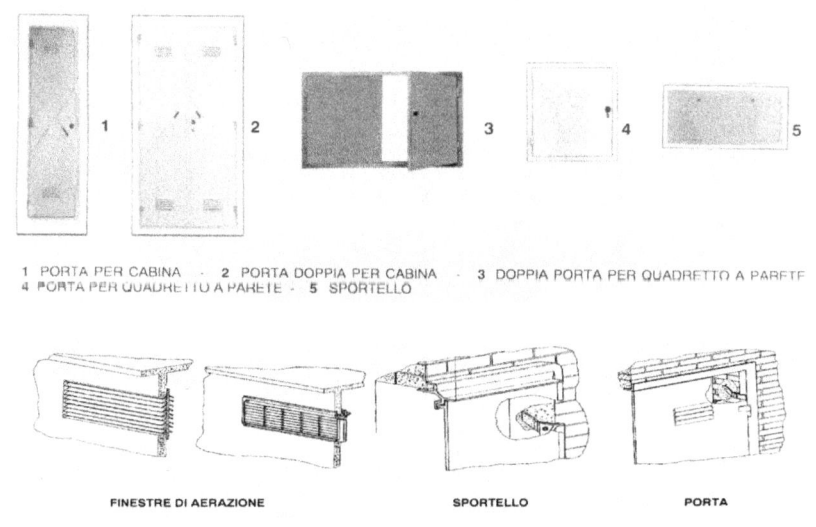

1 PORTA PER CABINA · 2 PORTA DOPPIA PER CABINA · 3 DOPPIA PORTA PER QUADRETTO A PARETE
4 PORTA PER QUADRETTO A PARETE · 5 SPORTELLO

FINESTRE DI AERAZIONE   SPORTELLO   PORTA

fig. 26.82

I quadri possono anche essere realizzati in muratura. In questo caso le aperture frontali vengono protette con sportelli o porte come in figura 26.82 adatte anche alla chiusura di locali per cabine elettriche, centrali termiche di riscaldamento e

253

produzione di acqua calda, quadri con centralizzazione di contatori di energia elettrica, quadri per contatori di gas o di acqua.

Queste applicazioni possono essere completate con sportelli diaerazione. Nella figura 26.83 sono rappresentate le soluzioni più diffuse di cassette stagne di derivazione a giorno sistemate a muro o su palo.

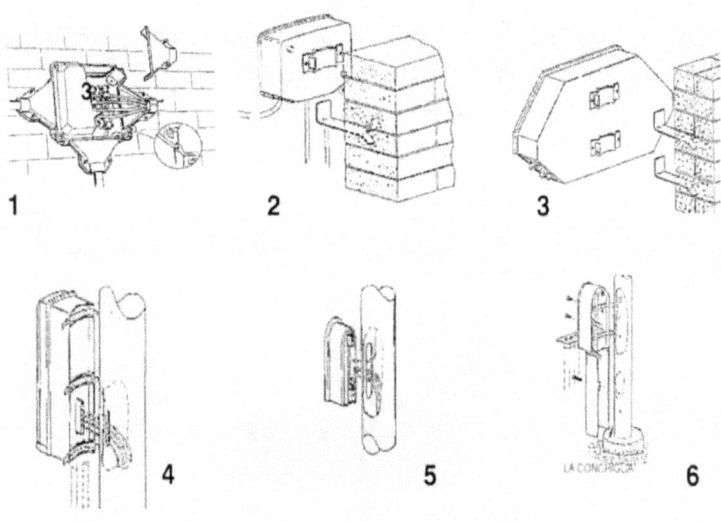

1 CASSETTA SISTEMATA A PARETE - 2 CASSETTA A PARETE SU UNA STAFFA - 3 CASSETTA A PARETE SU DUE STAFFE - 4 CASSETTA SU PALO CON USCITE ESTERNE - 5 CASSETTA SU PALO CON USCITA INTERNA - 6 CASSETTA A PALO SU PILASTRINO

fig. 26.83

26.9   GRADO DI PROTEZIONE INVOLUCRI E TUBI PER CAVI

Gli involucri dei componenti elettrici, ed in particolare le cassette per le apparecchiature e i quadri elettrici costituiscono una protezione delle apparecchiature contro il contatto accidentale, contro la penetrazione di corpi solidi, contro la penetrazione di liquidi e contro gli urti meccanici.
I livelli di protezione stabiliti dalle norme, sono riassunti nella tabella 26.91.

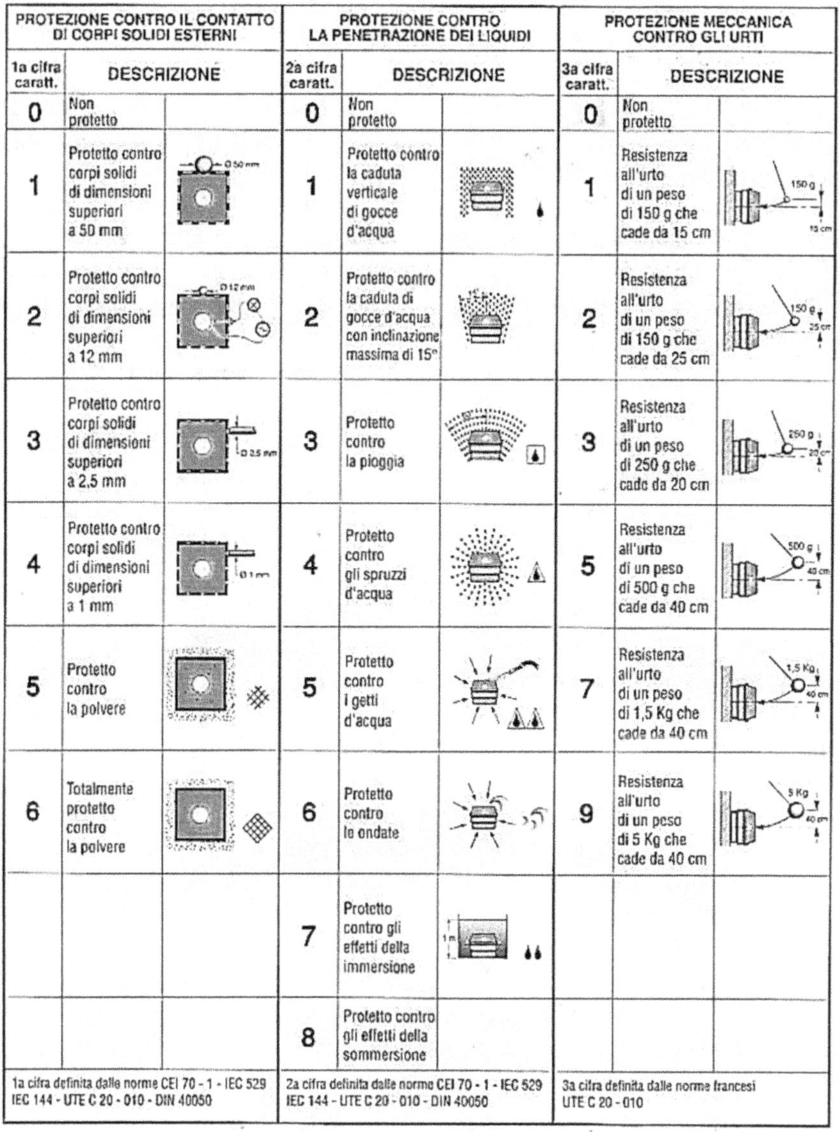

PROTEZIONE CONTRO IL CONTATTO DI CORPI SOLIDI ESTERNI			PROTEZIONE CONTRO LA PENETRAZIONE DEI LIQUIDI			PROTEZIONE MECCANICA CONTRO GLI URTI		
1a cifra caratt.	DESCRIZIONE		2a cifra caratt.	DESCRIZIONE		3a cifra caratt.	DESCRIZIONE	
0	Non protetto		0	Non protetto		0	Non protetto	
1	Protetto contro corpi solidi di dimensioni superiori a 50 mm		1	Protetto contro la caduta verticale di gocce d'acqua		1	Resistenza all'urto di un peso di 150 g che cade da 15 cm	
2	Protetto contro corpi solidi di dimensioni superiori a 12 mm		2	Protetto contro la caduta di gocce d'acqua con inclinazione massima di 15°		2	Resistenza all'urto di un peso di 150 g che cade da 25 cm	
3	Protetto contro corpi solidi di dimensioni superiori a 2,5 mm		3	Protetto contro la pioggia		3	Resistenza all'urto di un peso di 250 g che cade da 20 cm	
4	Protetto contro corpi solidi di dimensioni superiori a 1 mm		4	Protetto contro gli spruzzi d'acqua		5	Resistenza all'urto di un peso di 500 g che cade da 40 cm	
5	Protetto contro la polvere		5	Protetto contro i getti d'acqua		7	Resistenza all'urto di un peso di 1,5 Kg che cade da 40 cm	
6	Totalmente protetto contro la polvere		6	Protetto contro le ondate		9	Resistenza all'urto di un peso di 5 Kg che cade da 40 cm	
			7	Protetto contro gli effetti della immersione				
			8	Protetto contro gli effetti della sommersione				
1a cifra definita dalle norme CEI 70 - 1 - IEC 529 IEC 144 - UTE C 20 - 010 - DIN 40050			2a cifra definita dalle norme CEI 70 - 1 - IEC 529 IEC 144 - UTE C 20 - 010 - DIN 40050			3a cifra definita dalle norme francesi UTE C 20 - 010		

fig. 26.91

È necessario e conveniente utilizzare correttamente il livello di protezione in quanto il costo dell'apparecchiatura cresce con l'aumentare del livello di protezione.

È d'altronde pericoloso non usare livelli adeguati in considerazione anche del costo economico determinato dai guasti che possono presentarsi come conseguenza di una protezione non adeguata.

La sigla di identificazione del grado di protezione è costituita dalle lettere IP (INTERNATIONAL PROTECTION) seguita dalle due cifre che definiscono rispettivamente la protezione contro il contatto di corpi solidi esterni e contro la penetrazione di liquidi.
La terza cifra eventuale definisce il grado di protezione contro gli urti.

Così ad esempio la sigla IP riferita ad un oggetto protetto contro il contatto di corpi solidi di dimensioni superiori a 1 millimetro ma inferiori a 2,5mm, protetto contro le gocce d'acqua con inclinazione massima di 15° rispetto alla verticale che sopporta urti non superiori a 150 gr che cadono da 25 cm di altezza sarà definito con la sigla IP423.

Le nome vigenti (IEC 529) relative ai gradi di protezione degli involucri non si applicano alla apparecchiatura per impianti con rischio di esplosione o di incendio. Non tengono conto nemmeno della umidità, dei vapori corrosivi, dei funghi e dei parassiti per i quali devono essere presi provvedimenti mirati.

Considerando una apparecchiatura assiemata completa con più componenti il grado di protezione complessivo è quello corrispondente al componente con grado di protezione più basso, ma per le diverse parti possono essere considerati e ammessi gradi di protezione diversi.

Il codice IP si compone di due numeri dopo i quali può essere esclusa la terza cifra e indicata una lettera che indica il grado di protezione delle persone contro l'accesso alle parti pericolose con il seguente significato:

- A dorso della mano   - B dito
- C utensili di diametro 2,5 mm   - D filo con diametro di 1 mm.

Il grado di protezione contro gli urti meccanici è definito dalla norma NF 20-010 che secondo la norma NF C 15-000 definisce le classi di influenza esterna e secondo la norma NF C 15-100 fornisce la corrispondenza tra i diversi gradi di protezione e la classificazione delle condizioni ambientali per la scelta dei materiali in funzione delle influenze esterne (tab. 26.92).

	Classe d'influenza esterna corrispondente	Energia di choc tutt'al più pari a
1	AG1 choc debole	0,225 joule
3	--- ---	0,5 joule
5	AG2 choc medio	2 joule
7	AG3 choc importante	6 joule
9	AG4 choc molto importante	20 joule

fig. 26.92

Per i tubi e gli accessori utilizzati nella protezione dei cavi e dei conduttori, le norme (CEI EN 50086) classificano i sistemi in base alle proprietà meccaniche e termiche e assegnano ad ogni sollecitazione un codice numerico.
Il codice risultante dalla composizione degli indici di individuazione delle sollecitazioni nell'ordine indicato nella figura 26.93, individua le caratteristiche di impiego di un sistema di tubi.

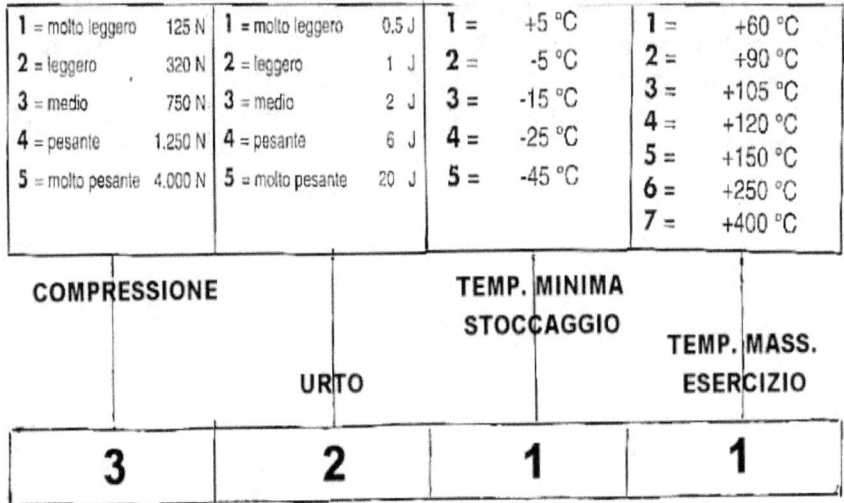

COMPRESSIONE	URTO	TEMP. MINIMA STOCCAGGIO	TEMP. MASS. ESERCIZIO
1 = molto leggero 125 N	1 = molto leggero 0,5 J	1 = +5 °C	1 = +60 °C
2 = leggero 320 N	2 = leggero 1 J	2 = -5 °C	2 = +90 °C
3 = medio 750 N	3 = medio 2 J	3 = -15 °C	3 = +105 °C
4 = pesante 1.250 N	4 = pesante 6 J	4 = -25 °C	4 = +120 °C
5 = molto pesante 4.000 N	5 = molto pesante 20 J	5 = -45 °C	5 = +150 °C
			6 = +250 °C
			7 = +400 °C

3	**2**	**1**	**1**

fig. 26.93

Così, ad esempio, un sistema classificato CEI EN 50085 – 3211 è riferito ad una installazione nella quale le sollecitazioni a compressione non superano il valore di 750 N con urti leggeri fino a 1 J.
L'impianto è costruito con una temperatura minima di +5°C e può lavorare in esercizio fino a una temperatura di + 60°C.

Il codice risultante dalla composizione degli indici di individuazione delle sollecitazioni nell'ordine indicato nella figura 26.93, individua le caratteristiche di impiego di un sistema di tubi.

PARTE TERZA

QUADRI DI MEDIA TENSIONE

CAPITOLO 31 Quadri di media tensione

31.1 QUADRI DI TRASFORMAZIONE APERTI IN MEDIA TENSIONE

Il quadro di trasformazione aperto per un banco di trasformatori in media tensione per installazione protetta all'interno in un apposito locale coperto è rappresentato nella figura 31.11.

fig. 31.11

Il quadro è suddiviso in celle contenenti ciascuna un trasformatore. La parete fra i trasformatori è realizzata in lamiera piena avente una altezza superiore a quella del conservatore dell'olio sufficiente ad ottenere una netta separazione fra le macchine. La parete di fondo è costituita dal muro perimetrale del locale. La parte frontale per ciascuna macchina è costituita da due porte in rete metallica con bordi rinforzati che permette un accesso completo al trasformatore fuori tensione e la visibilità continuativa del trasformatore. Un interruttore a volume d'olio ridotto sistemato nella prima cella del quadro alimenta una sbarra tripolare sistemata a giorno sopra i trasformatori a sufficiente altezza alla quale si collegano i

trasformatori ciascuno per mezzo di un sezionatore sotto carico e un a terna di fusibili di protezione.
L'apertura dei sezionatori viene attuata con comando elettrico o con fioretto di sgancio manuale. A valle del sezionatore è installata una terna di fusibili per la protezione contro il corto circuito.

L'alimentazione dei trasformatori è comune ottenuta attraverso l'interruttore di ingresso installato nella prima cella del quadro. Il vantaggio costruttivo di questa realizzazione era dovuto principalmente al risparmio di spazio di installazione perché l'apparecchiatura di protezione costituita da soli fusibili e il sezionatore di manovra venivano sistemati nell'area al disopra del trasformatore.

Una pedana di legno trattato costituisce il camminamento sul fronte sul quadro, La struttura in ferro e le i trasformatori sono collegati al sistema di messa a terra di protezione.

31.2   QUADRI APERTI DI MANOVRA E DISTRIBUZIONE IN MT

I quadri di figura 31.21 sono quadri aperti utilizzati per la manovra e la distribuzione in media tensione, sono costruiti con una tecnologia simile a quella dei quadri di trasformazione descritti nel paragrafo precedente.
In questi quadri le celle di partenza sono assiemate in due o tre piani sovrapposti che ricevono l'alimentazione da un sistema di sbarre che corre nella parte alta del quadro. Con questo tipo di costruzione il quadro presenta una elevata concentrazione di apparecchiature.

Ogni cella può contenere un interruttore automatico oppure un sezionatore sotto carico con fusibili di protezione
L'uscita di ogni cella è collegata all'arrivo a un trasformatore media tensione- bassa tensione per alimentare il proprio carico di utenza.
Per uno stabilimento esteso più linee possono alimentare diverse utenze distribuite anche se globalmente fanno parte di uno stesso sistema.

Le apparecchiature di manovra sono montate singolarmente di una propria cella. Gli interruttori o i sezionatori sotto carico prevedono una manovra telecomandata e un raggruppamento delle segnalazioni in appositi quadretti.
Questi quadri permettono di ottenere un grande risparmio di spazio rispetto alle cabine nelle quali l'apparecchiatura è installata a parete con spazio disponibile limitato dalla costruzione civile.

fig. 31.21

I quadri aperti come nella figura 31.22 si installano esclusivamente per cabine di distribuzione in locali chiusi per aumentare la densità delle apparecchiature installate che possono essere montate sulle pareti divisorie rispetto alle cabine di distribuzione a giorno nelle quali le apparecchiature di manovra possono essere installate soltanto a parete con grande dispendio di spazi.

Il quadro a giorno, pur rimanendo nei limiti di una costruzione aperta altamente economica è caratterizzato da una alta densità di installazione apparecchiature che rimangono sempre visibili.

fig. 31.22

La posizione dei componenti e gli organi di manovra risultano completamente visibili. Quando necessario le pareti divisorie possono essere metalliche piene nella parte bassa per consentire una migliore segregazione.

fig. 31.23

La figura 31.23 rappresenta una evoluzione della cabina a rete con pareti divisorie piene e con porte frontali in lamiera che lasciano scoperti i sezionatori che possono essere visti attraverso le coperture in rete.

31.3   QUADRI IN MT DI TIPO PROTETTO – METAL ENCLOSED

I quadri in esecuzione "metal enclosed" sono quadri a scomparti componibili normalizzati di costruzione compatta utilizzati nelle cabine di distribuzione urbana e nei sistemi di distribuzione o alimentazione di utenze in media tensione. La struttura è leggera. Le parti meccaniche sono passivate, hanno fissaggi a pavimento e le celle sono munite di golfari di sollevamento asportabili.

SAREL

fig. 31.31

I quadri di questo tipo hanno l'accesso e la manovra frontali. La parete posteriore è chiusa per permettere la loro sistemazione a muro.
La forma costruttiva più diffusa del quadro è rappresentata nella figura 31.31 normalmente provvista dei soli comandi di intervento locale. Il quadro è suddiviso in scomparti.
Ogni scomparto prevede una cella nella quale vengono alloggiati gli interruttori in esecuzione fissa o asportabile su carrello , gli organi di sezionamento ed una cella

superiore contenente le sbarre. L'asportazione o l'inserzione dell'interruttore avvengono con quadro fuori tensione,
Nella esecuzione della figura 31.32 il quadro prevede una cella disposta lateralmente per la manovra a vuoto dei sezionatori.
Il quadro può anche essere completato con una colonna a cassetti estraibili per i trasformatori di tensione.

fig. 31.32

La figura 31.33 rappresenta la disposizione interna nelle celle degli interruttori, degli apparecchi di manovra a vuoto o sotto carico, dei sezionatori contro sbarra, dei sezionatori di messa a terra, dei trasformatori di misura.

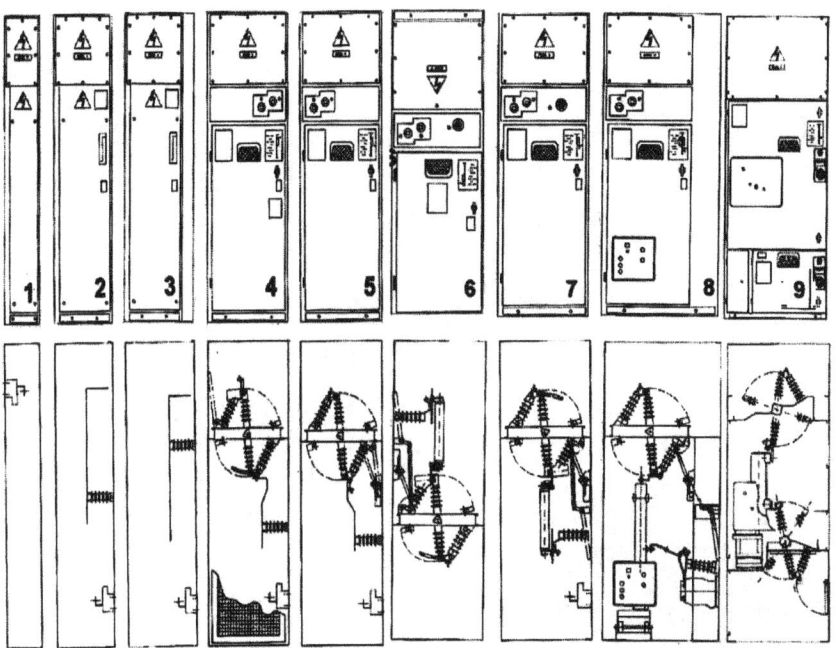

1 Ingresso linea - 2 Ingresso con segnalazione di sbarre in tensione - 3 Ingresso con segnalazione di sbarre in tensione e sezionatore di messa a terra - 4 Ingresso con sezionatore di linea interbloccato con il sezionatore di terra delle sbarre - 5 Uscita con sezionatore di linea e sezionatore di terra trascinato dal sezionatore di linea - 6 Ingresso con sezionatore fusibili e di terra trascinato dal sezionatore di linea lato sbarra - 7 Uscita con sezionatore di linea e sezionatore di terra trascinato lato uscita - 8 Uscita con interruttore interbloccato con il sezionatore di linea e di terra   - 9 Interruttore con sezionatore di linea a monte e a valle e sezionatore di terra interbloccati e trascinati

fig. 31.33

Per le combinazioni indicate nella figura 31.33, la figura 31.34 rappresenta lo schema elettrico corrispondente a ogni cella.

La combinazione di questi scomparti permette di comporre lo schema di potenza realizzando così il quadro con qualsiasi schema.
Il compartimento sbarre è disposto nella parte superiore del quadro separato dalla cella delle apparecchiature mediante un diaframma mobile.

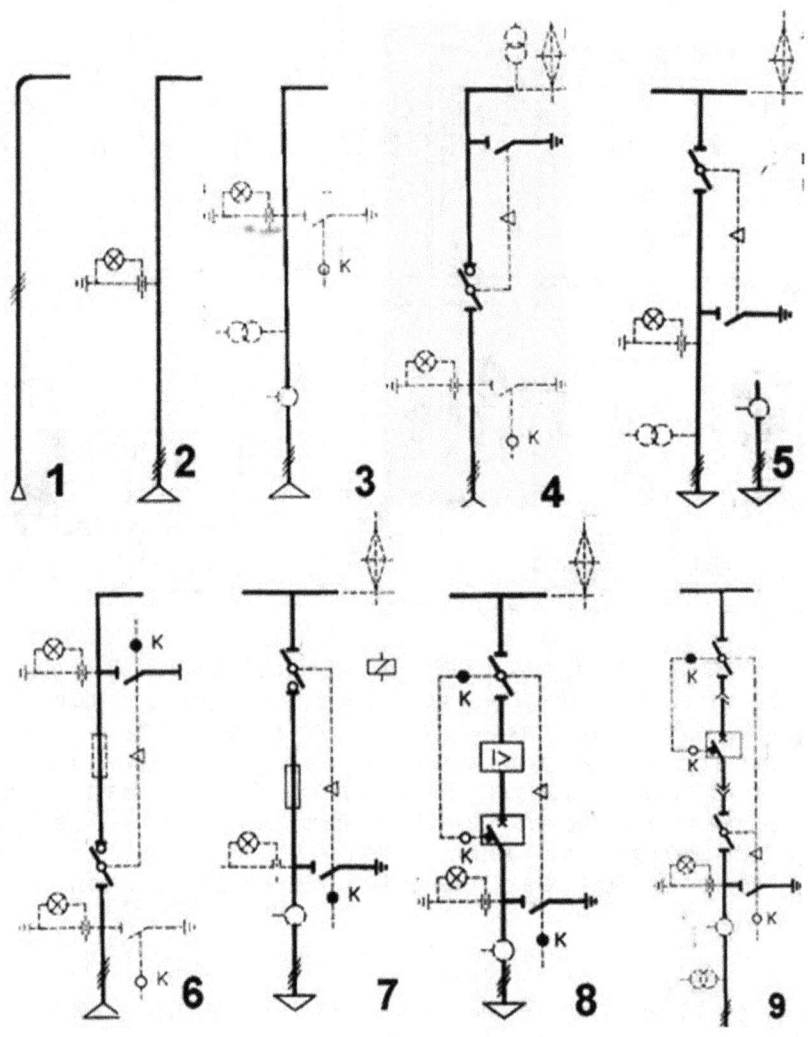

fig. 31.34

Con porta frontale chiusa è presente il consenso meccanico alla manovra di apertura del diaframma e il sezionatore contro-sbarra può collegare le sbarre con l'interruttore o il sezionatore di manovra della cella.

Le sbarre in rame o in alluminio a spigoli arrotondati sono contenute nello scomparto superiore.

Possono essere isolate in aria oppure possono essere ricoperte con una guaina isolante termo-restringente o con resina epossidica.

Le sbarre sono sostenute da isolatori il cui numero e tipologia dipendono dal livello di tenuta al corto circuito richiesto al quadro.

Il finestrino di ispezione di cui è dotata ogni cella e l'illuminazione interna permettono una ispezione visiva dell'interno del quadro.

La figura 31.35 mostra un quadro nel quale fra due celle successive di ogni scomparto è ricavato un pannello fisso per la strumentazione. Questo pannello riduce lo spazio interno di una cella nella quantità massima ammissibile senza modificare la possibilità di accesso e manovrabilità interna del quadro.

fig. 31.35

I sezionatori controsbarre possono essere sezionatori rotativi a vuoto oppure sezionatori rotativi sotto carico. con la forma costruttiva rappresentata nella figura 31.36.
I quadri di questo tipo si prestano a essere composti con altre tipologie di quadri per realizzare sistemi completi. Possono essere collegati con una sezione di arrivo e distribuzione in media tensione, una sezione di trasformazione con una o due macchine, una sezione di distribuzione in bassa tensione e spesso una sezione MCC a cassetti fissi o estraibili.

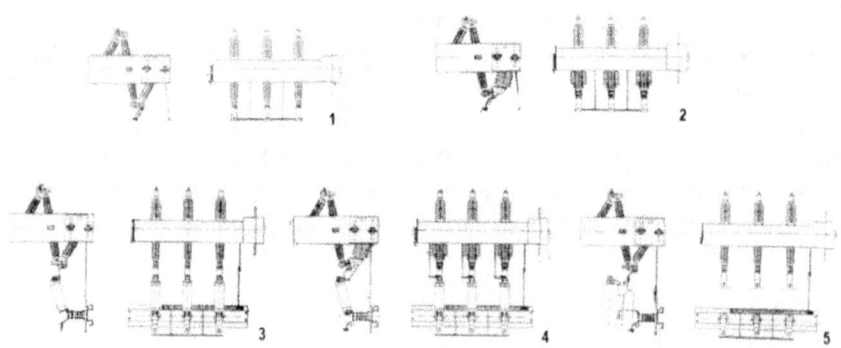

1 SEZIONATORE ROTATIVO - **2** SEZIONATORE ROTATIVO SOTTO CARICO - **3** SEZIONATORE ROTATIVO CON FUSIBILI E COLTELLI DI TERRA - **4** SEZIONATORE ROTATIVO SOTTO CARICO CON FUSIBILI E COLTELLI DI TERRA - **5** SEZIONATORE ROTATIVO PER INTERRUTTORE CON COLTELLI DI TERRA

fig. 31.36

Un quadro con un due arrivi in media tensione, due trasformatori e una sezione di distribuzione è rappresentato nella figura 31.37
I quadri vengono corredati di blocchi meccanici che rendono obbligatoria la successione di esecuzione delle manovre. I blocchi meccanici e a chiave vengono previsti per proteggere l'operatore e impedire operazioni non corrette come segue
- Apertura del sezionatore rotativo con interruttore aperto
- Chiusura del sezionatore di terra con interruttore e sezionatore rotativo aperti
- Apertura del sezionatore di terra con porta dell'unità chiusa
- Apertura delle porte con sezionatore di terra chiuso
- Bellocchi dip implants

Le operazioni incomplete non permettono di effettuare manovre successive. Le parti metalliche dei componenti, la struttura meccanica del quadro e le portelle sono collegate alla barra di terra interna al quadro.

I pannelli asportabili e le porte sono messi a terra con una treccia flessibile in rame. Le parti imbullonate della carpenteria sono messe a terra mediante dadi mordenti. I collegamenti ausiliari sono protetti entro tubi in PVC.

Le morsettiere e i cavi riportano la numerazione indicata sugli schemi funzionali.

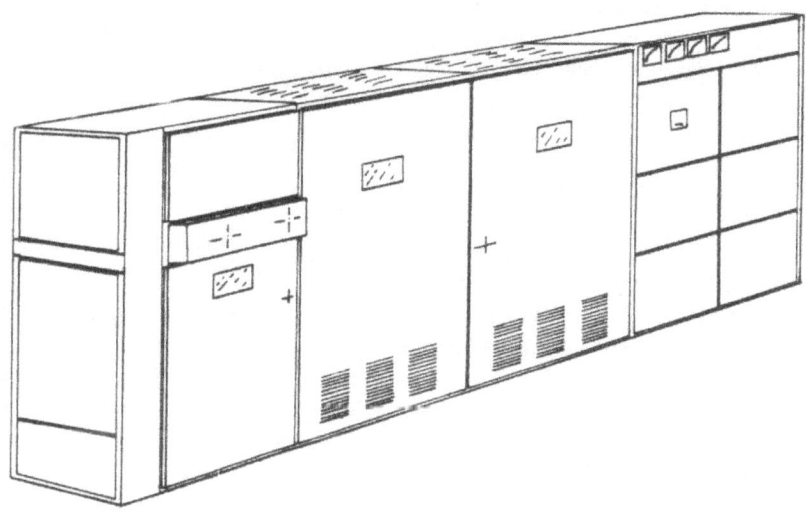

fig. 31.37

Nella ordinazione di questi quadri oltre allo schema unifilare devono essere fornite le seguenti informazioni:

- Tensione nominale e di esercizio
- Condizioni ambientali

- Corrente nominale in servizio continuo per ogni partenza
- Corrente di breve durata
- Durata nominale del corto circuito
- Corrente nominale ammissibile di picco
- Caratteristiche dei dispositivi di manovra
- Definizione degli interblocchi

Devono inoltre essere definite le prove di tipo e le prove eseguite nei laboratori del costruttore. Presso in costruttore vengono eseguite:

- Prova di tensione applicata a frequenza industriale del circuito principale
- Prova di tensione applicata dei circuiti di comando
- Prova di funzionamento meccanico
- Prova dei dispositivi elettrici
- Verifica del funzionamento dei comandi e delle segnalazioni
- Verifica degli interblocchi

Presso laboratori specializzati:

- Prova di tensione applicata a frequenza industriale
- Prova di tensione a impulso atmosferico
- Prova di tenuta alla corrente di breve durata sui circuiti principali e di terra
- Prova di tenuta alla corrente di cresta
- Prova di riscaldamento

Dopo l'installazione si effettuano

- Verifica della manovrabilità delle porte, degli organi estraibili, dei sezionatori e degli interruttori
- Verifica delle segnalazioni locali e a distanza

31.4 QUADRI BLINDATI DI MEDIA TENSIONE (DI TIPO METAL CLAD)

I quadri blindati di media tensione sono quadri prefabbricati in esecuzione compatta previsti per impiego generale nelle officine elettriche di produzione, trasformazione, smistamento e distribuzione.

La loro esecuzione consente di utilizzarli con qualsiasi tipo di interruttore fisso o estraibile. Nati con gli interruttori a deionizzazione magnetica e gli interruttori in olio ridotto si sono successivamente modificati per alloggiare interruttori in aria e interruttori in SF6. Possono essere costruiti con uno o due sistemi di sbarra.

fig. 31.41

I quadri blindati in media tensione rappresentati in figura 31.41 si presentano come quadri di grandi dimensioni. Ogni scomparto comprende una cella anteriore dove è inserito l'interruttore normalmente in esecuzione sezionabile su carrello. Le sbarre sono segregate in una cella posteriore nella quale sono sistemati i trasformatori di misura della corrente.

I trasformatori di tensione possono essere alloggiati per ciascun scomparto in un cassetto a carrello estraibile sistemato posteriormente che può anche essere munito di fusibili di protezione. Le varie celle imbullonate fra loro formano uno scomparto. I vari scomparti imbullonati fra loro formano un quadro. Nella figura 31.42 è rappresentato un quadro con interruttori con SF6. La cella interruttore è sistemata nella parte bassa e risulta disponibile un maggiore spazio per la cella apparecchiature. I quadri blindati in media tensione consentono:

- una completa protezione contro i contatti diretti e indiretti
- la manutenzione e la ispezione di ogni scomparto senza togliere tensione al quadro
- l'ampliamento con la semplice aggiunta di nuovi scomparti
- la sicurezza totale contro gli incendi

L'interruttore può assumere le posizioni di inserito, sezionato ed estratto. Ogni scomparto è munito di proprie aperture di ventilazione che comunicano solo con l'ambiente esterno e non fra i diversi scomparti. Ciò allo scopo di evitare fenomeni di ionizzazione dell'aria e la comparsa di scariche interne.

fig. 31.42

Gli schemi tipici degli scomparti sono rappresentati in figura 41.43. Componendo i vari scomparti si ottiene lo schema voluto. Le sbarre possono essere in piatto di rame o alluminio, con isolamento in aria, in resina o in guaina termo restringente dimensionate per la corrente richiesta e imbullonate a un numero di supporti in funzione delle sollecitazioni dinamiche di corto circuito. Il quadro viene dotato di una sbarra di terra che corre lungo tutta la sua lunghezza per la messa a terra di tutti gli elementi fissi e delle porte.

I cablaggi in bassa tensione sono protetti da una schermatura metallica all'interno della relativa cella.

Un sistema di blocchi impedisce l'inserimento ed il sezionamento dell'interruttore chiuso e la chiusura dello stesso durante la corsa di sezionamento. Per gli interruttori con comando a distanza è previsto anche un blocco alla chiusura con connettore ausiliario disinserito.

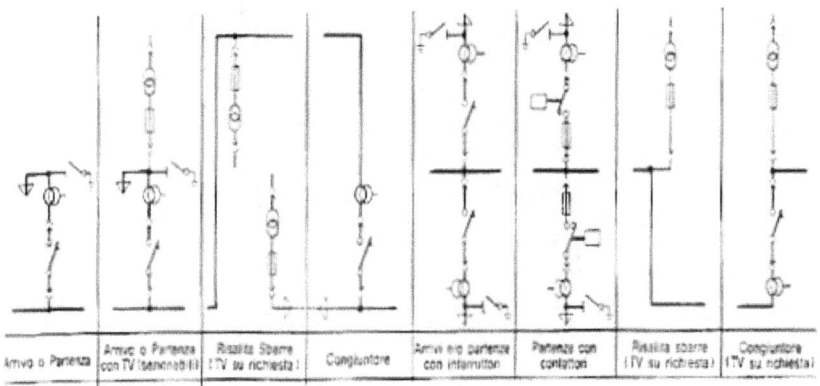

fig. 31.43

L'apertura della porta posteriore della cella di alimentazione è condizionata al sezionamento dell'alimentazione e alla chiusura del sezionatore di terra se previsto. La cella di bassa tensione non prevede blocchi e l'accesso è consentito solo al personale qualificato. I trasformatori di corrente sono montati sul lato linea. I trasformatori di tensione sono montati all'interno di cassetti sezionabili con i loro fusibili. Il cassetto prevede la messa a terra automatica dei trasformatori in posizione di sezionato. Nella sede del cassetto è previsto un otturatore metallico per la segregazione delle parti in tensione. L'otturatore si chiude automaticamente durante l'estrazione del cassetto.

Il quadro prevede una porta di chiusura con interblocco, apribile solo con cassetto in posizione di sezionato. Durante la manovra di sezionamento, la porta frontale rimane bloccata fino alla chiusura dell'otturatore e alla messa a terra dei primari dei trasformatori di tensione. I quadri prevedono oblò di ispezione sulle celle munite di sezionatori, illuminazione interna, resistenza anticondensa e ferri di fondazione da affogare nel cemento.

fig. 31.44

La figura 31.44 rappresenta la cella di un interruttore estraibile. Nella quale sono visibili le serrande di segregazione delle sbarre a interruttore estratto. Quando si inserisce l'interruttore, Il carrello muove la leva che sposta una serranda verso l'alto e l'altra verso il basso liberando in condizioni di sicurezza gli innesti.

31.5   QUADRI ISOLATI IN SF6

I quadri isolati in SF6 rappresentano un particolare tipo di quadro sviluppato con la tecnologia degli interruttori a esafluoruro di zolfo a bassa pressione per garantire un isolamento sicuro nei quadri fino a 36 kV contenendo le dimensioni di ingombro.

fig.31.51

Sono usati prevalentemente negli impianti di distribuzione in ambienti difficili e garantiscono un isolamento completo delle parti in bassa tensione anche con pressione zero del gas.

31.6   ESEMPI DI SISTEMAZIONE DEI QUADRI DI MEDIA TENSIONE

Prescindendo dalle soluzioni costruttive, dal tipo di fissaggio a pavimento e dalla posizione di uscita dei cavi. i quadri di media tensione vengono sempre sistemati in locali diversi da quelli previsti per i quadri di bassa tensione. Nella figura 31.61 è rappresentata la sistemazione dei quadri di media tensione in un locale segregato a galleria continua per tutti i macchinari di una centrale con uscita dei cavi dal basso

fig. 31.61

Sul fronte dei quadri la galleria è libera per consentire la manovra e l'intervento sugli interruttori estraibili.   Nella galleria posteriore rimuovendo gli sportelli è possibile l'accesso alle parti fisse.

Nelle sale di media tensione vengono anche installati i quadri con i condensatori e gli scaricatori di protezione contro le sovratensioni quando le relative apparecchiature sono separate per ragioni di ingombro dai quadri principali. Questi quadri sono soltanto dei contenitori per apparecchiature di protezione in media tensione.

fig. 31.62

Essi devono essere collegati al quadro di media tensione mediante cavi aventi caratteristiche equivalenti e una sezione uguale ai cavi di collegamento delle fasi dell'alternatore al fine di sopportare le sollecitazioni di corto circuito.

31.7 COSTRUZIONE DI CENTRO STELLA NELLA FOSSA ALTERNATORE

Il quadro di centro stella dell'alternatore può essere realizzato direttamente sulla cassa morsettiera negli alternatori di potenza fino a un 1 MVA, nella fossa alternatore nelle macchine a poli salienti come nella figura 31.71, in un locale separato nella vicinanza dell'alternatore secondo la figura 31.72 o in un quadro predisposto per l'installazione dei i trasformatori di centro stella e per gli eventuali dispositivi di messa a terra del neutro. Il metodo di messa a terra viene stabilito in base al sistema utilizzato per le altre macchine dello stesso impianto oppure in base a tradizioni impiantistiche del luogo di installazione.
L'utilizzazione della fossa alternatore per realizzare il centro stella di un alternatore permette dal punto di vista economico il risparmio della costruzione di un quadro e

la riduzione dello spazio di installazione. La fossa alternatore diventa un quadro di centro stella a giorno.

Nelle grandi macchine la fossa alternatore di volume sufficiente è accessibile per il collegamento dei terminali dell'alternatore, l'installazione e il collegamento dei trasformatori di centro stella. La sua utilizzazione è rappresentata nella figura 31.71.

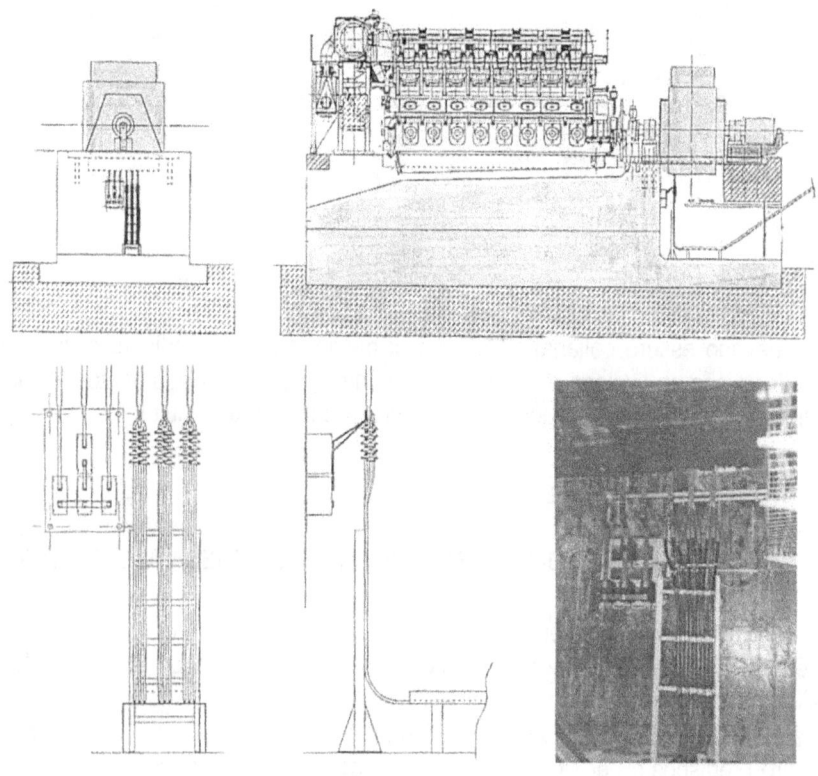

fig. 31.71

La fossa alternatore può anche contenere il resistore di messa a terra. L'ingresso al centro stella è bloccato con porta chiusa e chiave inanellata con la chiave di avviamento del motore primo di trascinamento fermo e con blocco dell'avviamento o arresto di emergenza per ingresso con alternatore in moto.

La figura 13.72 rappresenta un locale fuori dalla fossa dell'alternatore nel quale il centro stella è messo a terra con reattanza tripolare e una resistenza di terra. La reattanza è normalmente in olio e richiede la costruzione della fossa di raccolta dell'olio dei trasformatori.

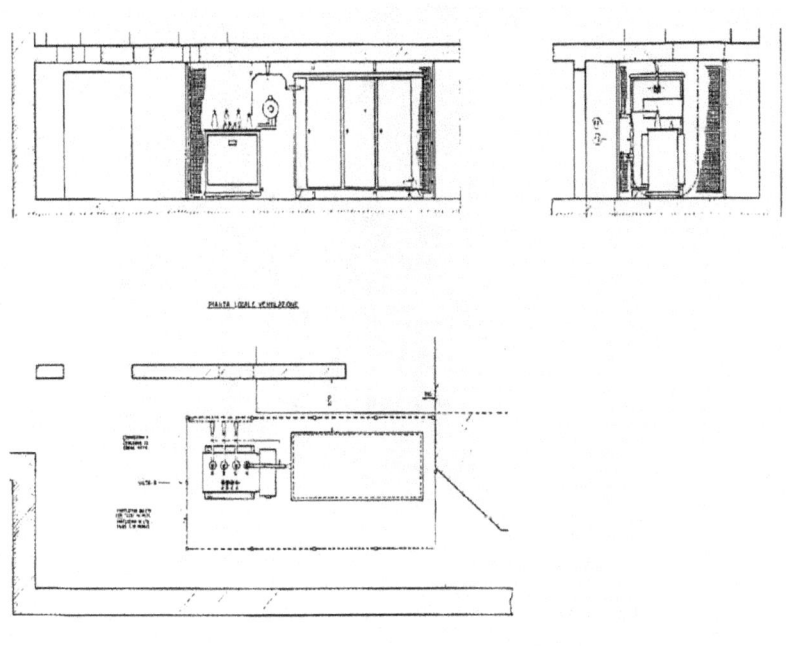

fig. 31.72

Le prescrizioni da osservare sono le stesse imposte nei sistemi di media tensione per la presenza della reattanza e della resistenza in media tensione. Nella messa a terra attraverso resistenza, questa se è del tipo a secco può essere sistemata nella fossa dell'alternatore se esiste uno spazio sufficiente. In questo caso si evita la costruzione di una recinzione di segregazione per evitare contatti accidentali con le parti della resistenza.

Se nel centro stella devono essere inseriti trasformatori di misura ed equipaggiamenti di sezionamento, questi possono essere installati nei quadri di centro stella che fanno parte integrante del sistema di media tensione.

fig. 31.73

La figura 31.73 rappresenta un quadro di media tensione con reattanza e resistenza in aria, sezionatore di media tensione e contattore di apertura del circuito di terra realizzato in un quadro per installazione nella sala di media tensione. Nelle celle attigue sono sistemati i trasformatori di centro stella e altri equipaggiamenti di impianto.

31.8   PEDANE ISOLANTI E PAVIMENTI GRIGLIATI

Le pedane isolanti sono utilizzate per proteggere un operatore che interviene sui quadri di media tensione o nelle cabine a giorno al fine di creare un isolamento sicuro verso il pavimento del locale.

Le pedane sono costituite da un piano di legno trattato e plastificato superficialmente sostenuto da quattro isolatori dimensionati per la tensione massima di esercizio dell'impianto.

Le pedane di protezione si presentano generalmente nella forma rappresentata nella figura 31.81

fig. 31.81

La loro esecuzione permette una facile movimentazione e il posizionamento nel punto di utilizzazione. Le pedane mobili si rendono superflue nelle sale equipaggiate con pavimenti isolanti in esecuzione flottante per installazione di cavi sottopavimento.

Il piano di calpestio dei locali batterie e dei locali particolari con presenza di perdite liquide inerti o di oli lubrificanti o combustibili, oppure di perdite limitate di soluzioni chimiche acide come negli impianti galvanici, richiedono pavimentazioni nelle quali le perdite che si riversano sul pavimento non vengano a contatto con gli operatori che devono spostarsi nell'impianto.

Per questi impianti vengono vantaggiosamente impiegati pavimenti grigliati in polipropilene isotattico stampato caratterizzati da una elevata portanza, una elevata resistenza alla corrosione e dall'essere imputrescibili, antisdrucciolevoli ed

 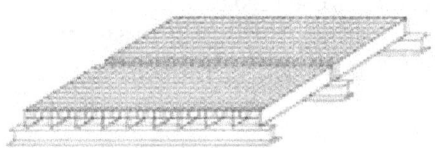

fig. 31.82

insensibili alla corrosione e dall'essere antisdrucciolevoli ed elettricamente isolanti. La figura 31.82 rappresenta una applicazione di questa pavimentazione in un impianto galvanico. I moduli della griglia sono posati su appositi profilati in resina a doppio T oppure su profilati metallici rivestiti in resina di protezione contro la corrosione e contro l'ossidazione.

CAPITOLO 32   Collegamento elettrico ai quadri

32.1   CAVI DI COLLEGAMENTO AI QUADRI DI MEDIA TENSIONE

Si considerano collegamenti dei cavi di potenza in media tensione per trasporto di energia e cavi in bassa tensione per i circuiti di controllo e di segnale. I due tipi di cavo percorrono vie distinte e non vengono in contatto fra loro.

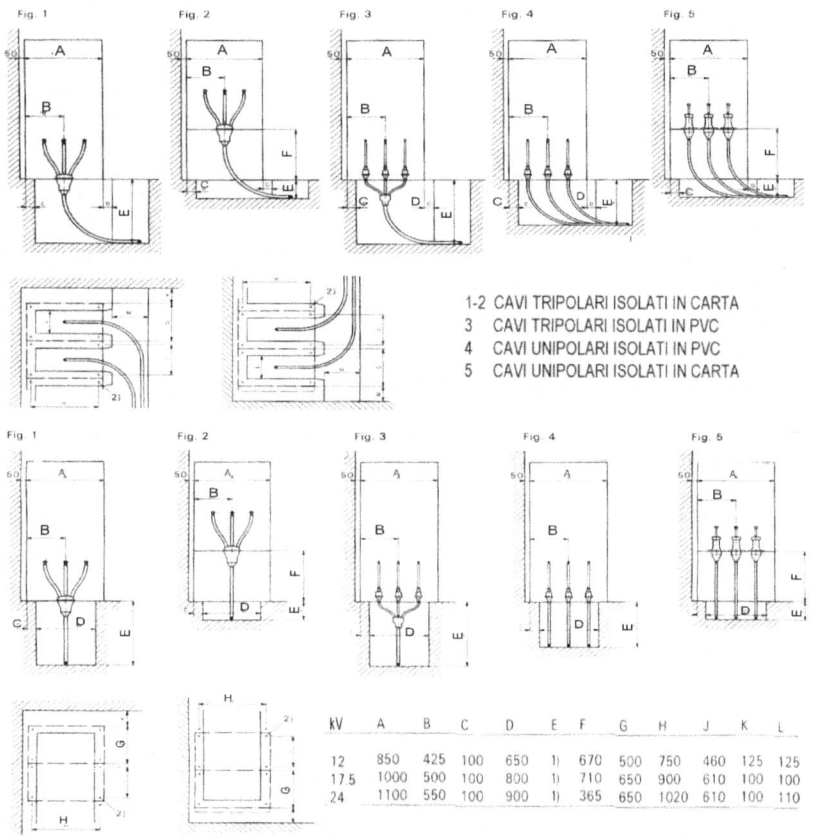

1-2 CAVI TRIPOLARI ISOLATI IN CARTA
3   CAVI TRIPOLARI ISOLATI IN PVC
4   CAVI UNIPOLARI ISOLATI IN PVC
5   CAVI UNIPOLARI ISOLATI IN CARTA

kV	A	B	C	D	E	F	G	H	J	K	L
12	850	425	100	650	1)	670	500	750	460	125	125
17.5	1000	500	100	800	1)	710	650	900	610	100	100
24	1100	550	100	900	1)	365	650	1020	610	100	110

fig. 32.11

285

La figura 32.11 rappresenta il collegamento dei cavi tripolari o unipolari isolati in carta o in PVC ai terminali dai quadri di media tensione e il loro passaggio nei cunicoli predisposti nelle opere civili sotto il quadro dove avviene la loro raccolta e lo smistamento verso il loro utilizzatore.

I cunicoli indicati sono ricavati nella soletta del basamento del locale di sistemazione del quadro.

Per le diverse tensioni, sui cataloghi dei cavi, sono fornite indicazioni sulle dimensioni dei cunicoli. Nella posa, il cavo deve essere protetto contro danneggiamenti meccanici e contro le abrasioni dell'isolante.

32.2 COLLEGAMENTO DEI CAVI DI POTENZA IN BASSA TENSIONE

L'uscita dei cavi di potenza in bassa tensione dai quadri può essere prevista dall'alto o dal basso a seconda che il cablaggio venga sviluppato in passerelle aeree oppure in cunicolo o sotto pavimento.

I cavi dei quadri predisposti per l'uscita dal basso possono essere indirizzati ad una passerella aerea mediante una canaletta di risalita posteriore che prende origine da un cunicolo oppure da un passaggio di adattamento sotto il quadro.

Il collegamento di un quadro ad una via aerea mediante passerella di risalita consente la costruzione di quadri con tetto chiuso ed elimina la necessità di realizzare particolari tenute di protezione sul tetto.

La soluzione di uscita dei cavi dal tetto per immettersi in un cunicolo richiede la costruzione di un tetto particolare con pannelli smontabili e la realizzazione di tenute contro la polvere e possibili getti d'acqua.

I quadri previsti con uscita dei cavi dall'alto hanno le morsettiere nella parte superiore del pannello apparecchiature, richiedono un maggiore spazio morto per l'entrata e il fissaggio dei cavi in arrivo e vengono usati solo quando non è possibile prevedere un adattamento per portare i cavi attraverso un condotto di risalita al sistema di cablaggio aereo.

I cavi di potenza in bassa sono cavi collegati a sistemi multipli che costituiscono quasi sempre soluzioni ingegneristiche interessanti.

Alcuni esempi di questi terminali sono rappresentati nelle tavole 32.31- 1, 2, 3 ,4.
I terminali di potenza per il collegamento ai quadri di bassa tensione devono essere ampiamente dimensionati e devono essere costruiti con superfici ben rifinite.

L'installazione deve essere eseguita con cura per evitare che all'interno del quadro o della apparecchiatura si creino contatti non efficienti con possibili formazioni di riscaldamenti localizzati anche gravi che possano dare origine a guasti più o meno estesi e nei casi più gravi ad incendi fortemente distruttivi.

Lo sviluppo delle connessioni ai quadri non è generalizzabile perché non sono standardizzabili le soluzioni costruttive dei quadri.

Le figure presentate sono molto significative e non necessitano di descrizioni specifiche

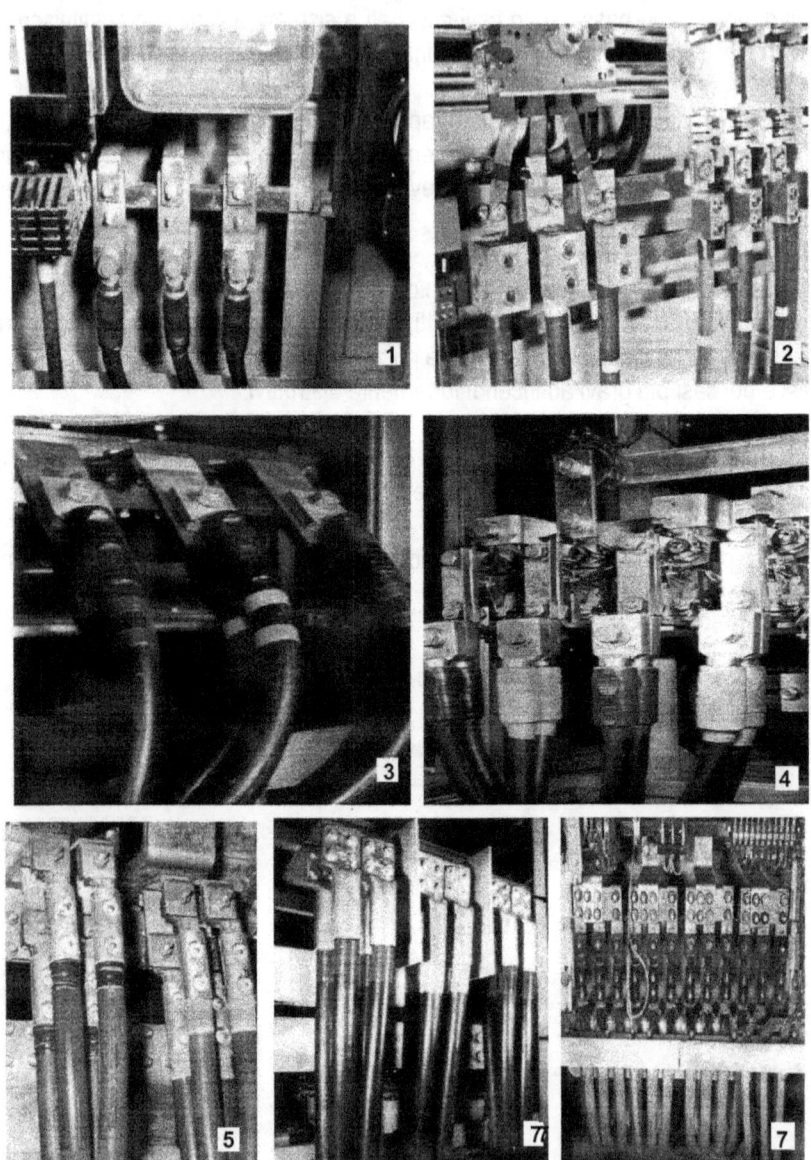

1 COLLEGAMENTO TRIFASE CON TRE CAVI UNIPOLARI - 2 COLLEGAMENTO DI DUE TERNE DI CAVI UNIPOLARI   3 COLLEGAMENTO
TRIFASE CON DUE TERNE DI CAVI UNIPOLARI CONTRAPPOSTE SULLA SBARRA DI USCITA -   4 COLLEGAMENTO DI QUATTRO TERNE
UNIPOLARI CON MORSETTI SOVRAPPOSTI - 5 COLLEGAMENTO DI QUATTRO CAVI UNIPOLARI SOVRAPPOST SULLA STESSA POLARITA'
6 COLLEGAMENTO QUADRIPOLARE DI DUE CAVI UNIPOLARI CONTRAPPOSTI - 7 COLLEGAMENTO CON TERNE UNIPOLARI SFALSATE

fig, 32.21-1   TELEMECANIQUE

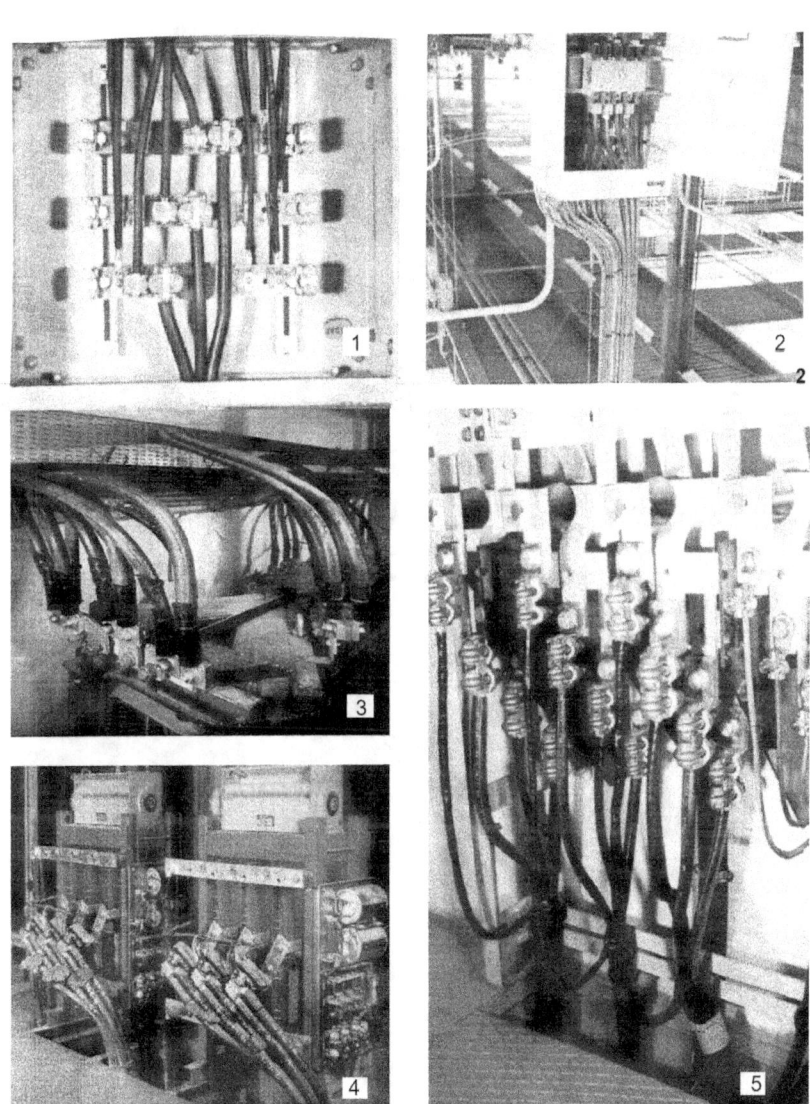

1 SMISTAMENTO DI ALIMENTAZIONE IN CASSETTA - **2 ALIMENTAZIONE** DI UNA CASSETTA - 3 ALIMENTAZIONE
DI APPARECCHIATURE A GIORNO - 4 ALIMENTAZIONE DI APPARECCHIATURE - 5 COLLEGAMENTO DI QUADRO
DISTRIBUZIONE

fig. 32.21-2   TELEMECANIQUE

1 COLLEGAMENTO CON TRE TERNE DI CAVI UNIPOLARI IN PARALLELO - 2 COLLEGAMENTI DI POTENZA E DI CONTROLLO ENTRO QUADRO - 3 COLLEGAMENTO DI DUE TERNE UNIPOLARI IN PARALLELO - 4 RISALITA DI CAVI DA UN QUADRO VERSO UNA PASSERELLA

fig. 32.21-3

TELEMECANIQUE

1 COLLEGAMENTO BIPOLARE CON CAVI UNIPOLARI - **2 / 3 / 4** COLLEGAMENTO CON DUE TERNE DI CAVI UNIPOLARI

fig. 32.21-4   TELEMECANIQUE

CAPITOLO 33 Cablaggio dei cavi in uscita dei quadri

33.1 USCITA DEI CAVI AL BASSO

La figura 33.11 rappresenta l'uscita cavi dal basso in cunicolo predisposto con canaline per il raggruppamento dei cavi omogenei.

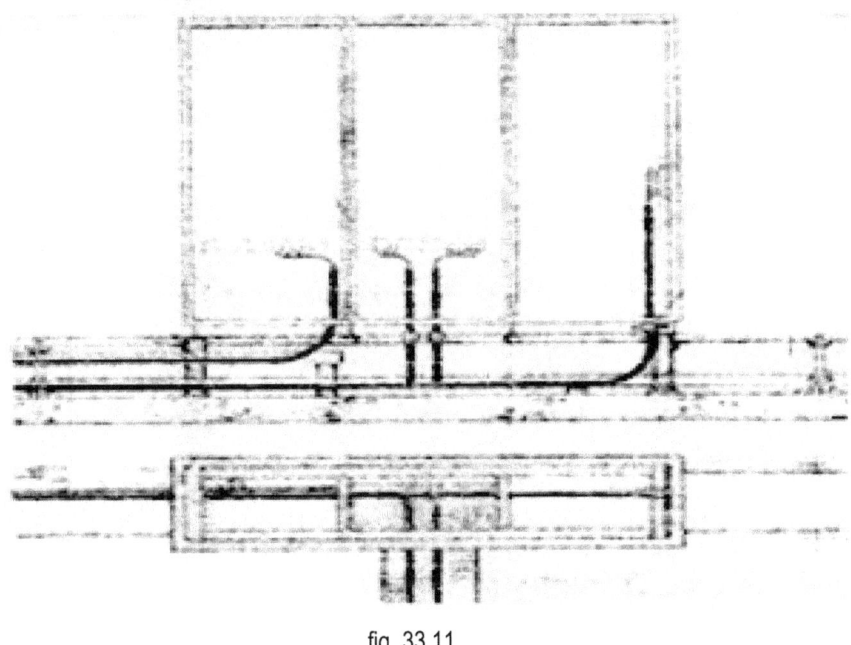

fig. 33.11

Nel cunicolo le canaline possono mancare se i cavi sono in numero limitato e hanno lo stesso livello di energia. E' comunque preferita la soluzione di appoggiare i cavi in una canalina nella quale i cavi possono essere fissati per prevenire qualsiasi movimento o strappo durante stesure successive.

La soluzione rappresentata nella figura 33.12 si riferisce ad un quadro con uscita dal basso disposto al di sopra di una galleria cavi ed è tipica dei quadri di media tensione o dei quadri di trasformazione e distribuzione della corrente alternata con arrivo in   MT al trasformatore e distribuzione della bassa tensione.

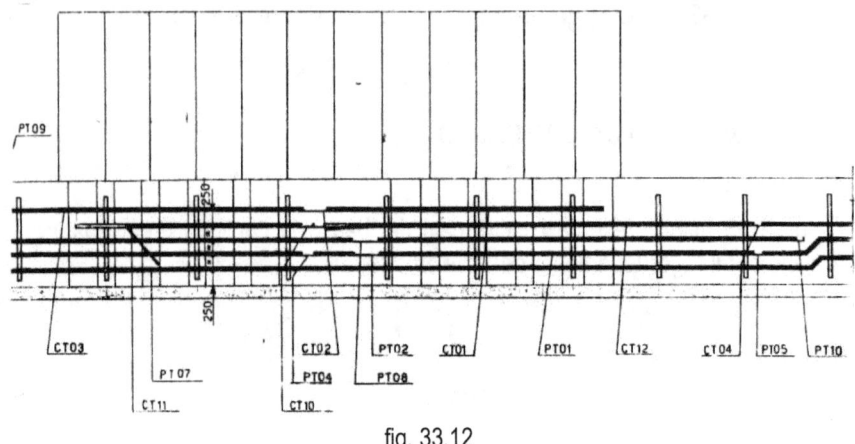

fig. 33.12

Le canalette sono identificate con un numero che permette di individuare la canaletta nella quale sarà fatto passare un cavo come è stato stabilito nel progetto dei collegamenti e disposizione dei cavi. La figura 33.13 si riferisce infine ad una sala di controllo con quadri disposti al di sotto di un pavimento flottante.

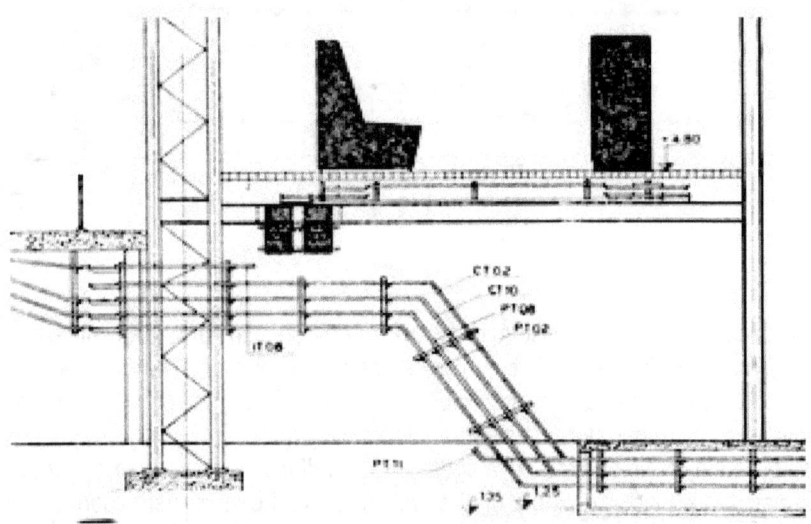

fig. 33.13

I cavi uscenti dal basso sono raccolti nelle passerelle disposte sotto pavimento oppure in un cunicolo.

Da queste passerelle attraverso un foro nel solaio si raggiunge il sistema generale delle vie cavi dell'impianto.

L'uscita dei cavi dall'alto presuppone la predisposizione della parte alta del quadro al di sopra della piastra di supporto delle apparecchiature, di uno spazio libero per l'entrata e l'indirizzamento dei cavi fino alle morsettiere di collegamento.

Per l'entrata dei cavi possono essere predisposti i bocchettoni di passaggio e di bloccaggio del cavo oppure piastre amovibili sagomate e dotate di elementi in gomma per la i protezione della penetrazione oppure tubi sagomati fra gli imbocchi del quadro e la passerella.

Il cavo liberato dalla guaina e dai riempitivi viene immesso in una canalina predisposta all'interno del quadro per il collegamento alla morsettiera superiore oppure indirizzato a una canalina laterale per il passaggio dei fili alla morsettiera disposta nella parte bassa della piastra porta apparecchiature.

Per rendere pulita la zona di ingresso, i cavi vengono preparati per il collegamento liberando i fili dalle guaine esterne e dai riempitivi prima dell'entrata nel quadro. Non è accettabile mantenere la guaina dei cavi all'interno delle canaline.

Nella figura 33.12 i cavi in arrivo al quadro provengono da diverse passerelle nelle quali sono raggruppati, separati fra loro, cavi di segnale, cavi di controllo, cavi di energia.

33.2   USCITA DEI CAVI DAL BASSO PER CABLAGGIO IN VIA AEREA

La figura 33.21 rappresenta la soluzione di cablaggio verso un sistema di vie cavi aereo di un quadro con uscita cavi dal basso.

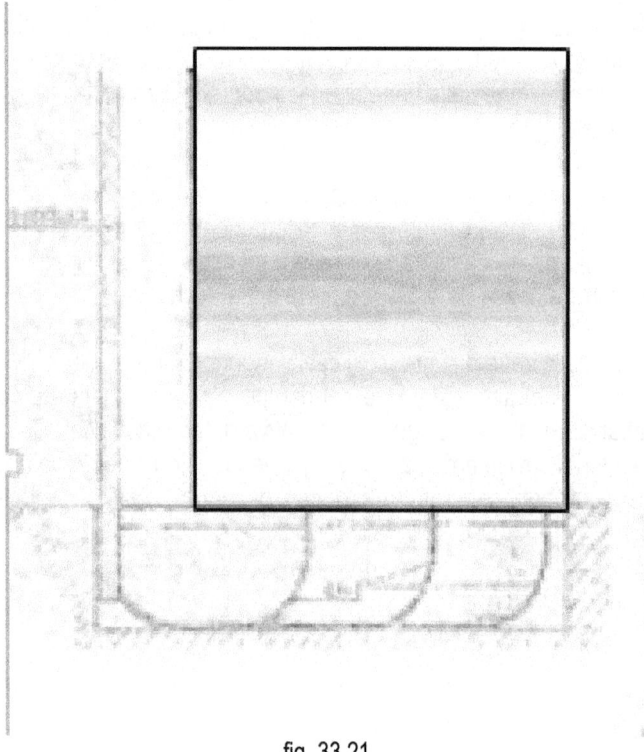

fig. 33.21

Il cavo percorre il breve tratto del cunicolo sotto il quadro e devia verso una passerella posteriore fissata a muro fino al sistema aereo di vie cavi. Se il quadro è posato sopra un cunicolo sul quale insistono più quadri, la risalita verso la passerella aerea può essere comunizzata in un punto dove risulta meno visibile e di più facile utilizzazione per la risalita di tutti i cavi.

33.3 USCITA DEI CAVI DALL'ALTO

L'uscita dei cavi dall'alto presuppone la predisposizione della parte alta del quadro al di sopra della piastra di supporto delle apparecchiature, di uno spazio libero per l'entrata e l'indirizzamento dei cavi fino alle morsettiere di collegamento. Per l'entrata dei cavi possono essere predisposti i bocchettoni di passaggio e di bloccaggio del cavo oppure piastre amovibili sagomate e dotate di elementi in gomma per la i protezione della penetrazione oppure tubi sagomati fra gli imbocchi del quadro e la passerella rappresentati nella figura 33.31.

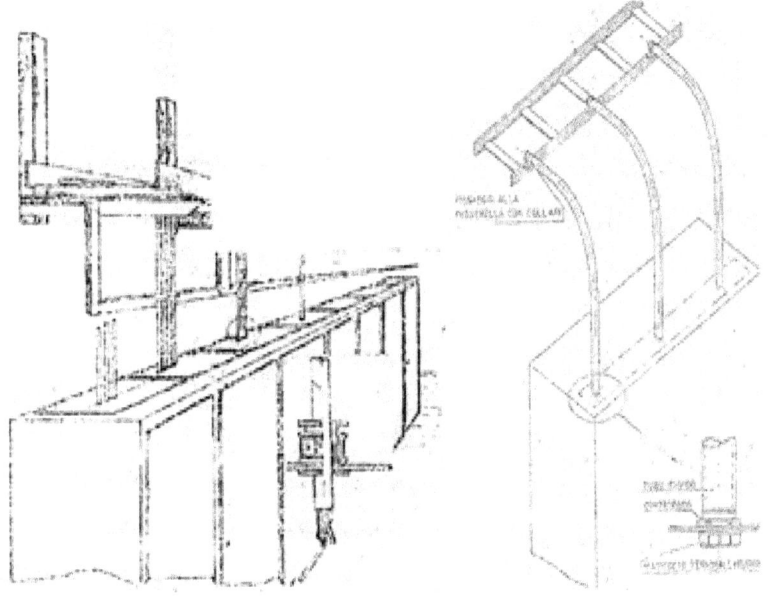

fig. 33.31

Il cavo liberato dalla guaina e dai riempitivi viene immesso in una canalina predisposta all'interno del quadro per il collegamento alla morsettiera superiore oppure indirizzato a una canalina laterale per il passaggio dei fili alla morsettiera disposta nella parte bassa della piastra porta apparecchiature.

Per rendere pulita la zona di ingresso, i cavi vengono preparati per il collegamento liberando i fili dalle guaine esterne e dai riempitivi prima dell'entrata nel quadro. Non è accettabile mantenere la guaina dei cavi all'interno delle canaline interne al quadro salvo che per i cavi di segnale schermati.

Nella figura 32.32 i cavi in arrivo al quadro provengono da diverse passerelle nelle quali sono raggruppati, separati fra loro, cavi di segnale, cavi di controllo, cavi di energia.

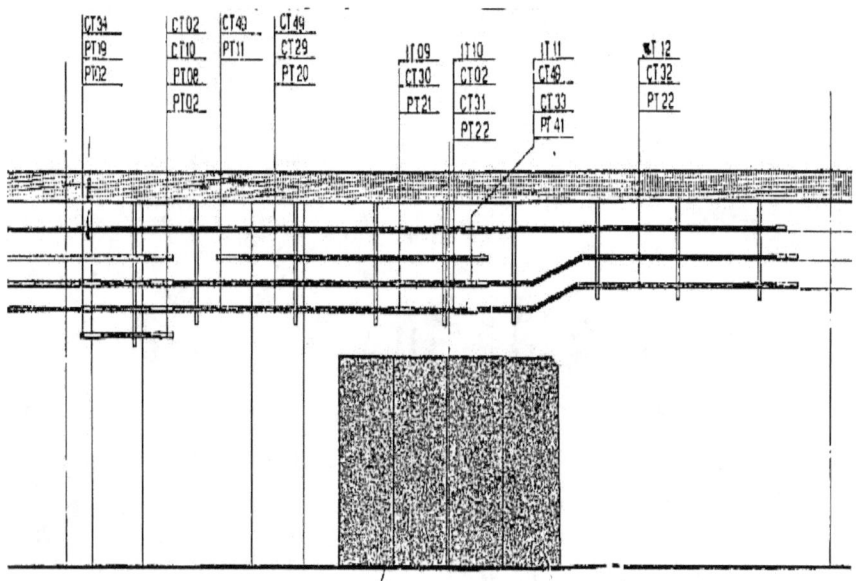

fig. 33.32

33.4   PERCORSI DELLE VIE CAVI

Sono i percorsi dei cavi fra i quadri di controllo per lo scambio di informazioni consensi e comandi, fra i quadri controllo e i rilevatori di segnale sui macchinari e sull'impianto, fra i quadri di controllo e i quadri di potenza per il controllo degli azionamenti finali.

I cavi di collegamento per i diversi tipi di servizio richiedono di essere posati in modo sicuro e di essere protetti al fine di mantenere integra la loro funzione durante tutto il periodo di vita dell'impianto.

Lo studio delle vie cavi è una parte importante della progettazione di un impianto e viene eseguito quando è completato il progetto di disposizione dei macchinari.

Si considerano i seguenti tipi di collegamento:

=Collegamenti in vista sui macchinari o sezioni di impianto eseguiti quando non è possibile realizzare nessuna protezione diretta.

=Collegamenti su passerelle aeree che raccolgono i cavi diretti verso la stessa destinazione o destinazioni raggiunte nel loro passaggio.

=I cavi possono essere posati su canalette aperte inserite in canali a pavimento previsti durante la costruzione civile.

canali sono coperti con plotte di cemento armato che coprono il canale a filo pavimento.

=Canali portacavi esterni alle costruzioni civili che collegano fra loro due edifici.

=Collegamenti interrati in tubo di plastica spessa disposti fra pozzetti ispezionabili.

=Collegamenti intubati in tubi di plastica spessa preparati sulla soletta fra cassette di infilaggio e di ispezione prima della colata definitiva di cemento.

=Collegamenti sotto pavimento flottante delle sale quadri.

33.4.1   PREPARAZIONE DELLE VIE AEREE PER LA POSA DEI CAVI

La realizzazione di vie aeree per la posa dei cavi è attuata assiemando canali prefabbricati di varie dimensioni per collegare le partenze dei cavi ai punti di arrivo. I vari tipi di canali disponibili si prestano a risolvere molti problemi di sistemazione delle vie cavi di trasporto e di collegamento, ma la loro posa non deve interferire con quella dei macchinari e delle tubazioni dei macchinari con posizioni di montaggio obbligate. Lo schema informativo delle vie cavi aeree della figura 33.4.11 mostra un esempio di posa di passerelle aeree comunque intrecciate con cambiamenti di direzione o livello e con adattamenti per ingressi e uscite dei cavi.

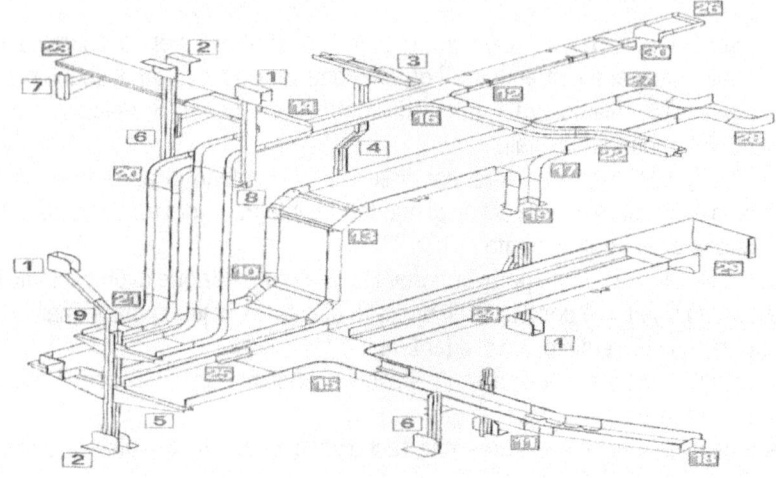

fig. 33.4.11

le passerelle possono essere installate all'interno di canali per realizzare percorsi di posa del tip indicato nella figura 33.4.12.

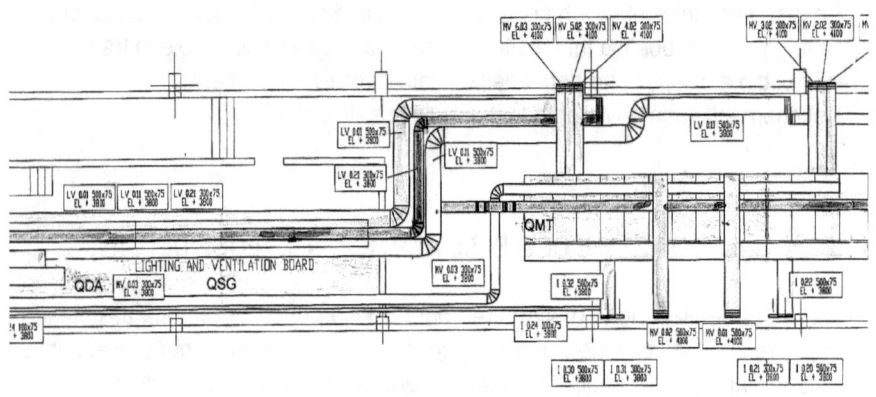

fig. 33.4.12

Possono essere associate a un quadro con partenze verso l'alto e verso il basso secondo la figura 33.4.13

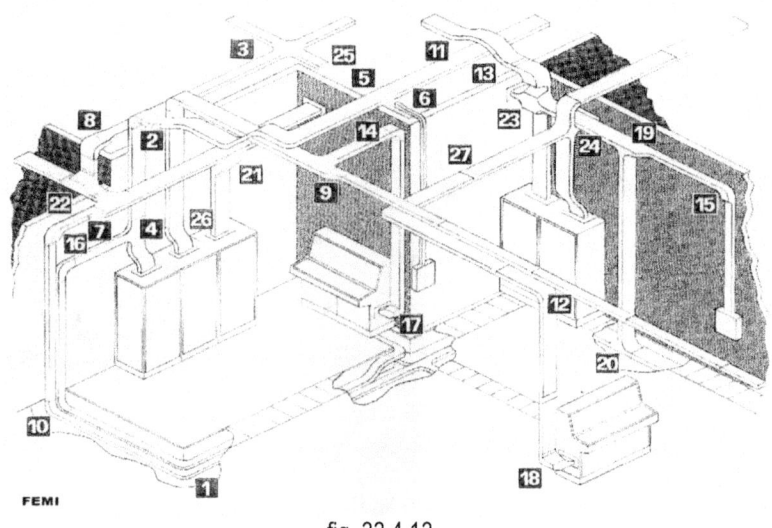

fig. 33.4.13

La figura 33.4.14 mostra una risalita di due passerelle che si incrociano con una terza passerella diretta diversamente ma che vanno a compiere un percorso parallelo.

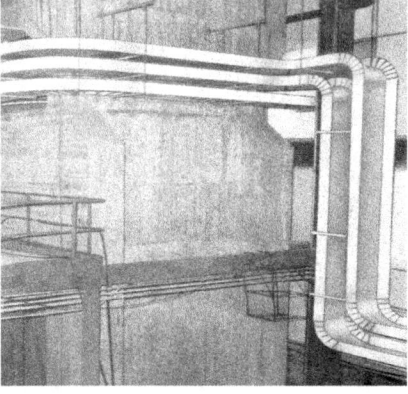

fig. 33.4.14

Le canalette completamente accessoriate possono essere costruite a rete, in lamiera chiusa o forata a scalette secondo la figura 33.4.15

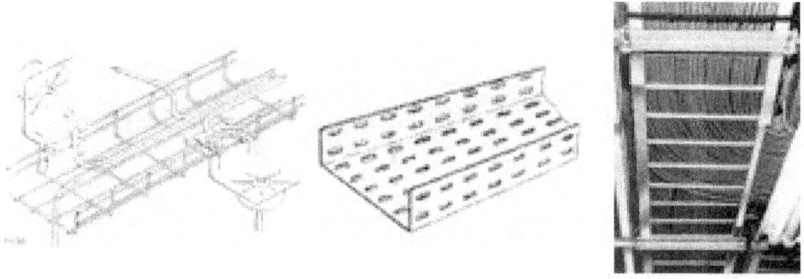

fig. 33.4.15

Le vie cavi saranno oggetto di altro studio dedicato alla posa dei cavi

33. 5 PREPARAZIONE DEL PAVIMENTO PER LA POSA DEI CAVI

I quadri elettrici posati a pavimento richiedono la preparazione di adeguate selle di appoggio e la realizzazione delle necessarie vie di passaggio dei cavi. Le selle di appoggio vengono realizzate con muratura di cemento che supporta il quadro ai quattro angoli ed estende il supporto a tutte le celle dei quadri affiancati. Il supporto prevede aperture che lasciano liberi i passaggi nelle quattro direzioni in modo da permettere l'uscita facile dei cavi dalle morsettiere del quadro. Lo studio delle vie cavi di una sala controllo può iniziare con un disegno della distribuzione dei quadri.

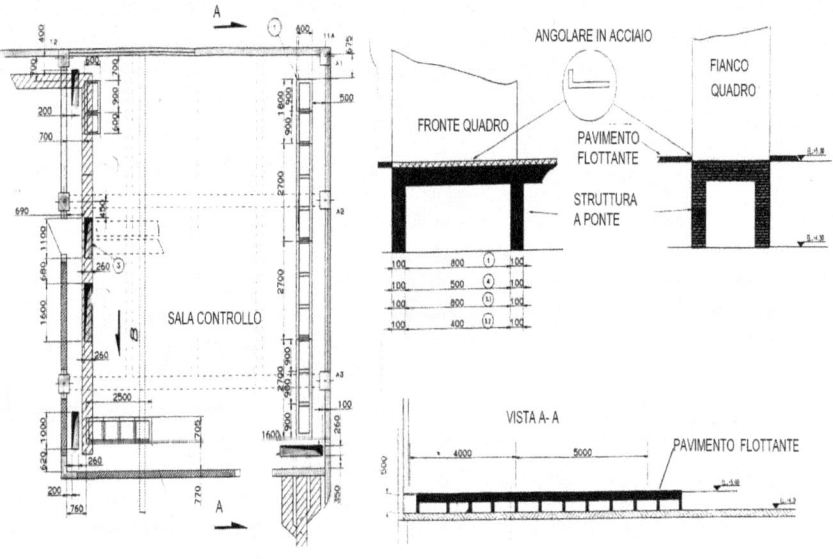

fig. 33.5.21

La predisposizione delle vie cavi nella sala controllo viene completata inserendo una serie di tubi o di canali chiusi con uscite predisposte nelle zone di utilizzazione o di possibile futura utilizzazione posate prima della gettata di finitura del pavimento.
La figura 33.5.22 rappresenta la distribuzione in tubi di collegamento separato fra cassette di infilaggio o derivazione.

fig. 33.5.22

La prima gettata di fissaggio dei tubi è rappresentata nella figura 33.5.23 prima della gettata del pavimento.

fig.33.5.23

In modo analogo viene preparato il pavimento per la gettata quando vengono utilizzate canalette di distribuzione chiuse in plastica distribuite secondo schemi comunque complessi del tipo di figura 33.5.24 con li completamento al livello superiore della figura 33.5.25 dopo la gettata del primo strato.

fig.33.5.24

Completata la distribuzione dei canali il pavimento è pronto per la gettata finale che copre e protegge tutte le vie cavi.

fig. 33.5.25

Si procede quindi alla copertura dei canali alla gettata finale del pavimento secondo la figura 33.5.26.

fig. 33.5.26

Dopo l'essicazione si montano i candelieri installati come nella figura 33.5.27 e fra i candelieri si installano quando previsto i condotti per i cavi .

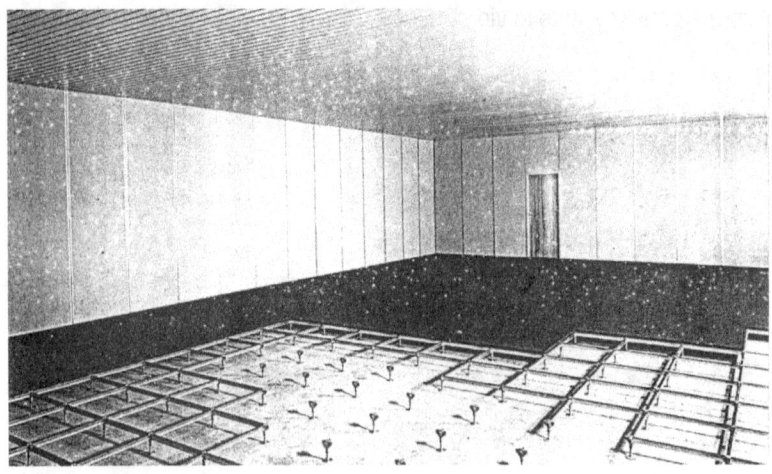

fig. 33.5.27

fig. 33.5-28

La figura 32.5.28 rappresenta la posa finale del pavimento appoggiato sui candelieri con parte sottostante facilmente accessibile con la semplice asportazione di poche tavelle.

33.6   ANCORAGGIO DEI QUADRI

L'ancoraggio dei quadri può essere eseguito direttamente a pavimento sulla soletta in cemento quando l'ultima gettata risulta liscia e in piano.
In questo caso il quadro può essere fissato direttamente mediante tasselli metallici dimensionati in funzione della grandezza e del peso del quadro.
Questa soluzione è di uso generale per i piccoli quadri componibili con un massimo di tre porte, di peso moderato e con masse interne uniformemente distribuite.
Per la preparazione dell'ancoraggio, il quadro viene posizionato nel punto di installazione assegnato al disopra del relativo cunicolo e viene eseguita la marcatura dei fori a pavimento. Il quadro può in questo caso essere utilizzato come maschera di foratura per eseguire sulla soletta i fori per l'introduzione dei tasselli in modo da compensare i possibili disallineamenti dei fori di fissaggio dello zoccolo.

Dopo la marcatura si muove il quadro della quantità necessaria per eseguire i fori sulla soletta e per introdurre i tasselli metallici.

Si riposiziona il quadro che viene bloccato nella posizione definitiva mediante bulloni. La figura 33.61 rappresenta lo zoccolo di un quadro a tre porte munito di fazzoletti di fissaggio forati disposti in posizione angolare e completo di lamiere di chiusura di fondo.

fig. 33.61

Quando il grado di finitura o il livellamento del pavimento non offrono sufficienti garanzie per una buona installazione, e per i quadri con più scomparti che richiedono un buon livellamento e sempre per i quadri molto pesanti si preferisce installare sempre indipendentemente dal grado di finitura della soletta, un complesso di ferri di fondazione affogati nel cemento disposti come in figura 33.62

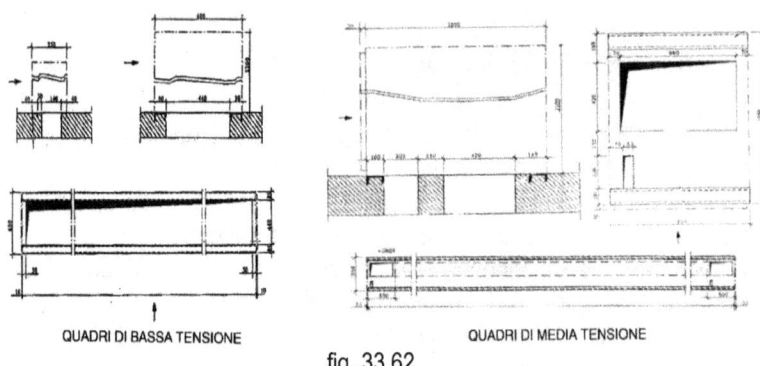

QUADRI DI BASSA TENSIONE   QUADRI DI MEDIA TENSIONE

fig. 33.62

I ferri di fondazione sono sempre forniti con il quadro dal costruttore della carpenteria meccanica e la loro foratura corrisponde esattamente a quella dello zoccolo del quadro.

Per la posa dei ferri secondo la figura 33.63 occorre:

- Individuare i ferri del quadro da installare in base alla foratura prevista e disporre i ferri secondo le indicazioni dei disegni di progetto.
- Assiemare correttamente i ferri successivi osservando l'allineamento e le distanze dei fori   degli scomparti successivi
- Disporre i ferri di base a c con le ali rivolte verso la soletta nella sede di installazione
- Procedere a un corretto livellamento
- Avvitare i bulloni negli appositi fori filettati dopo averli spalmati con grasso lubrificante per evitare   che il cemento faccia presa sul bullone e ne impedisca il successivo svitamento
- Versare il cemento fluido attraverso i fori predisposti dei ferri a c fino al completo riempimento degli spazi compresi fra il ferro a c e la soletta
- A cemento sufficientemente indurito togliere i bulloni
- Procedere al tamponamento e alla finitura curata del pavimento fra i ferri anteriore e posteriore
- LASCIARE ESSICCARE PER IL TEMPO NECESSARIO PRIMA DELLA INSTALLAZIONE DEL QUADRO

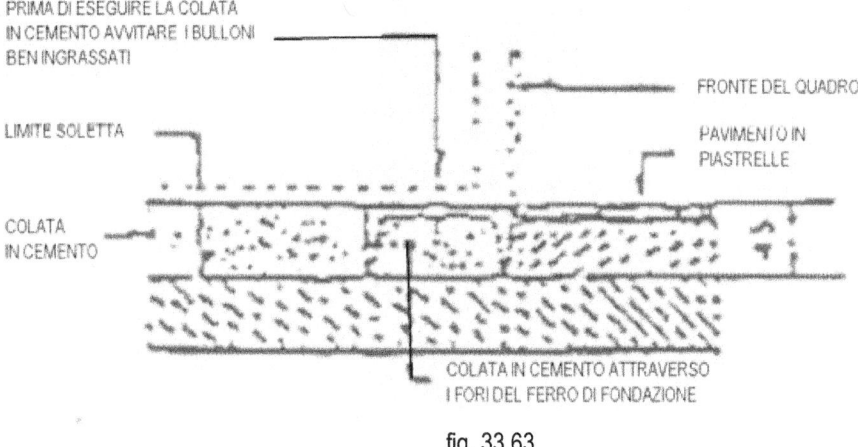

fig. 33.63

Il bloccaggio dei quadri ai ferri di base viene eseguito con bulloni che ne permettono lo smontaggio.

Può anche essere eseguito con un punto di saldatura ai quattro angoli dello zoccolo di ciascun pannello oppure mediante bulloni sistemati fra i fori di base del quadro e una serie di staffe forate saldate ai ferri di fondazione Queste soluzioni sono rappresentate nella figura 33.64

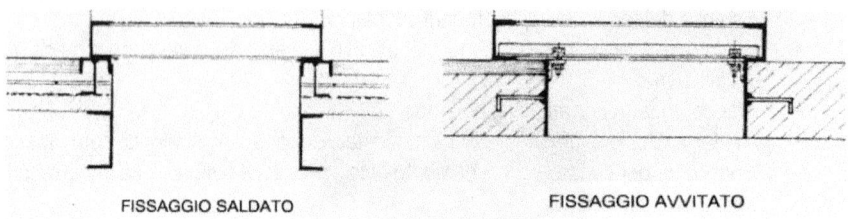

FISSAGGIO SALDATO   FISSAGGIO AVVITATO

fig. 33.64

I ferri di fondazione possono essere costituiti da controtelai forniti dal costruttore del quadro perfettamente forati come lo zoccolo del quadro completi di controdadi saldati sul lato inferiore e di bulloni già ingrassati per la gettata del cemento.

33.7   MOVIMENTAZIONE DEI QUADRI

Il quadro viene sollevato e posizionato sulle fondazioni. I golfari di sollevamento vengono utilizzati soltanto per la movimentazione e la sistemazione nella sede prevista,
Dopo la posa sulle fondazioni e il montaggio, i golfari devono essere svitati dal tetto del quadro.
I golfari devono essere sostituiti con viti di chiusura che impediscano la penetrazione di liquidi-

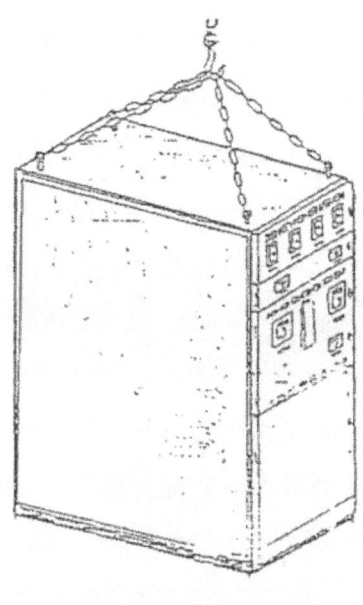

fig.33.71

È sempre opportuno sollevare i quadri utilizzando i 4 golfari in modo da non squilibrare. Le masse interne. E mantenere il quadro correttamente verticale

CAPITOLO 34 Installazioni entro container

34.1 INSTALLAZIONE IN CONTAINER STAZIONARI

I container stazionari sono utilizzati per la realizzazione rapida di centrali elettriche con un solo gruppo di potenza normalmente fino a 3 MVA o con più gruppi modulari per costruire centrali di maggior potenza previste per un servizio di base e dotate di una riserva intrinseca elevata.

Un primo container del tipo di figura 34.12 contiene il gruppo motore primo che può utilizzare motori endotermici a nafta o gas di tipo medio veloce o turbine a gas che trascinano l'alternatore. In questo container sono installati tutti gli ausiliari necessari al funzionamento motore primo. Un secondo container dello stesso tipo corrispondente alle figure 34.13 e 34.14 e normalmente delle stesse dimensioni di quello del motore primo, contiene tutta l'apparecchiatura elettrica necessaria. All'esterno del container sono previsti soltanto i serbatoi per i fluidi di processo acqua olio combustibile e la cabina elettrica locale alla quale si collega la linea di uscita dal container. Per la sistemazione dei container è necessario prevedere soltanto una adeguata piattaforma in cemento.

Il funzionamento di un gruppo in container prevede una conduzione locale con macchinario completamente automatizzato. Il raffreddamento è assicurato mantenendo aperti i portelloni del container. Ogni gruppo è sempre completamente indipendente dagli altri per cui negli impianti multipli l'inserzione in rete dei gruppi è decisa dall'operatore, ma in taluni casi può essere automatizzata in funzione della richiesta del carico.

La figura 34.14 rappresenta alcune soluzioni di accoppiamento di container per realizzare una centrale completa. Nel caso di centrali a più di due gruppi può esistere un container per un sistema comune di sbarre e all'esterno ancora un trasformatore elevatore di potenza.

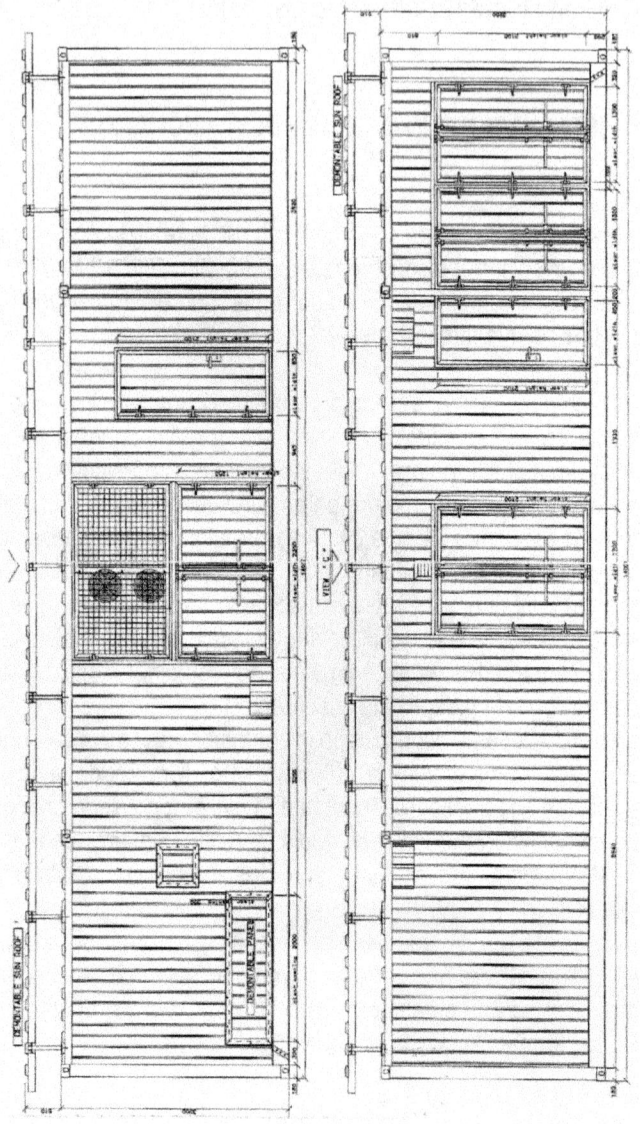

fig. 34.12

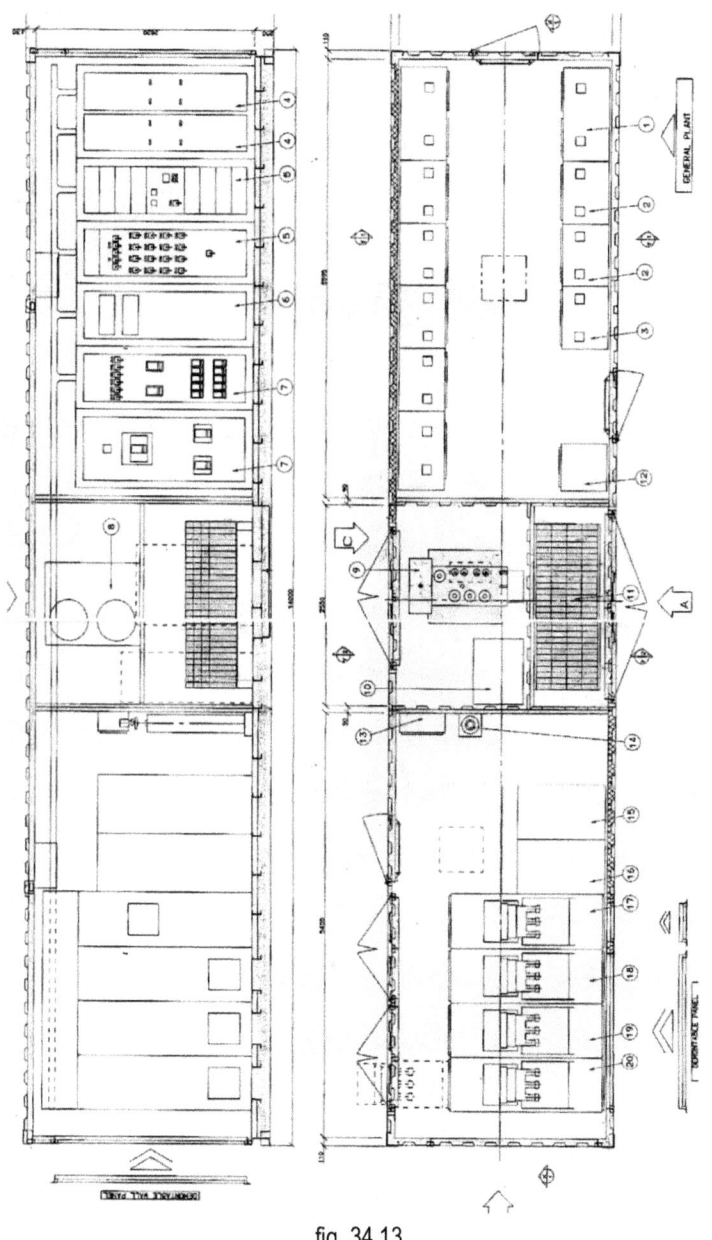

fig. 34.13

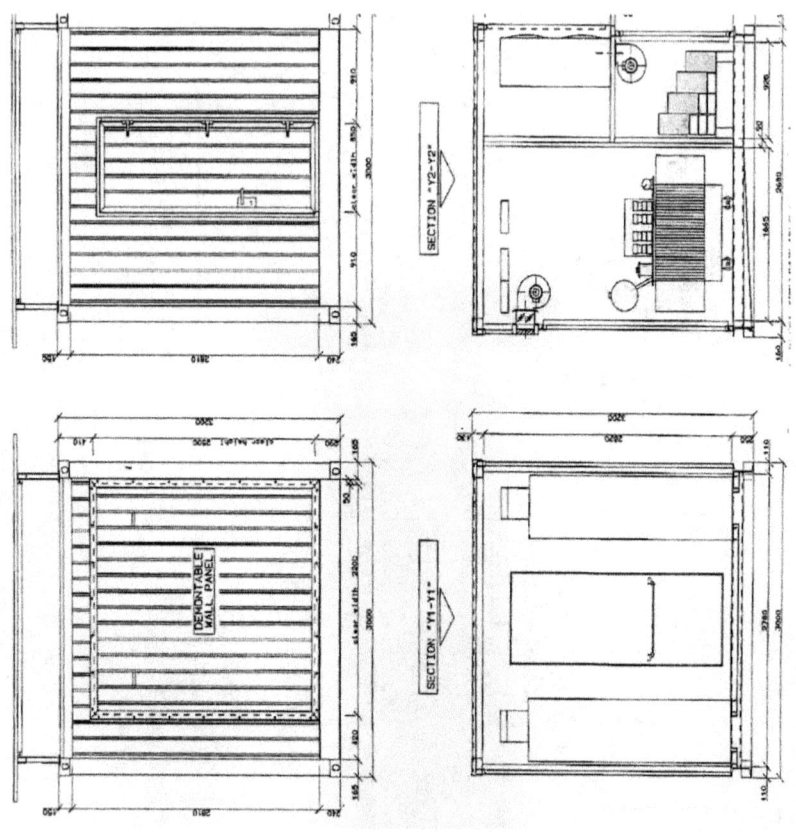

fig. 34.14

34.2   INSTALLAZIONE NEI CONTAINER CARRELLATI

Sono container mobili quelli installati su camion o rimorchi su ruote che comprendono un gruppo motogeneratore completamente accessoriato capace di

316

rendere disponibile una potenza di qualche centinaio di KW su un quadro di distribuzione per un numero limitato di utenze in bassa tensione.

La figura 34.21 mostra un container su ruote pronto per l'allacciamento esterno.

fig. 34.21

L'aria comburente è aspirata dal filtro di aspirazione posteriore e il raffreddamento è ottenuto con la circolazione forzata dall'aria con portelloni aperti. Il quadro elettrico di controllo prevede sul fondo 5 interruttori di uscita alimentati dal generatore trascinato dal motore. Il combustibile è reso disponibile dal serbatoio con sistemazione camionistica e garantisce un funzionamento al 75% del carico per alcune ore.

CAPITOLO 35   Sistemi comuni dei quadri

35.1   ALIMENTAZIONE IN CORRENTE ALTERNATA DEL QUADRO

La corrente alternata nei circuiti dei quadri di controllo viene utilizzata per l'alimentazione dei servizi generali di quadro secondo la figura 35.11.

La tensione proveniente dal quadro di distribuzione è applicata con l'interruttore di ingresso Q1 al trasformatore T1 il quale la adatta al valore richiesto e separa galvanicamente il quadro dalla rete di alimentazione.

Nei quadri di controllo non sono in genere utilizzati gli autotrasformatori perché non consentono una separazione galvanica fra ingresso e uscita. La separazione galvanica non permetta l'arrivo al quadro di segnali spuri.

La corrente alternata alimenta nel quadro il sistema di illuminazione interno costituito dalle lampade HL e dall'interruttore CS1, le scaldiglie EH, la ventilazione interna M.

Se nel quadro di controllo è previsto l'impiego di corrente alternata per apparecchiature come ad esempio i contaore di funzionamento che prevedono questa alimentazione, il circuito viene derivato al secondario del trasformatore attraverso fusibili sezionabili separati.

Le scaldiglie EM1-EM2 sono inserite dal contattore K1 controllato da un termostato ST e un umidostato SH servono ad evitare il deposito di condensa e a mantenere nel quadro la temperatura necessaria ad un funzionamento ottimale delle apparecchiature.

Con scaldiglia inserite i ventilatori M1-M2 mettono in circolazione l'aria evitando la formazione di punti caldi per mancata circolazione. Viene infine alimentata una presa interna XS1 per il collegamento degli utensili di manutenzione o degli strumenti di prova.

Con bassa temperatura il termostato ST inserisce le scaldiglia e il ventilatore M rende uniforme la temperatura interna. Se l'alimentazione in CA è molto instabile e nei circuiti di controllo supera il valore ammesso allora il trasformatore di alimentazione può essere sostituito con uno stabilizzatore a ferro saturo. Lo stabilizzatore viene spesso impiegato anche nella alimentazione delle bobine dei contattori negli MCC.

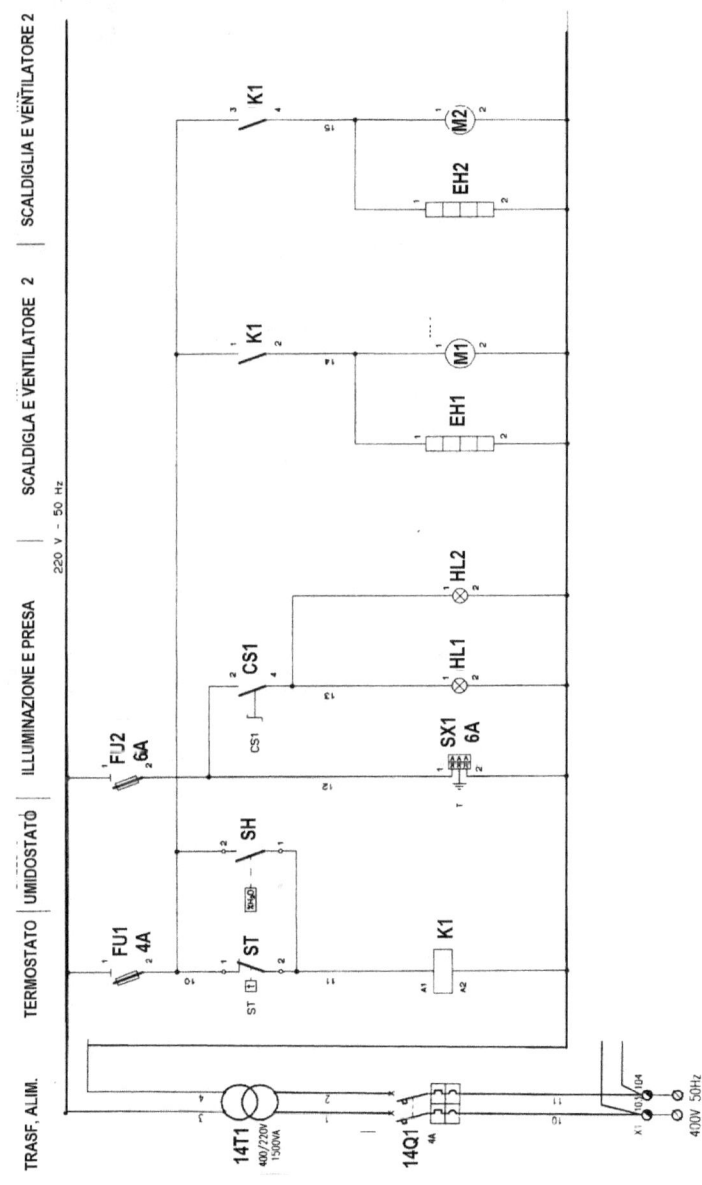

fig. 35.11

Se la temperatura è normale, ma l'umidità è elevata, il riscaldamento provoca un aumento della temperatura interna dell'aria e il ventilatore provoca l'espulsione più facile dell'umidità all'esterno del quadro

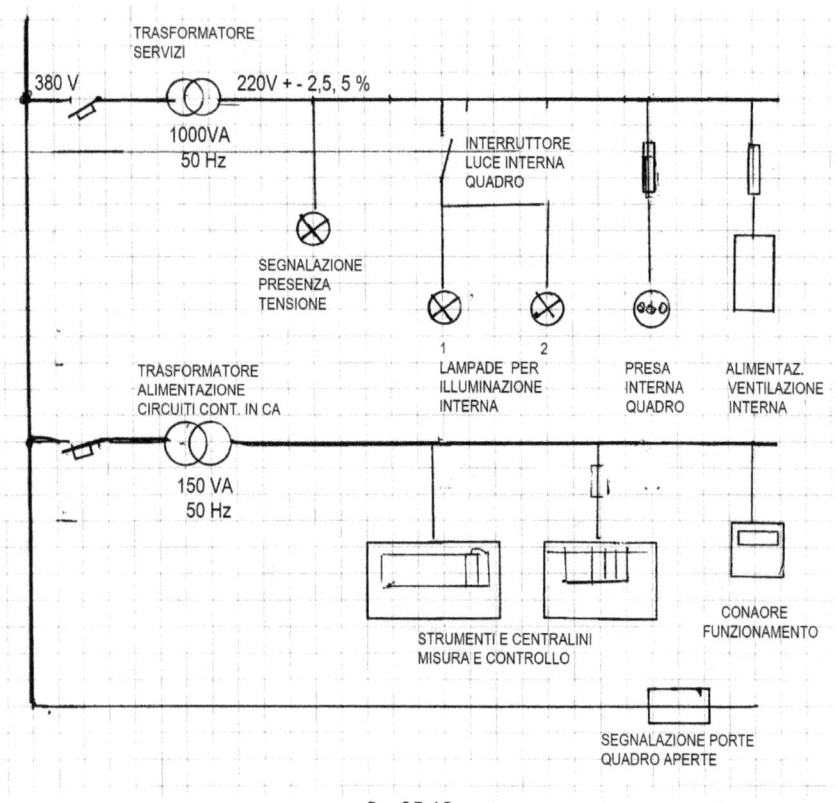

fig. 35.12

35.2   ALIMENTAZIONE IN CORRENTE CONTINUA

Nei locali di installazione delle batterie stazionarie per ciascuna batteria viene installato un quadretto del tipo rappresentato nella figura 35.21 contenente una serie di fusibili di sezionamento e protezione contro il corto circuito. Il quadro è chiuso con chiave e non è manovrabile per ragioni di sicurezza dell'impianto alimentato a valle. I fusibili sono sostituibili con apposita maniglia di estrazione.

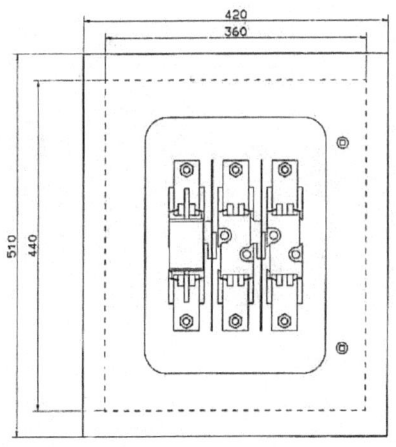 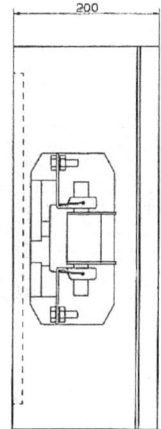

fig. 35.21

Il quadretto è normalmente di tipo in resina resistente agli acidi presenti nel locale e viene sistemato a parete in posizione sempre facilmente accessibile. I fusibili sono visibili dall'esterno per la verifica dell'integrità. L'eventuale chiave di apertura dello sportello del quadretto deve essere conservata all'interno del quadro carica batterie e distribuzione corrente continua normalmente sistemato in sala quadri di controllo. Il quadretto ha lo scopo di sezionare la batteria in modo visibile durante tutte le operazioni di manutenzione in modo da rendere sicuri gli interventi. I fusibili hanno la funzione di protezione di rincalzo contro il corto circuito.
La protezione normale delle derivazioni è esplicata in modo selettivo dai fusibili e dagli interruttori installati nel quadro principale della corrente continua e sono dimensionati per interrompere la massima corrente di corto circuito della batteria.

All'interno dei locali di installazione delle batterie dove si effettua la loro ricarica si possono produrre atmosfere potenzialmente esplosive a causa delle esalazioni di idrogeno e ossigeno. Questi gas si sprigionano spontaneamente dalle batterie durante le operazioni di carica e scarica. Non sono pertanto opportune operazioni di apertura e chiusura del circuito della batteria in erogazione che possono produrre scintille ed inneschi di esplosioni. Il quadro di sezionamento è utilizzato solo durante le operazioni di grande manutenzione della batteria e possono essere manovrati dopo l'esclusione del quadro di controllo della ricarica.

fig. 35.22

La figura 35,22 rappresenta una sala batterie al piombo con pavimento ricoperto di traversine di legno mentre la figura 35.23 rappresenta un gruppo di 5 elementi assiemati in gabbioni per facilitare il trasporto e semplificare la posa e il collegamento dei gabbioni in serie fino al quadretto di sezionamento.

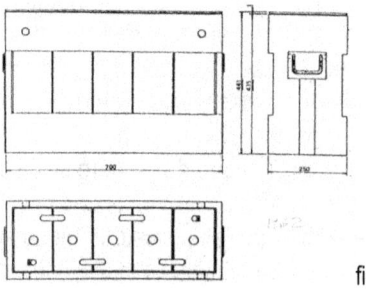

fig. 35.23

La batteria fa capo al quadro corrente continua usualmente diviso in due sezioni. La prima sezione contiene il caricabatteria alimentata dalla rete o dal quadro PC di distribuzione della corrente alternata.

La seconda sezione contiene gli interruttori di distribuzione della corrente continua collegati secondo lo schema della figura 35.24.

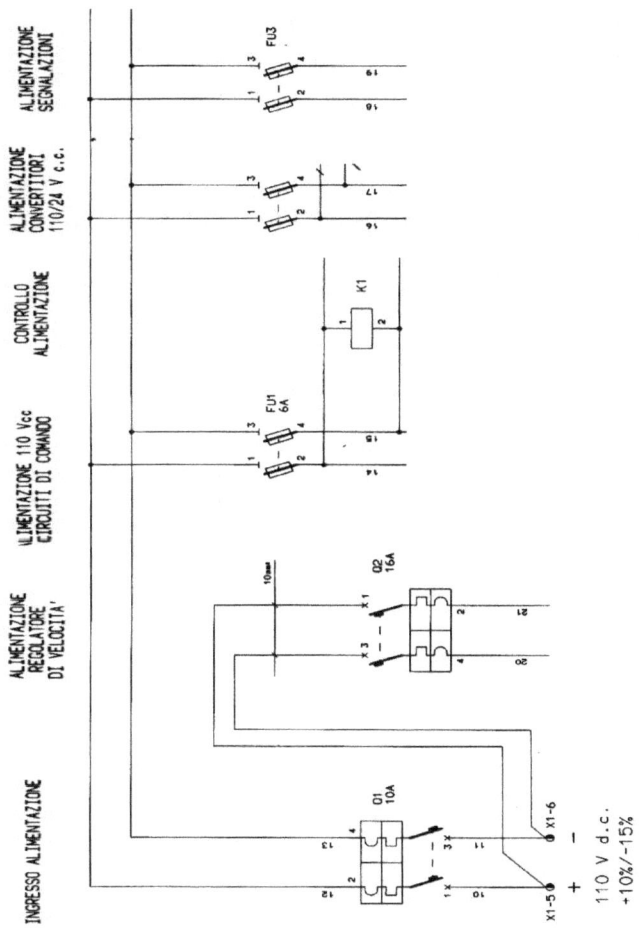

fig.35.24

Vengono controllati i sistemi e i parametri indicati schematicamente nella figura 35.25

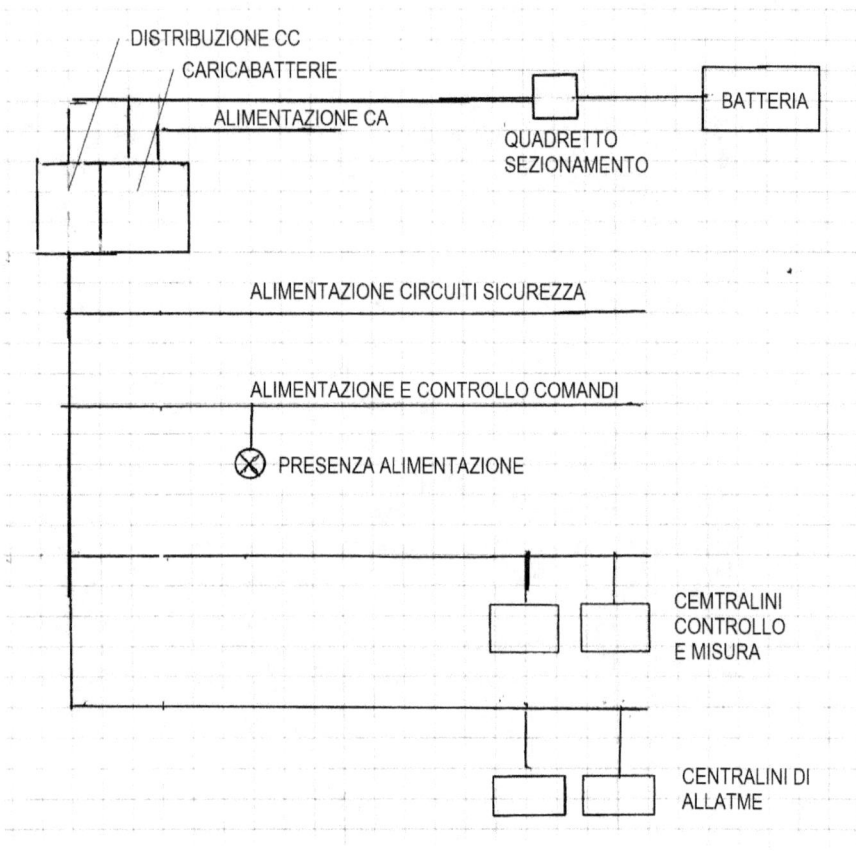

fig. 35.25

35.3 VENTILAZIONE E RISCALDAMENTO DEI QUADRI

La ventilazione interna dei quadri ha lo scopo di asportate il calore prodotto dalle apparecchiature percorse da corrente.
La ventilazione interna può essere naturale o forzata in circuito aperto e in circuito chiuso. La ventilazione naturale in circuito aperto è dovuta dalla libera circolazione di aria più fresca prelevata dall'ambiente esterno attraverso una bocca di entrata disposta nella parte bassa del quadro e scaricata da una bocca di uscita alta nella parte opposta attraverso la quale l'aria che ha lambito i componenti interni del quadro esce liberamente trasportando il calore raccolto che viene disperso in atmosfera.
Il modo di circolazione naturale dell'aria all'interno di un quadro è schematizzato Nella figura 35.31.

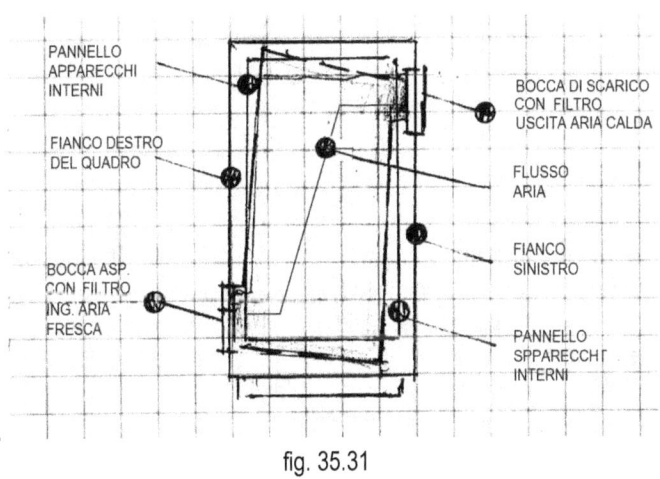

fig. 35.31

La ventilazione naturale non richiede strumentazione di controllo e di attivazione, ma i filtri di aspirazione all'ingresso e di scarico all'uscita richiedono un lavaggio periodico per evitare che l'intasamento riduca il flusso dell'aria in circolazione.

Il riscaldamento dei quadri ha lo scopo di rimuovere l'umidità che si raccoglie spontaneamente nel quadro o viene portata dall'aria di raffreddamento in libera circolazione.

325

Quando il livello di umidità dell'ambiente è elevato, il quadro può essere dotato di una o più scaldiglie H1, H2, H3, controllate da un termostato "23" e da un umidostato HUM, collegati secondo lo schema della figura 35.32.

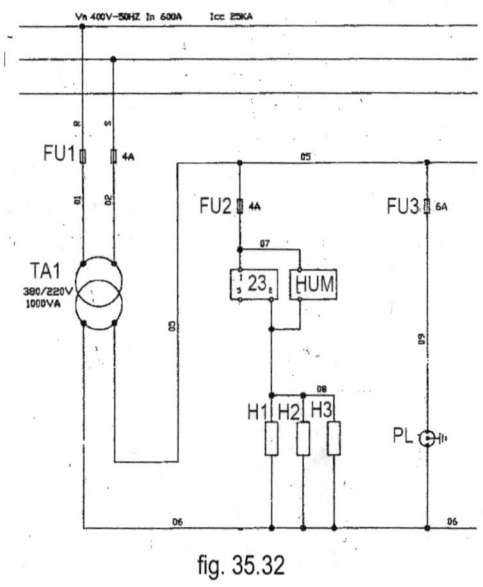

fig. 35.32

Se la temperatura all'interno del quadro si abbassa oltre i limiti normali, i vapori freddi tendono ad addensarsi nelle parte bassa. Si chiude allora il contatto del termostato 23 e vengo inserite le scaldiglie H1, H2, H3 che fanno aumentare la temperatura interna e disperdere l'umidità. Con l'aumento della temperatura, si apre il contatto del termostato 23 e le scaldiglie vengono escluse a meno che l'umidità rilevata all'interno del quadro sia ancora elevata e sia chiuso il contatto HUM dell'umidostato. La circolazione dell'aria riscaldata scarica l'umidità all'esterno e il sistema ritorna in condizioni di esercizio normale.

I quadri elettrici vengono riscaldati per evitare fenomeni di corrosione delle parti metalliche e per impedire il deposito di condensa sui conduttori o sulle apparecchiature. La condensa può dare luogo a scariche superficiali occasionali o a messe a terra. I riscaldatori o scaldiglie anticondensa adottati per l'installazione nei quadri sono costituiti da una resistenza metallica in lega di nichel protetta da una gabbia verniciata in lamiera forata del tipo di figura 35.33-1. Possono anche essere del tipo compatto di figura 35.33-2 per montaggio su sbarra di supporto costruite con una alettatura che facilita la dispersione del calore.

L'alimentazione può essere continua per piccole potenze oppure essere controllata da termostato e umidostato. Un termostato di sicurezza può essere incorporato nella resistenza con lo scopo di proteggerla dalle sovratemperature pericolose. Il termostato incorporato nella resistenza non è adatto al controllo della temperatura del quadro, ma serve unicamente per proteggere il riscaldatore.

Quando per il comando di inserzione e di esclusione vengono utilizzati termostato e umidostato di regolazione questi apparecchi sono sempre montati separatamente dal riscaldatore.

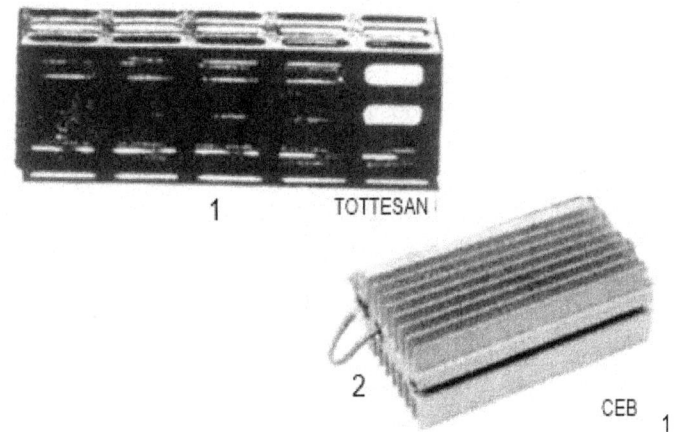

RISCALDATORE APERTO 30 - 250 W - 2 RISCALDATORE COMPATTO FINO A 600 W

fig. 35.33

Un termostato può essere incorporato nella resistenza con lo scopo di proteggerla dalle sovratemperature pericolose. Il termostato incorporato nella resistenza non è adatto al controllo della temperatura del quadro, ma serve soltanto a proteggere il riscaldatore. Quando per il comando di inserzione e di esclusione vengono utilizzati termostato e umidostato di regolazione questi apparecchi sono sempre montati entro il quadro separatamente dal riscaldatore.

La potenza normalizzata di questi riscaldatori è di 30 – 50 – 100 – 150 – 250W.

E' bene non eccedere nella potenza delle scaldiglie per non creare all'interno dei quadri punti a temperatura troppo elevata.

Installando più riscaldatori di potenza piccola o media si ottiene una più uniforme distribuzione del calore.

I riscaldatori vengono di norma sistemati nella parte bassa del quadro e riscaldano il quadro per convenzione dell'aria che tende a salire per effetto della sua temperatura. La distanza minima delle apparecchiature dal riscaldatore è di 70mm 10 mm dagli altri lati se i contenitori sono metallici e di 50 mm se i contenitori sono in materiale termoplastico. Le scaldiglie possono essere controllate mediante un termistore collegato in serie al riscaldatore.

Il termistore a coefficiente di temperatura positivo regola la corrente che attraversa il riscaldatore in modo da produrre una quantità di calore inversamente proporzionale alla temperatura del quadro.

Con l'impiego del termistore la potenza sviluppata dal riscaldatore è variabile in funzione delle reali necessità di riscaldamento. Lo schema di inserzione dei riscaldatori con termostato e umidostato è rappresentato nella figura 35.34

Il raffreddamento forzato del quadro è ottenuto con aria fresca di raffreddamento aspirata dall'ambiente esterno nel quadro e restituita calda all'esterno attraverso un ventilatore estrattore dell'aria calda sistemato sulla bocca di scarico dopo aver lambito l'apparecchiatura interna del quadro.

Il ventilatore permette di disporre di una maggiore quantità di aria in grado di

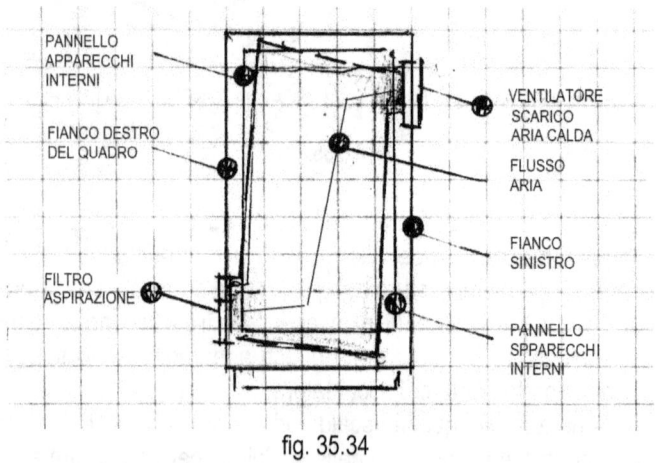

fig. 35.34

assicurare sempre una circolazione efficace. Il sistema di controllo prevede l'avviamento automatico del ventilatore quando il quadro viene messo in tensione.

Il ventilatore è monofase, viene inserito con un piccolo contattore protetto con una coppia di fusibili. La mancata inserzione del ventilatore con quadro inserito genera un allarme considerato grave. La movimentazione dell'aria può infine essere ottenuta con circolatori interni che spingono l'aria calda verso le pareti di superficie sufficiente a disperdere il calore nell'ambiente.

I ventilatori possono essere in esecuzione aperta per sistemazione interna addossata alle aperture di aerazione ricavate con grigliatura della superficie del quadro, oppure possono essere muniti di propria griglia di protezione ed infine essere montati all'interno di torrini sistemati sul tetto del quadro nei tipi rappresentati in figura 35.35.

fig. 35.35

L'aria aspirata dai ventilatori o dai torrini entra nel quadro con fondo chiuso attraverso i fori di aerazione praticati sulla parte bassa del quadro attraverso appositi filtri sistemati sulla parete interna della carpenteria.

Dopo aver lambito l'apparecchiatura interna l'aria calda viene espulsa dall'equipaggiamento di ventilazione sistemato nella parte alta del quadro munito anch'esso di filtri.

I ventilatori e i torrini di aerazione vengono utilizzati quando l'aria dell'ambiente non è contaminata, le polveri presenti nell'aria dalla piccola quantità e possono pertanto essere trattenute dai filtri previsti nella ventilazione forzata sulle bocche di aspirazione e di scarico.

Nei quadri chiusi, quando il calore da smaltire è limitato, ma si vuole eliminare all'interno del quadro la formazione di punti più caldi, vengono utilizzati i ventilatori interni con funzione di attivatori della circolazione dell'aria e omogeneizzazione delle temperature.

Nelle soluzioni di raffreddamento che prevedono filtri di aspirazione e di scarico, questi devono essere puliti periodicamente lavandoli con acqua corrente e normali detersivi al fine di mantenere un elevato grado di filtrazione e di circolazione dell'aria. L'inefficienza del filtro provoca un aumento della temperatura interna. All'interno dei quadri il sistema di ventilazione è collegato all'alimentazione ausiliaria dei servizi di quadro riassunti nello schema della figura 35.36 .

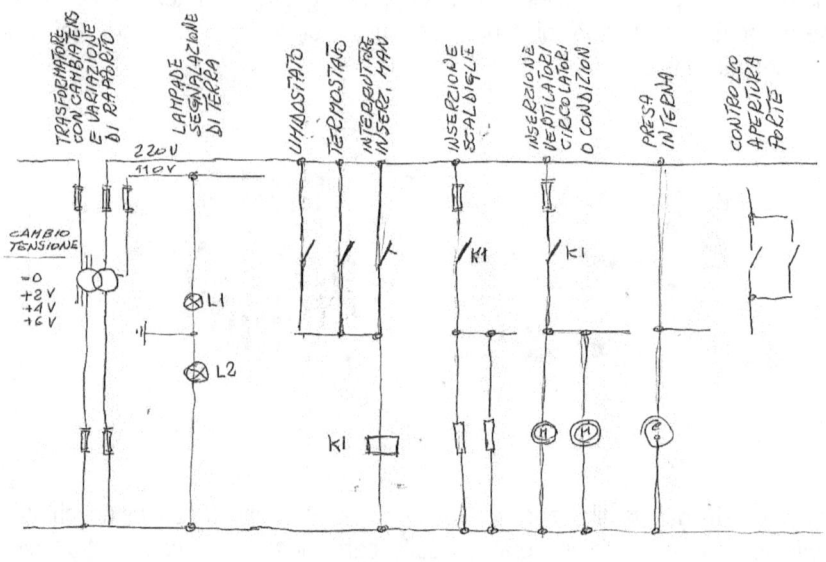

fig. 35.36

I ventilatori vengono protetti con fusibili sezionabili o con piccoli interruttori automatici. La temperatura interna del quadro viene monitorata soltanto per i quadri di elettronica spinta.

35.4   CONTROLLO DI ALIMENTAZIONE DEI RISCALDATORI

L'alimentazione può essere fornita attraverso un trasformatore di adattamento o di un trasformatore con funzione di isolamento. Quando nel quadro sono installati stabilizzatori di tensione, i circuiti di illuminazione, ventilazione, riscaldamento ed eventuale segnalazione di porte aperte sono alimentati dalla linea esterna in parallelo allo stabilizzatore che fornisce l'alimentazione ai circuiti di misura e controllo.

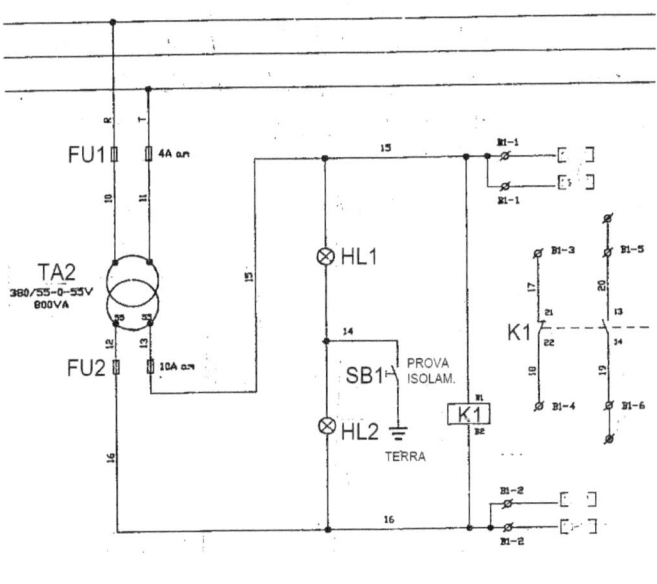

fig. 35.41

A valle del trasformatore di isolamento e alimentazione dei sistemi di controllo due lampade in serie con il centro collegato a terra risultano sottoposte ciascuna a metà della tensione del circuito di alimentazione.

Le lampade devono avere una tensione nominale pari alla tensione secondaria del trasformatore e in condizioni normale hanno una luminosità molto bassa.

Se uno dei due fili va a terra la lampada collegata con lo stesso filo si spegne e l'operatore è avvertito della presenza dell'anomalia con la piena accensione dell'altra lampada.

Il servizio può in questo caso continuare a meno che il guasto non degradi con la messa a terra anche dell'altro filo e il conseguente intervento dei dispositivi di protezione contro corto circuito a terra. In generale il servizio viene mantenuto e il guasto eliminato al primo arresto del macchinario alimentato.
La segnalazione permanente e fornita dalle due lampade accese a mezza luce.
.
Il centro del trasformatore di alimentazione non viene generalmente collegato a terra perché la comparsa di una terra in linea provocherebbe in questo caso il corto circuito di metà avvolgimento del trasformatore e l'intervento istantaneo conseguente delle sue protezioni di massima corrente.
Il sistema con la presenza di una messa a terra a valle del trasformatore di isolamento con centro a terra non può essere mantenuto in servizio.

Il riscaldamento interno può essere naturale e allora il flusso d'aria calda si sviluppa dal basso verso l'alto in modo spontaneo.

L'aria riscaldata più leggera, si sposta spontaneamente verso l'alto e spinge in basso l'aria più fredda e pesante che a sua volta viene riscaldata dalle scaldiglie con il consenso del termostato o dell'umidostato.

35.5   SEGNALAZIONE DI PRESENZA TENSIONE IN MEDIA TENSIONE

La segnalazione visiva di presenza tensione nei quadri di media tensione viene eseguita senza l'utilizzazione di trasformatori mediante complessi capacitivi inseriti negli isolatori in resina e collegati secondo la figura 35.51 nella soluzione di segnalazione a pannello e di segnalazione interno quadro. Per questioni di sicurezza del personale il partitore capacitivo è montato all'interno separato dal pannello del quadro.

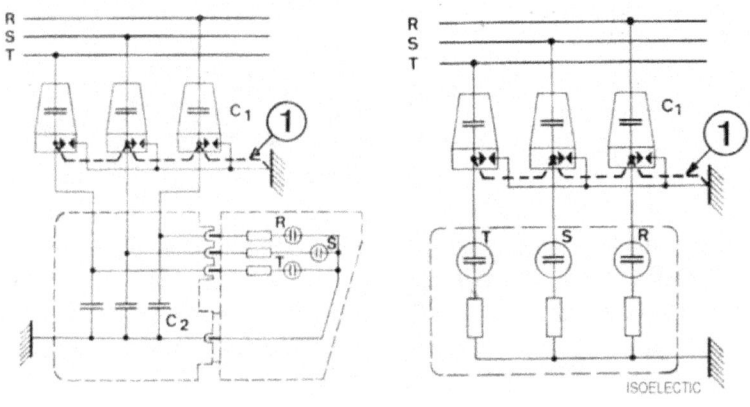

fig.35.51

Alla base di ciascun isolatore è previsto uno scaricatore di sovratensione che impedisce, in caso di perforazione del condensatore C1 che la media tensione venga applicata al segnalatore luminoso scaricando direttamente a terra la corrente di guasto fino a 1000 A per 0,5 sec. In caso di guasto ai condensatori C1 e C2 il partitore capacitivo è percorso dalla corrente omeopolare di terra della rete di media tensione. Il valore della corrente di terra dipende dalla estensione della rete di media tensione e può assumere intensità che vanno da qualche ampere alle centinaia di ampere. In questo caso la tensione ai capi del circuito di bassa tensione non supera 430 V con una corrente inferiore a 1 mA. La presenza tensione è segnalata dai led r, s, t accesi. In presenza di guasto il corrispondente led si spegne.

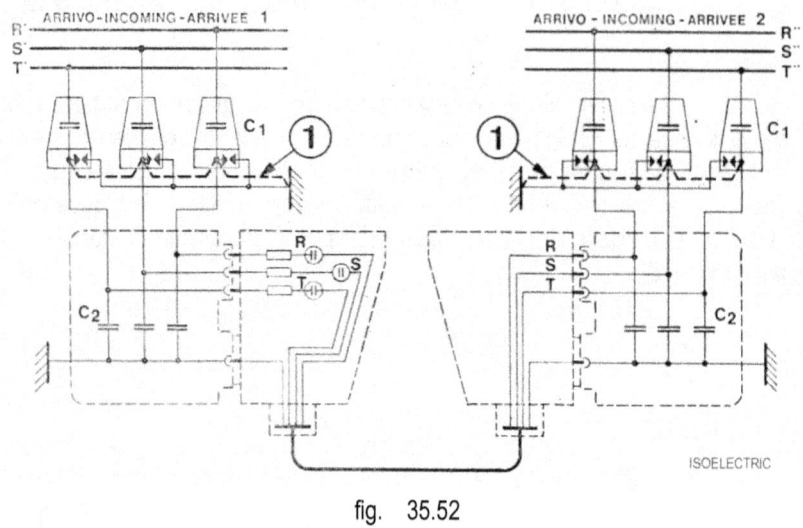

fig. 35.52

Il dispositivo può essere usato secondo lo schema di figura 35.52 per verificare la concordanza di fase fra due alimentazioni. In questo caso la concordanza è indicata con lampade spente. Nelle prove di isolamento il circuito di segnalazione deve essere escluso mediante il ponte volante indicato con il numero 1.

35.6   SUPPORTI DI SBARRE RIGIDE PER MEDIA E BASSA TENSIONE

supporti per le sbarre dei quadri di media tensione in vetroresina rappresentati nella figura 35.61 possono essere impiegati anche per i sistemi di bassa tensione in presenza di elevati sforzi di natura elettrodinamica. La tenuta alle forti sollecitazioni dinamiche richiede l'inserzione di un adeguato numero di supporti e distanziatori. Le sbarre possono essere fissate direttamente alla struttura del quadro utilizzando blocchetti isolanti a due fori filettati senza contatto fra loro per il fissaggio della sbarra e il suo bloccaggio sul quadro. I supporti filettati rappresentati nella figura 35.61_1 hanno una altezza dipendente dalla tensione di esercizio. Essi possono essere utilizzati per assicurare la separazione delle sbarre in parallelo di una stessa fase e vengono anche impiegati per costituire l'isolamento di pedane mobili di protezione per sistemi di media tensione.

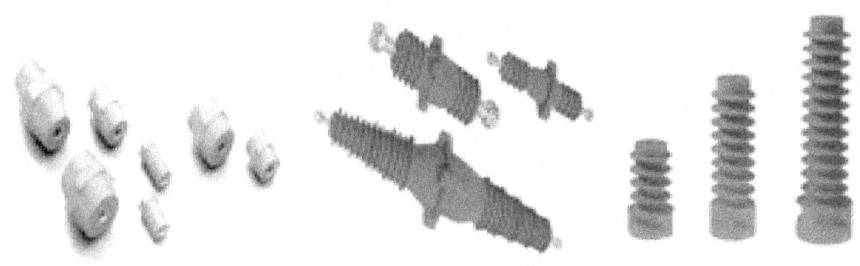

fig.35.61

Gli isolatori di supporto consentono di applicare carichi di 60÷600 kg, hanno resistenza a trazione di 250÷3600 kg, momento di torsione di 0,5÷8 kgm, la tensione di prova di 5÷21 kV e la resistenza d'arco superficiale di circa 150 sec. Gli isolatori portanti e gli isolatori passanti in resina epossidica per sistemazione all'interno dei quadri di media tensione sono rappresentati nella figura 35.61.2. Questo isolatore consente di avere un peso ridotto, una elevata resistenza meccanica ottime caratteristiche elettriche e l'esecuzione alettata consente di allungare la linea di fuga rendendo l'isolatore adatto all'installazione in ambienti fortemente inquinati da gas corrosivi, zolfo, azoto o altro. Presenta le seguenti caratteristiche elettriche:

TENSIONE NOMINALE kV	3,6	7,2	12	17,5	24	36
TENSIONE DI ISOLAMENTO A 50-60Hz 1'kV	21	27	35	45	55	75
TENSIONE DI ISOLAMENTO A IMPULSO kV	45	60	75	95	125	170
CORRENTE NOMINALE A	DIPENDENTE DALLA TAGLIA					

CORRENTE MASSIMA AMMISSIBILE DI CORTO CIRCUITO Ka   valore di cresta "X"
CORRENTE NOMINALE DI CORTO CIRCUITO kA   valore efficace "X"

Le correnti "X" sono definite in funzione della grandezza dell'isolatore.

Gli isolatori per sbarre passanti oppure per profilati ad U hanno la forma della figura 10.5D3 e sono costruite per far passare 1,2,3 sbarre da 30, 40, 50, 60, 80, 100 con spessori di 5 o 10 mm.

fig.35.62

La figura 35.3 rappresenta un supporto componibile per sbarre sistemate di costa in numero di u 1, 2, 3, sbarre in parallelo per ciascuna fase e per il neutro.

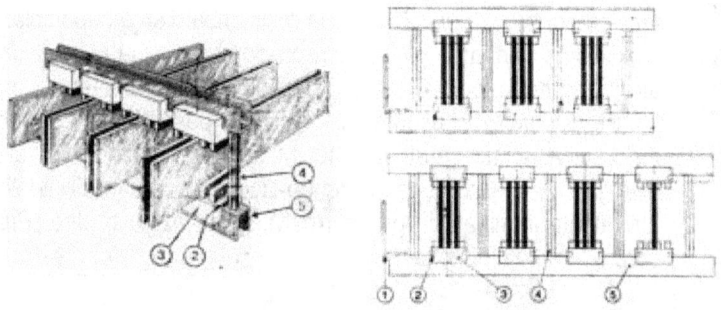

1 SQUADRETTA DI FISSAGGIO - 2 PERNO DI BLOCCAGGIO - 3 BLOCCHETTO PORTASBARRE - 4 TIRANTE - 5 PROFOLATO ASOLATO   (ISOLSBARRA)

fig.   35.63

I sistemi di fissaggio delle sbarre di bassa tensione per applicazioni normali hanno le stese tipologie costruttive di quelli di media tensione. Nella figura 35.64 è rappresentato un supporto a pettine

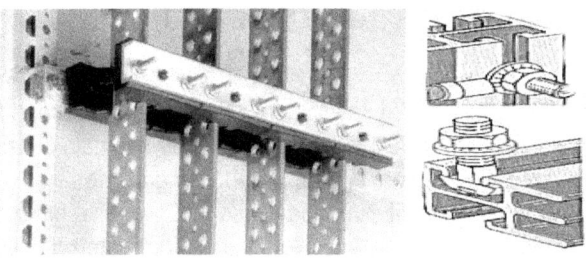

SBARRE PER DERIVAZIONI LATERALI DERIVAZIONI A MARTELLO
FIG. 35.64

con doppio tirante su ogni sbarra e traversa metallica di rinforzo del supporto sbarre di fase e di neutro.

Le sbarre sono forate predisposte per derivazioni laterali verso gli interruttori. Utilizzando sbarre sagomate le derivazioni in cavo verso gli utilizzatori possono essere eseguite con bulloneria sagomata con testa a martello senza predisposizioni particolari e senza richiedere allineamenti precisi delle derivazioni che assumono spontaneamente la posizione più idonea al collegamento.

Il collegamento fra sbarre all'interno di quadri è normalmente di tipo imbullonato come in figura 10.5D6 realizzato con sbarre sagomate o bloccato con opportuni elementi di connessione per mantenere la complanarità delle sbarre successive.

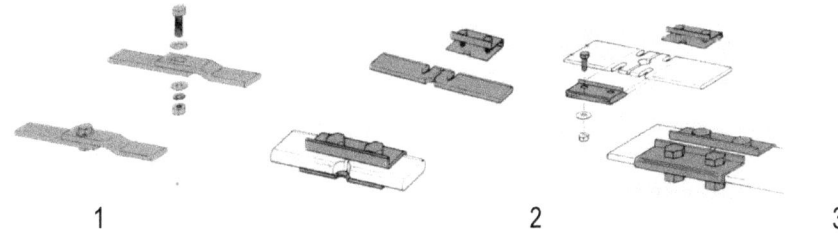

1   2   3

1 CONNESSIONE SOVRAPPOSTA   -   **2** CONNESSIONE DI TESTA
3 DOPPIA CONNESSIONE DI TESTA
FIG. 35.65

35.7   CONTROLLO DELL'APERTURA DELLE PORTE

Per segnalare in modo visivo la indisponibilità di un quadro durante le operazioni di manutenzione o per evidenziare una condizione anomala di esercizio in situazioni di pericolo con porte del quadro aperte, i quadri vengono dotati su ogni porta di dispositivi lampeggianti completi di lampade di segnalazione a funzionamento intermittente come in   figura 35,71 Il dispositivo è installato all'interno del quadro e si accende in modo intermittente con luce sufficientemente intensa e fastidiosa con porte del quadro aperte.

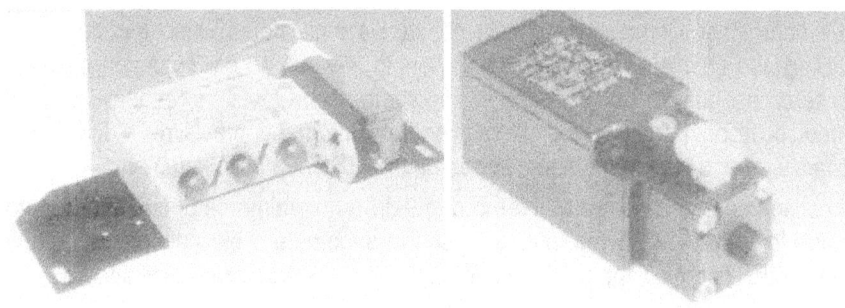

figura. 35.71

L'accensione è comandata da un microinterruttore per ogni porta del quadro. Tutti i microinterruttori dello stesso quadro sono collegati in parallelo fra loro. Quando le porte del quadro sono chiuse, i pulsati di comando dei microinterruttori sono premuti, i contatti di alimentazione delle lampade intermittenti sono aperti e le lampade sono spente. Se una porta del quadro viene aperto il microinterruttore corrispondente viene rilasciato e chiude il proprio contatto che fa accendere le lampade collegate al circuito. Le lampade vengono escluse automaticamente quando vengono richiuse le porte.

Nei quadri di controllo le lampade interne vengono talvolta sostituite dal segnalatore generale di allarme disposto sul tetto del quadro.

Questo segnalatore viene inserito dal microinterruttore azionato dalle porte del quadro e può comandare lampade a luce fissa o intermittente con un battimento di lampeggio diverso da quello degli allarmi e senza l'azionamento del segnalatore acustico.

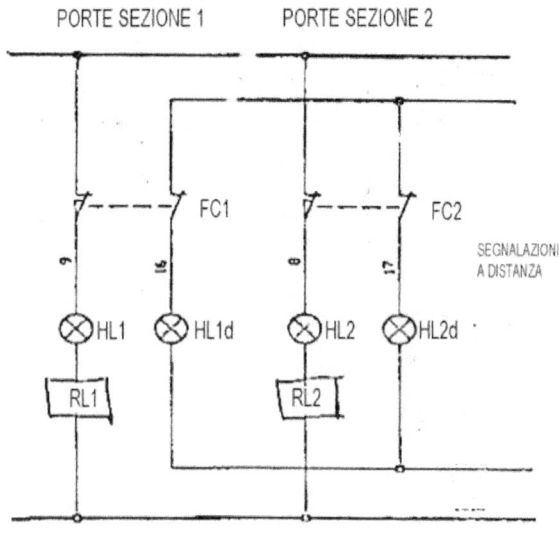

PORTE SEZIONE 1   PORTE SEZIONE 2

Fig. 35.72

Lo schema di comando delle lampade è rappresentato nella figura 35.72 nella quale il microinterruttore doppio FC aziona con un contatto il circuito locale lampeggiante per la segnalazione di allarme e l'altro contatto controlla la segnalazione di allarme generale di indisponibilità in sala di controllo. Il controllo a intermittenza delle lampade locali è ottenuto con il relè lampeggiatore RL

35.8   LAMPADE PER ILLUMINAZIONE INTERNA

L'illuminazione interna dei quadri viene realizzata con lampade fluorescenti ad accensione istantanea oppure con lampade ad incandescenza su supporti a tartaruga munti di protezione come nella figura 35.81.

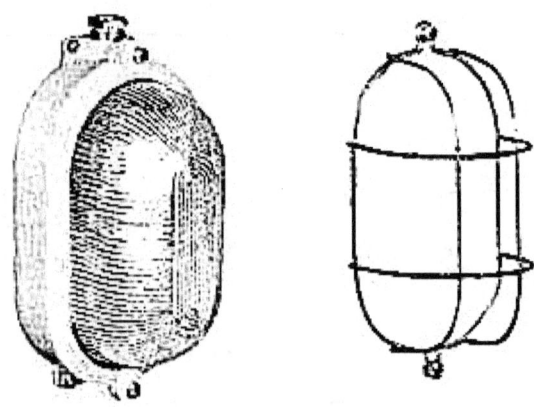

fig. 35.81

L'inserzione delle lampade può essere eseguita nei seguenti modi:

- Con interruttore disposto sul fronte del quadro che viene chiuso dall'operatore prima di accedere alla parte interna. Questa soluzione impiegata per i quadri di potenza in media e bassa tensione consente di verificare se la lampada e alimentata quando non è necessario.
- Con interruttore installato a parete all'interno del quadro. Questa soluzione è usata prevalentemente per i quadri di controllo.
- Con interruttore di accensione automatica all'apertura delle porte utilizzando in questo caso microinterruttori azionati dalla porta del tipo Illuminazione interna

35.9 CHIAVI BLOCCO PORTA E CHIAVI ANTI-SBAGLIO

Le porte dei quadri vengono chiuse mediante serrature a chiave per evitare l'accesso al quadro da parte di personale non autorizzato o non qualificato a intervenire per operazioni di messa a punto o di manutenzione e per impedire l'accesso al quadro durante il funzionamento del sistema controllato.

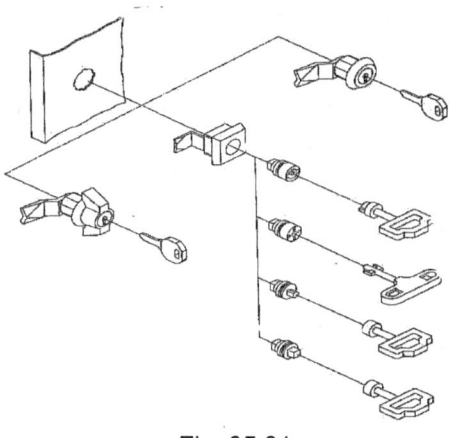

Fig. 35.91

Le chiavi di blocco sul fronte di comando servono a impedire o a consentire le operazioni di messa in funzione o di chiusura di un interruttore in condizioni prestabilite. La chiave di blocco è un attrezzo speciale sagomato che attraverso un blocchetto di serratura sistemato sul quadro permette di manovrare i meccanismi di blocco e di avviamento. Il blocco con una chiave è un sistema di sicurezza contro interventi con attrezzi di fortuna da parte di personale non autorizzato. Le forme più diffuse delle chiavi di sicurezza sono rappresentate nella figura 35.91. Le chiavi vengono denominate di blocco- porta perché svolgono unicamente questa funzione.

I blocchi elettrici ai sistemi di comando sono attuati con commutatori manovrati con chiavi di sicurezza.

CAPITOLO 36   Redazione della Documentazione

36.1   DOCUMENTO DI INSTALLAZIONE E MESSA IN SERVIZIO

Il documento di installazione di messa in servizio e manutenzione è una raccolta di informazioni a carattere generale fornite dal costruttore o dal progettista, applicabile alle diverse categorie di quadri che consente di posizionare, collegare e preparare un quadro per l'utilizzazione.

Le informazioni contenute in questo documento sono riassuntive del progetto funzionale ed esecutivo del quadro e devono essere conservate nella tasca porta documenti interna al quadro. Il documento si articola come segue (in piccolo un esempio di elenco degli argomenti) :

Introduzione

Viene definita la funzione specifica del quadro e vengono elencati tutti i documenti di progetto e di costruzione forniti ad uso dell'installatore.

Il quadro di controllo motore è un quadro previsto per il comando, il controllo e il monitoraggio del funzionamento del motore dalla sala quadri manovra della sala macchine della centrale. Il quadro è collegato al quadro di manovra locale disposto in sala macchine in prossimità del motore, al banco di manovra sistemato in sala controllo e al sistema generale di supervisione.

Il quadro prevede una sezione per il comando degli ausiliari. I componenti di potenza sono sistemati nel quadro MCC a cassetti estraibili.
Il quadro viene identificato mediante i seguenti disegni costruttivi, funzionali, e di collegamento:

-    *In questa sezione vengono riportati i disegni e gli schemi -*

Caratteristiche costruttive meccaniche

Vengono descritte le caratteristiche meccaniche e le caratteristiche di installazione meccanica:

Il quadro è realizzato con un'unica struttura meccanica fissa non componibile in lamiera pressopiegata da 20/10 mm opportunamente trattata e verniciata in colore grigio RAL 7030 satinato. Il quadro per sistemazione a parete presenta accessibilità attraverso le porte frontali apribili a cerniera. Il quadro è suddiviso in due sezioni per il controllo del motore e per il comando dei suoi ausiliari. La sezione controllo del motore si sviluppa in una unità a due porte. La sezione controllo ausiliari si sviluppa in una unità a una porta. Le porte del quadro sono munite di battute in gomma per evitare la penetrazione di corpi solidi, polvere e insetti.

Il quadro è previsto per il fissaggio a pavimento con tasselli a vite e non richiede ferri di fondazione se il livellamento della soletta di installazione è di buona qualità.

Caratteristiche elettriche

Vengono definite le caratteristiche di alimentazione e di installazione dell'apparecchiatura elettrica sul fondo del quadro e degli equipaggiamenti di manovra e supervisione sistemati sulle porte e degli equipaggiamenti accessori di quadro.

Il quadro è alimentato in corrente continua da batteria per i circuiti di comando, in corrente alternata da inverter di centrale per i sistemi di misura e in corrente alternata dal PCC per i sistemi ausiliari di quadro quali illuminazione riscaldamento e ventilazione. Riscaldamento e ventilazione sono controllati da termostato e umidostato. L'illuminazione interna è inserita con interruttore sistemato sul fronte.

È previsto un sistema di segnalazione di quadro in tensione con porte aperte. La segnalazione è attuata con la lampada generale di allarme sistemata sul tetto del quadro. I componenti sono fissati sul fondo e sulle porte secondo le indicazioni del progetto.

Tutti i componenti, le morsettiere e i fili di collegamento sono identificati con le sigle e i numeri riportati nello schema funzionale del quadro. Tutti i fili sono preparati con terminali preisolati a compressione.

Filtraggio dell'aria

E' ottenuto con filtri rigenerabili con lavaggio con acqua e detersivo, applicati ai ventilatori sistemati sulle aperture di aspirazione e scarico dei quadri. I filtri installati a protezione delle aperture devono essere di tipo rigenerabile con semplice lavaggio con detersivo e acqua corrente. I filtri devono venire puliti periodicamente per evitare che il loro intasamento impedisca un corretto raffreddamento delle apparecchiature.

Messa in servizio

Le operazioni necessarie per la messa in servizio del quadro si eseguono immediatamente dopo il completamento delle operazioni di installazione meccanica e di collegamento elettrico.

Controlli meccanici

Riguardano la verifica della struttura meccanica, la verifica dei dispositivi e dei sistemi di fissaggio del quadro, la verifica di danneggiamenti strutturali per urto o di danni e abrasioni delle superfici esterne o della verniciatura e il controllo della esecuzione di una accurata pulizia interna ed esterna.

Controlli elettrici

Riguardano la verifica dell'assenza di polvere sui conduttori, sulle apparecchiature e sugli eventuali isolatori, la verifica del funzionamento di tutti i sistemi di alimentazione dei circuiti principali e dei circuiti per i servizi interni del quadro, la verifica dei collegamenti esterni delle manovre e delle sequenze delle operazioni controllate dalla logica del quadro seguendo i programmi predisposti per il collaudo del quadro nelle condizioni finali di impiego. Vengono eseguiti gli interventi necessari per permettere l'utilizzazione del quadro. Per i quadri installati in ambienti tropicali, o dopo lunghi periodi di magazzinaggio o lunghi periodi di inattività, prima della messa in servizio si deve procedere ad una accurata operazione di essicamento. Dopo aver cortocircuitato il contatto del termostato ambiente si inseriscono le scaldiglie e l'eventuale ventilatore interno per un tempo non inferiore a 24 ore continuative per ottenere buone condizioni di essicamento. Dopo l'essicamento si controlla l'isolamento del quadro avendo cura di escludere tutti i circuiti elettronici. Il valore dell'isolamento deve in questi casi per circuiti non molto estesi risultare maggiore di 5 megaohm. La prova di isolamento non deve essere eseguita sui quadri elettronici per evitare di produrre danni permanenti. Sui sistemi di sbarre per quadri fino a 5 scomparti è normale una resistenza di isolamento di 4 megaohm. Nessun quadro deve essere messo in servizio se la resistenza di isolamento risulta essere inferiore a 1 megaohm.

Manutenzione e Controlli Periodici

Vengono eseguite secondo il programma stabilito per gli impianti generali

Manutenzioni e controlli meccanici - Sono riferite alle parti in movimento del quadro che richiedano operazioni di lubrificazione e allineamento.
Controllo della strumentazione - deve essere eseguita in accordo con le prescrizioni dei costruttori della strumentazione.

Manutenzione e Controlli Elettrici

Si riferisce alla sostituzione delle parti o sei componenti che cominciano a presentare fenomeni di usura o di ossidazione pericolosi. Comprende inoltre la pulizia delle sbarre, degli isolatori e delle morsettiere della verifica dell'Isolamento che deve risultare dello stesso ordine di grandezza di quello verificato alla messa in funzione. Nel programma di manutenzione dei sistemi elettrici deve essere inserita la verifica annuale del serraggio di tutti i morsetti.

Schemi Elettrici

Gli schemi elettrici unifilari, gli schemi funzionali, i disegni delle morsettiere e gli schemi di cablaggio e di interconnessione devono essere raccolti ordinatamente in un volume all'interno del quadro. La documentazione specifica del quadro deve essere completata con le tabelle di regolazione e le tabelle di taratura e un quaderno degli interventi di manutenzione.

www.ingramcontent.com/pod-product-compliance
Lightning Source LLC
Chambersburg PA
CBHW071356170526
45165CB00001B/70